# ifo studien
# zur umweltökonomie
# 16

## Umweltschutz in den neuen Bundesländern:

Anpassungserfordernisse, Investitionsbedarf,
Marktchancen für Umweltschutz und Handlungs-
bedarf für eine ökologische Sanierung und
Modernisierung

von
Rolf-Ulrich Sprenger
Martin Hartmann
Johann Wackerbauer
Ulrich Adler

unter Mitarbeit von
Bernd Lemser

**ifo Institut**
für Wirtschaftsforschung
München 1991

CIP-Titelaufnahme der Deutschen Bibliothek

**Sprenger, Rolf-Ulrich:**

Umweltschutz in den neuen Bundesländern: Anpassungs-
erfordernisse, Investitionsbedarf, Marktchancen für
Umwelttechnik und Handlungsbedarf für eine ökologische
Sanierung und Modernisierung / von Rolf-Ulrich Sprenger;
Martin Hartmann; Johann Wackerbauer. Unter Mitarb. von
Ulrich Adler; Bernd Lemser. Ifo-Institut für Wirtschafts-
forschung e. V., München. – München: Ifo-Inst. für Wirt-
schaftsforschung, 1991
(Ifo-Studien zur Umweltökonomie; Nr. 16)
ISBN 3-88512-134-4

NE: Hartmann, Martin:; Wackerbauer, Johann:;
Ifo-Institut für Wirtschaftsforschung ‹München›:
Ifo-Studien zur Umweltökonomie

ISBN  3-88512-134-4

ISSN 0445-0736

Druck: Ifo-Institut für Wirtschaftsforschung, München

INHALTSVERZEICHNIS

Seite

TABELLENVERZEICHNIS

Seite

- IX -

Seite

Seite

ABBILDUNGSVERZEICHNIS

1. Problemstellung, Ziel, Ansatz und Aufbau der Untersuchung

## 1.1 Problemstellung

Mit den tiefgreifenden politischen Veränderungen in der
ehemaligen DDR seit November 1989 wurden nach und nach auch
die teilweise katastrophalen Umweltbelastungen erkennbar
und bekannt. Das System des real existierenden Sozialismus
hat nach 40 Jahren eine gigantische Hypothek im ökologischen Bereich hinterlassen. In den vergangenen Jahrzehnten
ist in der ehemaligen DDR mit den natürlichen Ressourcen
des Landes, aber auch mit der Gesundheit der Bevölkerung
ein geradezu unbeschreiblicher Raubbau betrieben worden.
Ursache dafür waren vor allem ein übersteigertes Streben
nach Autarkie, ein völlig fehlgeleitetes Preissystem und
auch topographische Gegebenheiten. Gemessen an ihrer Um-
weltgesetzgebung hätte die DDR vorbildlich in Europa sein
können, doch wurde der Vollzug immer wieder zugunsten der
Planerfüllung zurückgestellt. Als Folge davon wurde ver-
schwenderisch mit dem Faktor Umwelt umgegangen. Bewahrung
der natürlichen Ressourcen, Naturschutz und Umweltschutz
spielten kaum eine Rolle, die nur knapp verfügbaren Devisen
flossen durchweg in andere, zumeist noch unproduktive Bereiche.

Auch wenn das gesamte Ausmaß der Umweltzerstörung gegenwärtig noch immer nicht erkennbar ist, der Nachholbedarf
für die Beseitigung der ökologischen Hypotheken wird unbe-
stritten hoch sein. In Verbindung mit den strukturellen An-
passungsprozessen werden auch die Voraussetzungen für eine
gleichzeitige Sanierung der Umwelt und eine Modernisierung
der Wirtschaft geschaffen. Dies eröffnet auch die Chance
für eine ökologische Modernisierung der Wirtschaft in der

ehemaligen DDR, bei der von vornherein eine umweltverträgliche Technik zum Einsatz kommen könnte.

Das mit der Vollendung der staatlichen Einheit angestrebte
Ziel, das heute noch bestehende Umweltgefälle zwischen beiden Teilen Deutschlands bis zum Jahr 2000 auf hohem Schutz-
niveau anzugleichen, stellt eine große Herausforderung dar
und fordert enorme Anstrengungen von Staat, Wirtschaft und
Bürgern. Dabei stellt sich auch für die alten Bundesländer
und ihre Wirtschaft die Aufgabe, den Angleichungsprozeß
durch vielfältige Hilfen auf personeller, administrativer,
technischer und finanzieller Ebene zu unterstützen und somit einen wirksamen Beitrag zur Verbesserung der Umweltsituation in den neuen Bundesländern zu leisten.

Dabei ist vor allem denjenigen Bundesländern eine zentrale
Rolle zuzuordnen, in denen Jahrzehnte weitgehend ungebrems-
ter Industrialisierung in der Umwelt deutliche Spuren hin-
terließen und ein entschlossenes Eingreifen erforderten.
Die konsequente, vorauseilende Umweltpolitik hat nicht nur
zum frühzeitigen Einsatz von Umwelttechnik und entsprechen-
dem Know-how, sondern auch zum Aufbau einer dynamischen,
wettbewerbsstarken Umwelttechnikwirtschaft beigetragen. Angesichts des riesigen Nachholbedarfs im Bereich der Entsor-
gungstechnik, aber auch bei den Chancen für integrierte umweltverträgliche Technik in der ehemaligen DDR, stellt sich
die Frage nach den möglichen Lösungsbeiträgen und Marktchancen der in den alten Bundesländern entwickelten Umweltschutzindustrie.

## 1.2 Ziel der Untersuchung

In der 1988 vom Ifo-Institut für den nordrhein-westfälischen Minister für Umwelt, Raumordnung und Landwirtschaft

erstellten Hauptstudie "Das Entwicklungspotential der Umweltschutzindustrie in Nordrhein-Westfalen"[1] konnten
zwangsläufig die durch die politischen Veränderungen in der
DDR eingetretenen Auswirkungen für den Umweltschutzsektor
noch nicht berücksichtigt werden. Die Offenlegung von bisher nicht bekannten Daten zur tatsächlichen Umweltbelastung
in der ehemaligen DDR einerseits, aber auch die politischen
Vorgaben für eine deutsch-deutsche "Umweltunion" werfen die
Frage nach einer Neubewertung der Marktperspektiven für die
Umweltwirtschaft in Nordrhein-Westfalen auf.

In diesem Zusammenhang sind in Ergänzung zur Hauptstudie
vor allem folgende Fragenkomplexe zu untersuchen:

(1) Wie ist die gegenwärtige Umweltsituation in der ehemaligen DDR zu beurteilen ? Wie sind Ausstattung und
Funktionsfähigkeit im Bereich der Umweltschutzanlagen
einzuschätzen?

In einem ersten Arbeitsschritt geht es um eine Bestandsauf-
nahme hinsichtlich der Umweltbelastungen in der ehemaligen
DDR. Dabei geht es um eine Kurzanalyse, die sich auf
Schwerpunktprobleme konzentriert und keinen Anspruch auf
Vollständigkeit erhebt.

(2) Mit welchem Anpassungs- und Ausgabenbedarf ist im Hinblick auf die Verwirklichung einer deutsch-deutschen
Umweltunion zu rechnen?

Mit dem Staatsvertrag, dem Umweltrahmengesetz und dem Einigungsvertrag wird das Ziel einer schnellen Verwirklichung

---

1) Vgl. Ifo-Institut, Das Entwicklungspotential der Umweltschutzindustrie in Nordrhein-Westfalen, Endfassung
Hauptbericht, München 1991.

einer deutsch-deutschen Umweltunion angestrebt. Dabei soll "spätestens bis zum Jahr 2000 das bestehende Umweltgefälle zwischen beiden Teilen Deutschlands auf hohem Niveau vollständig ausgeglichen werden" (Punktuation vom 18.6.1990).

Auf der Grundlage der Bestandsaufnahme bezüglich der ökologischen Ausgangssituation in der ehemaligen DDR ist bei diesem Arbeitsschritt der umweltpolitische Anpassungsbedarf in den neuen Bundesländern bis zum Jahr 2000 zu ermitteln.

Auf der Grundlage der bis zum Jahr 2000 im Bereich der öffentlichen Hand und der privaten Wirtschaftssubjekte erforderlichen Umweltschutzmaßnahmen wurde der Versuch unternommen, zumindest Größenordnungen für den umweltschutzinduzierten Ausgabenbedarf zu schätzen. Dabei wird - soweit möglich - nach Aufgabenbereichen, Medien und Ausgabenträgern differenziert.

(3) Welche Faktoren bestimmen die künftige Entwicklung der Nachfrage nach Umwelttechnik bzw. umweltverträglicher Technik in der ehemaligen DDR?

Für das Marktgeschehen auf dem Gebiet der Umwelttechnik bzw. umweltverträglicher Technik ist letztlich nicht der Bedarf, sondern nur die wirksame Nachfrage bedeutsam. Daher sind die instrumentellen, rechtlichen, administrativen und finanzwirtschaftlichen Rahmenbedingungen für den "ökologischen Sanierungs- und Entwicklungsplan für die neuen Bundesländer" zu diskutieren.

(4) Welche Ansatzpunkte und Chancen bieten sich für den Umweltschutzsektor in Nordrhein-Westfalen bei der ökologischen Sanierung und Entwicklung in der DDR?

Sieht man einmal von häufig nicht zu vermeidenden Stillegungen von Betrieben bzw. Betriebsteilen aus Gründen der Gefahrenabwehr ab, so hängt der Erfolg eines ökologischen Sanierungs- und Entwicklungsplanes für die DDR nicht nur von Vollzug und Finanzierbarkeit,. sondern auch von der zeitgerechten und preisgünstigen Verfügbarkeit der notwendigen Umwelttechnologien und der komplementären Güter und Dienste (z.B. Bautechnik) ab. Daher ist zunächst einmal zu prüfen, inwieweit Kapazitäten im Bereich des Umweltschutzsektors in der ehemaligen DDR vorhanden sind oder kurzfristig aufgebaut werden können, oder in welchem Maße Bezüge aus den alten Bundesländern und anderen Staaten notwendig und sinnvoll sind.

Zu diesem Zweck wurde versucht,

- Möglichkeiten endogener Entwicklungen in der ehemaligen DDR, sowie entsprechende Entwicklungsstrategien darzustellen und eine ggf. erforderliche Unterstützung durch den Westen bzw. durch Nordrhein-Westfalen zu diskutieren

- die vermutlich erforderlichen "Importe" von Umwelttechnik abzuschätzen,

- spezifische Wettbewerbsvorteile von Anbietern aus Nordrhein-Westfalen zu identifizieren und

- bestehende bzw. mögliche Kooperationen zwischen NRW-Firmen mit "DDR"-Betrieben hinsichtlich ihrer Auswirkungen auf den Umweltschutzmarkt zu untersuchen.

(5) Welcher Handlungsbedarf und welche Ansatzpunkte ergeben
sich staatlicherseits für eine Stärkung der Wettbewerbschancen der nordrhein-westfälischen Umwelttechnikwirtschaft in der ehemaligen DDR?

Abschließend ist zu diskutieren, inwieweit es zweckmäßig
und wünschenswert erscheint, die Wettbewerbschancen nordrhein-westfälischer Anbieter in der DDR durch staatliche
Aktivitäten und Fördermaßnahmen zu verbessern. Dabei interessieren alle für das Marktgeschehen nachfrage- und angebotsseitig relevanten staatlichen Aktivitäten, wie z.B.

- Amtshilfen und Schulungsmaßnahmen im Bereich der Pla-
  nungs-, Verwaltungs- und Vollzugsadministration
- Aktivitäten im Bereich der Information (Umweltbüro) und
  Beratung
- Förderung von Messeaktivitäten
- Kooperationsförderung
- Technologietransfer
- Anlagenleasing u. dgl. mehr.

Dieser Arbeitsschritt soll dazu dienen, notwendige und erfolgversprechende Maßnahmen zur Verbesserung der Marktchancen von Anbietern aus NRW zu erarbeiten.

## 1.3 Methodische Vorgehensweise und Informationsgrundlagen

Für die Bearbeitung der unter 1.2 angeführten Untersu-
chungskomplexe wurde im einzelnen folgende Vorgehensweise
gewählt:

Die Beschreibung und Analyse der gegenwärtigen Umweltsituation in der ehemaligen DDR stützte sich vor allem auf die

inzwischen recht umfangreiche Dokumentation der dortigen
Umweltprobleme, insbesondere auf den Umweltbericht der DDR
vom März 1990.

Im Hinblick auf die Ermittlung des umweltrechtlichen und
-politischen Anpassungsbedarfs in den neuen Bundesländern
wurden die einschlägigen Verträge zur deutsch-deutschen Umweltunion und die damit verbundenen Gesetze bzw. Gesetzes-
änderungen und Anpassungen von sonstigen umweltrechtlichen
Regelungen sowie die Vereinbarungen mit der EG vor allem in
bezug auf Sanierungspläne, Versorgungs- bzw. Entsorgungs-
ziele, ordnungsrechtliche Maßnahmen, Grenzwerte bzw. Anpassungsfristen analysiert.

Zur Abschätzung des vermutlichen Investitionsbedarfs für
die ökologische Sanierung und Modernisierung in der ehemaligen DDR wurden - soweit verfügbar - Angaben aus den Ar-
beitsgruppen zum "Ökologischen Sanierungs- und Entwicklungsplan für die DDR", vorliegende Bedarfsschätzungen anderer Institutionen und Experten und ein Bedarfsschätzungs-
ansatz des Ifo-Instituts herangezogen.

Zur Abschätzung der mittelfristig absehbaren Nachfrageimpulse im Bereich der Umwelttechnik bzw. umweltverträglichen
Technik wurden anhand der Rahmenbedingungen für die neuen
Bundesländer (u.a. Umweltrahmengesetz, ökologischer Sanie-
rungs- und Entwicklungsplan) und der einschlägigen Literatur

- die wichtigsten Nachfragedeterminanten aus der Sicht der
  Anbieter
- die Implementationsfragen und
- die Finanzierungsmöglichkeiten

diskutiert. Darüber hinaus wurden verschiedene Interviews mit Experten im Umfeld des Umweltmarktes zur Absicherung der Tendenzaussagen geführt.

Die Analyse möglicher Lösungsbeiträge von NRW-Anbietern vergleicht zunächst einmal die Schwerpunkte des Sanierungs-, Nachrüstungs- und Neubedarfs im Umweltschutz der DDR mit den Angebots- und Aktivitätsschwerpunkten der Umweltwirtschaft in NRW. Grundlage hierfür bildete die vorgelegte Hauptstudie "Das Entwicklungspotential der Umweltschutzindustrie in Nordrhein-Westfalen".

Daneben wurden aktuelle Angaben von nordrhein-westfälischen Anbietern auf der IFAT 90 zu ihrem DDR-Engagement (Sonderbefragung der Münchner Messegesellschaft) sowie Firmenberichte von NRW-Anbietern zu DDR-Aktivitäten anhand der IFO-DDR-Datenbank ausgewertet und eine schriftliche Befragung von ausgewählten Anbietern auf der Umweltmesse in Markkleeberg durchgeführt.

Dieser Arbeitsschritt wurde ergänzt durch Informationsgespräche in der (ehemaligen) DDR (u.a. mit dem Umweltministerium der DDR bzw. den im Aufbau befindlichen Ländereinrichtungen, der Kammer der Technik, Industrie- und Handelskammern u. dgl.).

Zur Abschätzung staatlichen Handlungsbedarfs und staatlicher Handlungsmöglichkeiten erfolgte eine Bestandsaufnahme und Bewertung der praktizierten bzw. geplanten staatlichen Maßnahmen zur Förderung von Anwendung und Herstellung von Umwelttechnologien in der ehemaligen DDR anhand von Literaturauswertungen und Expertenbefragungen. Dabei wurden Vorschläge für erfolgversprechende Maßnahmen zur Förderung der Wettbewerbschancen von Anbietern aus NRW erarbeitet.

## 1.4 Aufbau der Untersuchung

Der Aufbau der Untersuchung orientiert sich an den unter 1.2 skizzierten fünf Themenkomplexen:

- Darstellung der ökologischen Ausgangssituation in den neuen Bundesländern (Kapitel 2)

- Anpassungs- und Ausgabenbedarf für eine ökologische Sanierung und Modernisierung der ehemaligen DDR (Kapitel 3)

- Derterminanten der Entwicklung der Nachfrage nach umweltschutzbezogenen Gütern und Dienstleistungen in der ehemaligen DDR (Kapitel 4)

- Umwelttechnik in Ostdeutschland und mögliche Lösungsbeiträge von Anbietern aus Nordrhein-Westfalen (Kapitel 5)

- Ansatzpunkte staatlicher Förderungsmaßnahmen zur Stärkung des Umweltschutzmarktes in den neuen Bundesländern (Kapitel 6).

2. Zur ökologischen Ausgangssituation in den neuen
   Bundesländern

2.1 Überblick

Das Ausmaß der Umweltzerstörung in der ehemaligen DDR ist
inzwischen weitgehend bekannt: Nirgendwo in Europa ist
die Umwelt so belastet wie in Ostdeutschland. Orte wie
Bitterfeld, Espenhain oder Greifswald haben traurige Be-
rühmtheit erlangt. Wie sehr die Umwelt in Ostdeutschland
geschädigt ist, belegt allein die Gesundheitsstatistik[1].

Die Gesundheits- und Umweltbelastungen resultieren aus
der einseitigen Ausrichtung der Energiewirtschaft auf die
einheimische Braunkohle, einer ineffizienten Industriestruktur und einer zunehmenden Intensivierung der Landwirtschaft. Die vorhandenen, formal teilweise strengen
Umweltnormen waren stets dem Primat einer allein auf
mengenmäßiges Wachstum und Autonomie ausgerichteten Wirt-
schaftspolitik untergeordnet. Notwendige Umweltschutzmaßnahmen unterblieben aufgrund der Innovationsschwäche und
des chronischen Devisenmangels der fehlgeleiteten Volkswirtschaft.

Umweltschutzeinrichtungen fehlen in vielen Betrieben völlig, entsprechen nicht dem Stand der Technik oder werden
nicht eingesetzt. Integrierte Umweltschutztechniken sind
kaum vorhanden. Die staatliche Lenkung und Subventionierung des Wasser- und Energieverbrauchs in Industrie und
Haushalten konterkarierte jegliche Einsparbemühungen. Die

---

1) Die Lebenserwartung der Männer liegt um 2,5 Jahre, die
   der Frauen um 3,2 Jahre unter der in Westdeutschland.
   Die Sterblichkeitsrate der Männer an Bronchitis, Lung-
   enemphysen und Bronchialasthma ist über doppelt so hoch
   wie im übrigen Europa, die Zahl der an Bronchitis er-
   krankten Kinder nahm in den letzten 15 Jahren um 50%,
   bei chronischer Bronchitis sogar um 75% zu.

kommunale und industrielle Wasserversorgung, Abwasserbehandlung und Abfallwirtschaft befinden sich in einem
größtenteils desolaten Zustand. Mehr als 10.000 "unkon-
trollierte Ablagerungen" sowie eine noch nicht bekannte
Zahl industrieller und militärischer Altlasten stellen
ein permantentes, zum Teil akutes Gefährdungspotential
dar.

Im folgenden wird die Belastung der Umweltmedien Luft,
Wasser und Boden in Ostdeutschland dargestellt und für
die neuen Bundesländer ein Überblick über deren einzelne
Belastungsschwerpunkte gegeben.

Im Rahmen der vorgegebenen Thematik erscheint eine Darstellung und Analyse der Umweltsituation nur insoweit
zweckmäßig, wie sie als Voraussetzung für die Abschätzung
des Sanierungs- und Anpassungsbedarfs notwendig ist. Dem-
zufolge erhebt diese Kurzanalyse keinen Anspruch auf
Vollständigkeit, sondern konzentriert sich auf Schwerpunktprobleme. Trotz zahlreicher neuer Veröffentlichungen
ist das Datenmaterial nach wie vor lückenhaft und teilweise inkonsistent[1]).

---

1) Vgl. zu den folgenden Ausführungen insbesondere:
   Institut für Umweltschutz (IFU) (Hrsg.), Umweltbericht
   der DDR - Informationen zur Analyse der Umweltbedingungen in der DDR und zu weiteren Maßnahmen, Berlin
   (Ost), März 1990; Bundesministerium für Umwelt, Naturschutz und Reaktorsicherheit (BMUNR), Eckwerte der ökologischen Sanierung und Entwicklung in den neuen Ländern, Bonn, November 1990; Statistisches Amt der DDR,
   Statistisches Jahrbuch der DDR 1990, Berlin, 1990.

## 2.2 Luftbelastung

Von allen Industrieländern weist die Luft in Ostdeutschland die höchste Schadstoffkonzentration je Einwohner
auf. Gemäß Smogverordnung der Bundesrepublik hätte 1989
für 40% der Einwohner ganzjährig die Vorwarnstufe für
Smogalarm, für drei Monate sogar die höchste Smogalarm-
stufe gelten müssen[1]).

### 2.2.1 Schwefeldioxid

Hauptbelastungsfaktor sind die Schwefeldioxid-Emissionen.
1989 wurden in der DDR laut amtlicher Statistik nach 5,2
Mill. t $SO_2$ emittiert - dies entspricht einer Belastung
von durchschnittlich 48 t/km² oder 310 kg je Einwohner.
Die Emissionswerte aller anderen europäischen Länder, mit
Ausnahme der CSFR (24 t/km²) liegen unter 15 t/km², in
der Regel sogar unter 10 t/km². Gleichzeitig ist Ostdeutschland der größte Schwefel-"Exporteur". 1988 wurden
mehr als 820 kt Schwefel in andere europäische Länder
transportiert, wogegen nur 177 kt/a der Schwe-
feldeposition aus ausländischen Emissionen stammt (vgl.
Tab. 2.1).

---

1) Vgl. Ministerium für Umwelt, Naturschutz, Energie und
   Reaktorsicherheit der DDR (MUNER), Bilanz tätiger Umweltpolitik der de-Maizière-Regierung, Berlin, 28. 9.
   1990, S. 2.

**Tabelle 2.1:** Atmosphärische Schwefeltransporte 1988
bezogen auf die ehemalige DDR

| Land | Schwefeltransport aus der DDR in das angegebene Land (kt S/a) | Schwefeltransport aus dem angegeb. Land in die DDR (kt S/a) |
|---|---|---|
| Polen | 243 | 18 |
| UDSSR | 136 | 0 |
| CSFR | 116 | 56 |
| Bundesrepublik | 94 | 41 |
| Skandinavien | 73 | 2 |
| Sonstige | 164 | 60 |
| Summe | 826[1) | 177 |

1) Hinzu kommen 614 kt S/a in der DDR selbst verursachte Deposition.

**Quelle:** Cooperative Programme for Monitoring and Evalua-
tion of the long-range Transmission of Air Pollu-
tants in Europe (EMEP); zitiert nach: StBA,
Statistisches Jahrbuch der Bundesrepublik
Deutschland 1990.

Verantwortlich für die extremen $SO_2$-Emissionen war vor
allem die einseitige Ausrichtung der Energiewirtschaft
auf die heimische, z. T. extrem schwefelhaltige Braunkohle, durch die 73,4 % des Primärenergiebedarfs gedeckt
wurde[1]. 81,5 % der Elektroenergie wurde in Braunkohle-
kraftwerken mit völlig unzureichenden Anlagen der Luftreinhaltung erzeugt. Dementsprechend entfiel der Hauptanteil der $SO_2$-Emissionen mit 79 Prozent auf die Energieerzeugungsanlagen. Durch die Verfeuerung von jährlich 30
bis 35. Mill. t Braunkohlebriketts und Koks in rund 4,5
Mill. Haushalten und Kleinverbrauchern wurden weitere 9
Prozent emittiert. Auf Wärmeerzeugungsanlagen und Produktionsanlagen der Industrie (v. a. der Chemie und Hüttenindustrie) entfielen 12 Prozent (vgl. Tab. 2.2).

53 Prozent der Gesamtemission an $SO_2$ entfielen auf die
ehemaligen Bezirke Halle, Leipzig und Cottbus, in denen
sich die Braunkohlewirtschaft und die chemische Industrie
der ehemaligen DDR konzentrierte. Ermittelt wurden hier
Emissionen von bis zu 1829 t/km² und Immissionswerte bis
zu 2.190 $\mu m/m^3$ [2]. 37,4 Prozent der Einwohner leben in
Gebieten, die nach alter DDR-Norm als mit $SO_2$ "überlastet" bis "sehr stark überlastet" galten[3].

---

1) Vgl. Statistisches Jahrbuch der DDR 1990, a.a.O, S.
   183 ff.

2) Höchster gemessener Tagesmittelwert 1989, gemessen in
   Mölbis (Leeseite der Braunkohleschwelerei Espenhain).
   Vgl. Unterarbeitsgruppe "Luftreinhaltung" (UAG Luft),
   der Arbeitsgruppe Ökologischer Entwicklungs- und Sanierungsplan beim BMUNR, Luftreinhaltung bei stationären
   Anlagen, unveröffentlichte Anlage zum Bericht vom 24.
   10. 1990, S. 11.

3) Vgl. IFU, Umweltbericht der DDR, a.a.O., S. 20.

Tabelle 2.2: Emissionen von $SO_2$, Staub und $NO_x$ durch
stationäre Anlagen in Ostdeutschland 1989

| Emittenten Komponente | $SO_2$ | Staub | $NO_x$ |
|---|---|---|---|
| Anteile in % | | | |
| Kontrollpflichtige Anlagen: | | | |
| - Großfeuerungsanlagen | 68,9 | 43,8 | 70,6 |
| - sonst. Energieerzeugung | 10,2 | 11,3 | 3,2 |
| - Produktionsanlagen | 5,1 | 20,6 | 17,5 |
| Nicht kontrollpfl. Anlagen: | | | |
| - sonstige Betriebe | 7,3 | 14,5 | 6,4 |
| - Kleinverbraucher | 2,0 | 2,8 | 0,8 |
| - Hausbrand | 6,6 | 7,1 | 1,5 |
| Gesamtemission      in % | 100 | 100 | 100 |
| stationärer Anlagen in kt | 5.203 | 2.063 | 405 |
| Vergleichswert | | | |
| Bundesrepublik 1989  in kt | 1.050 | 530 | 2.700 |

Quelle: Emissionsbericht der DDR 1990; zitiert nach:
Unterarbeitsgruppe "Luftreinhaltung" (UAG Luft)
der Arbeitsgruppe ökologischer Entwicklungs- und
Sanierungsplan beim BMUNR, Luftreinhaltung bei
stationären Anlagen, unveröffentlichte Anlage zum
Bericht vom 24. 10. 1990.

## 2.2.2 Stäube

Ähnlich katastrophal war das Ausmaß der Staubemissionen.
Obwohl ehemals Schwerpunkt der Luftreinhaltepolitik der
DDR, wurden 1989 immer noch 2,1 Mill. t Staub ausge-
stoßen. Die Emissionsdichte lag mit 126 kg/Einw., bzw. 19
t/km² im Durchschnitt 14 bzw. 9 mal höher als in den alten Bundesländern[1]. 26,6 Prozent der Einwohner lebten
1989 in mit Stäuben überlasteten bis sehr stark überlasteten Gebieten[2].

Wie beim Schwefeldioxid entfiel auch bei den Staubemissionen der Hauptanteil auf die Energieerzeugung. Einschließlich der Kleinfeuerungsanlagen betrug ihr Anteil
zwei Drittel der Gesamtemissionen, 35 Prozent entfielen
auf Produktionsanlagen, insbesondere der Brikett- und
Zementindustrie (vgl. Tab. 2.2 und Tab. 2.3).

Als Inhaltsstoffe von Stäuben wurden jährlich 1760 t/a
Schwermetalle emittiert. Vor allem in der Umgebung von
Betrieben der metallurgischen und Bleiglas-Industrie,
aber auch an Standorten der Chemie-, Zement- und Kohle-
Industrie lagen die Schwermetallkonzentrationen erheblich
über den zulässigen Grenzwerten.

---

1) Geschätzte Staubemissionen der Bundesrepublik im Jahr
   1989: 530 kt (8,7 kg/Einw. bzw 2,1 t/km²). Vgl. UBA,
   Daten zur Umwelt 1988/89.
2) Vgl. IFU, Umweltbericht der DDR, a.a.O., S. 20.

**Tabelle 2.3:** Übersicht zur Emission luftverunreinigender Stoffe in Ostdeutschland im Jahr 1989

| Komponente | Hauptemittenten | Emission (in t) | Anteil in % |
|---|---|---|---|
| Schwefeldioxid (SO$_2$)[1] | | **5.203.100** | 100 |
| | - Energieerzeugung | 4.115.000 | 79,1 |
| | - Industrie | 644.000 | 12,4 |
| | - Hausbrand, Kleinverbraucher | 445.000 | 8,6 |
| Stäube[1] | | **2.063.100** | 100 |
| | - Energieerzeugung | 1.138.000 | 55,1 |
| | - Industrie | 723.000 | 35,1 |
| | - Hausbrand, Kleinverbraucher | 203.000 | 9,9 |
| Stickoxide (NO$_x$) | | **705.600** | 100 |
| | - Verkehr | 300.000 | 42,5 |
| | - Energieerzeugung | 299.000 | 42,3 |
| | - Industrie | 97.000 | 13,7 |
| | Edelstahlproduktion | 23.400 | 0,33 |
| | chemische Prozesse | 19.800 | 0,28 |
| | Zementherstellung | 18.500 | 0,26 |
| | - Hausbrand, Kleinverbraucher | 9.600 | 0,14 |
| Kohlenmonoxid (CO) | | **3.537.600** | 100 |
| | - Verkehr | 860.000 | 24,3 |
| | - Industrie | 1.365.600 | 38,6 |
| | Herst. v. Eisen, Stahl, Alu | 353.300 | 10,0 |
| | Kalk- u. Zementherstellung | 271.100 | 7,7 |
| Kohlenwasserstoffe, Lösungsmittel | | **677.500** | 100 |
| | - Verkehr | 540.000 | 79,7 |
| | - Chemische Industrie | 72.500 | 10,7 |
| | - Karbochemie | 11.500 | 1,7 |
| | - Elektroindustrie | 8.000 | 1,2 |
| | - Schwermasch. u. Anlagenbau | 5.750 | 0,8 |
| | stationäre Anlagen insgesamt | 137.500 | 20,3 |
| Schwefelverbindungen[1] (Schwefelwasser-, Schwefel-kohlenstoff, Merkaptane, ohne SO$_2$) | - Viskoseproduktion - Karbochemie | **44.400** | |
| Ammoniak und Amine[1] | | **14.300** | |
| | - Industrie (Ammoniakherst.) | 6.430 | 45,0 |
| | Herst. v. Agrachemikalien | 2.700 | 18,9 |
| | Chemische Industrie | 1.200 | 8,5 |
| | Kohleveredelung | 1.400 | 9,9 |
| | - Großviehhaltungen | ? | |
| Chlor und Chlorwasserstoff[1] | | **6.860** | 100 |
| | - Chemische Industrie | | 45 |
| | - Kaliindustrie | | 27 |
| | - Verfeuerung salzhaltiger Rohbraunkohle | ? | |
| Fluor und Fluorverbindungen[1] | | 2.150 | 100 |
| | - Herstellung von Düngemittel und Pflanzenschutzmittel | | 38,4 |
| | - Glas- und Keramikindustrie | | 26,3 |
| | - Metallurgie | | 22,8 |
| Sonstige organische Stoffe[1] (Phenole, Kresole, Styrol, Acetaldehyd, Vinylchlorid, Nitroverbindungen etc.) | - Chemische Prozeße | **14.000** | 87 |
| Schwermetalle[1] (in Staubemissionen gebunden) | - NE-Metallurgie - Eisen-Hütten-Industrie - Bleiglasindustrie - Bleifarben- und Akkumulato-renherstellung | **1.760** | |

1) nur Emissionen stationärer Anlagen

Quelle: Emissionsbericht der DDR 1990; Bundesministerium für Umwelt, Naturschutz und Reaktorsicherheit, Berechnungen des Ifo-Instituts.

## 2.2.3 Sonstige Luftschadstoffe

Im Vergleich zu den $SO_2$- und Staubemissionen nimmt sich die Belastung mit Stickoxiden und Kohlenwasserstoffen relativ bescheiden aus. Emittiert wurden je etwa 0,7 Mill. t Stickoxide bzw. Kohlenwasserstoffe (Emissionsdichte 6,6 t/km²), wobei der Verkehr mit 42 bzw. 80% die größte Emissionsquelle darstellte. Infolge des in der Vergangenheit geringeren Straßenverkehrsaufkommen lagen die hier die Belastungswerte im Vergleich zur alten Bundesrepublik wesentlich niedriger. Durch Verlagerung von Gütertransporten auf die Schiene gingen die $NO_x$-Emissionen seit Beginn der 80er Jahre sogar um 15 Prozent zurück. Die Emissionen aus stätionären Anlagen stagnierten in den letzten Jahren bei etwa 400.000 t Stickoxiden (davon 75 Prozent aus Energieerzeugungsanlagen), bzw. 140.000 t Kohlenwasserstoffen (vgl. Abb. 2.1).

Neben den Massenschadstoffen $SO_2$, Staub, Stickoxiden, Kohlenmonoxid und Kohlendioxid wurden auf regionaler Ebene in erheblichem Umfang weitere, teilweise hoch toxische Luftschadstoffe emittiert. Diese vorwiegend von der Industrie abgegebenen Schadstoffe führten zu gravierenden Umweltbelastungen und stellten z. T. ein akutes Gefährdungspotential für die Gesundheit dar[1]. In Tabelle 2.3 sind die Emissionsdaten der wichtigsten Schadstoffe und deren Hauptemittenten zusammengestellt.

---

1) So werden etwa die hohen Schwefelwasserstoff- und Schwefelkohlenstoff-Emissionen der Viskoseproduktion in Pirna (bei Dresden) für das sogenannte "Pirna-Syndrom" (Herz-Kreislaufbeschwerden bei Erwachsenen, zeitweiliges Aussetzen von Gehirnfunktionen bei Säuglingen) verantwortlich gemacht. Vgl. IFU, Umweltbericht der DDR, a.a.O., S. 65 f.

**Abbildung 2.1:**

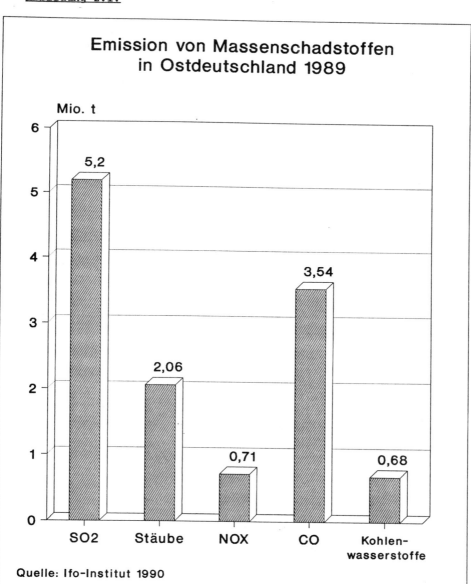

Emission von Massenschadstoffen in Ostdeutschland 1989

Quelle: Ifo-Institut 1990

## 2.2.4 Emissionsminderungen im Jahr 1990

Der dramatische Produktionsrückgang der ostdeutschen Wirtschaft und die primär ökonomisch induzierte Stillegung vieler Betriebe, die gleichzeitig zu den schlimmsten Verschmutzungsquellen gehörten, stellen einen ersten Schritt zum Abbau akuter Gesundheitsgefahren dar. Geschätzt wird, daß durch Produktionsstillegungen, -reduzierungen und -umstellungen von Industriebetrieben die Luftbelastung in Ostdeutschland im Jahr 1990 um 10 bis 15% abgenommen hat .

Nach Angaben der Bundesarbeitgeberverbandes Chemie wurden bislang etwa 100 Produktionsanlagen der alten Kohlechemie stillgelegt. Der Stromverbrauch in den neuen Bundesländern lag 1990 um 20 % unter dem Vorjahreswert. Allein die Hälfte der Entlastung wurde durch Stillegungen der besonders energie- und emissionsintensiven Anlagen zur Carbidproduktion (Buna AG) und Kohleverschwelung (Espenhain und Böhlen) erzielt[1]. Emissionsmindernd wirkte sich auch die Umstellung von Kraftwerks- und Hausbrandfeuerung von der stark schwefelhaltigen westelbischen Braunkohle auf die Lausitzer Braunkohle aus.

Die den Schätzungen zugrundeliegende Befragung der noch zuständigen Umweltinspektionen der Bezirke ergab, daß demgegenüber der Beitrag von Umweltschutzmaßnahmen zu den erwarteten Emissionsminderungen nur von untergeordneter Bedeutung waren (vgl. Tab. 2.4).

---

1) Auf die Carbidproduktion entfiel 6 Prozent und auf die Kohleverschwelung weitere 3 bis 4 Prozent des gesamten Stromverbrauchs in der ehemaligen DDR.

Tabelle 2.4: Geschätzte Reduzierung der $SO_2$- und Staub-
Emissionen für das Jahr 1990 [1)]

|  | $SO_2$ | | Staub | |
|---|---|---|---|---|
|  | in kt | in % | in kt | in % |
| Emissionen 1989 | 5.203 | 100 | 2.063 | 100 |
| Geschätzte Emissions-minderung 1990 | 550 | 10,6 | 290 | 14,1 |
| davon durch<br>- Stillegungen | 240 | 4,6 | 120 | 5,8 |
| - Produktions-reduzierung | 300 | 5,8 | 100 | 4,8 |
| - Umweltschutz-maßnahmen | 10 | 0,2 | 70 | 3,4 |

Quelle: Befragung der Umweltinspektionen der ehemaligen
DDR-Bezirke. Zitiert nach: Unterarbeitsgruppe
"Luftreinhaltung" der Arbeitsgruppe Ökologischer
Entwicklungs- und Sanierungsplan beim BMUNR,
Luftreinhaltung bei stationären Anlagen, un-
veröffentlichte Anlage zum Bericht vom 24.10.90,
S. 17; Berechnungen des Ifo-Instituts.

---

1) Das ehemalige Umweltministerium der DDR bezifferte im
Oktober 1990 die zu erwartende Reduktion der Emissions-
werte auf 800 Tsd. t $SO_2$ und 313.000 t Staub. Vgl.
MUNER, Bilanz tätiger Umweltpolitik, a.a.O, S. 4.

- 22 -

## 2.3 Wasserbedarf und -verschmutzung

### 2.3.1 Wasserdargebot und Wasserbedarf

Ostdeutschland ist ein von Natur aus wasserarmes Land: das Wasserdargebot beträgt in einem mittleren hydreo-logischen Jahr 17,7 Mrd m$^3$, in Trockenjahren sogar nur 8,9 Mrd m$^3$ [1]. Bei einem Verbrauch von 8,3 Mrd m$^3$ im Jahr 1989 lag der Nutzungsgrad des Wassers bei 46,8 Prozent, in Trockenjahren bei bis zu 80 Prozent[2]. Die DDR hatte damit von allen europäischen Staaten den angespanntesten Wasserhaushalt (vgl. Tab. 2.5). Infolge der relativen Wasserknappheit ist der Nutzungsgrad des Wassers z. T. extrem hoch. So wird das Wasser der Fließgewässer in den industriellen Ballungsräumen bis zu neunmal, in Trocken-perioden bis zu dreizehnmal genutzt[3].

Obwohl der Wasserverbrauch der Industrie von 1970 bis 1988 um 22 % gesenkt werden konnte, bleibt die Industrie mit 4,8 Mrd m$^3$ der größter Wasserverbraucher (vgl. Tab. 2.6). Verantwortlich für den nach wie vor hohen spezifi-schen Wasserverbrauch der Industrie ist neben den ver-alteten Produktionstechnologien die besondere Indu-striestruktur in Ostdeutschland.

---

1) Vgl. IFU, Umweltbericht der DDR, a.a.O., S. 30.
2) Vgl. U. Petschow, u. a., Ökologischer Umbau in der DDR, Schriftenreihe des Institut für Ökologische Wirt-schaftsforschung (IÖW) 36/90, Berlin 1990, S. 32.
3) Vgl.: E. Clausnitzer: Ein Gebot wirtschaftlicher Ver-nunft, in: Technische Gemeinschaft, Berlin (Ost), Nr. 1/1983, S. 14 und M. Melzer: Wasserwirtschaft und Um-weltschutz in der DDR, in: M. Haendcke-Hoppe, K. Merkel (Hrsg.): Umweltschutz in beiden Teilen Deutschlands, Schriftenreihe der Gesellschaft für Deutschlandfor-schung, Bd. 14, Jahrbuch 1985, S. 73.

Tabelle 2.5: Wasserdargebot und Wassernutzungsgrad
ausgewählter europäischer Länder

| | mittleres .Wasser- dargebot Mrd m³/a | Wasser- entnahme Mrd m³/a | durchschn. Nutzungs- grad in % |
|---|---|---|---|
| UDSSR 1) | 3150 | 61,5 | 1,9 |
| Westdeutschland 2) | 161 | 16,0 | 9,9 |
| Italien 1) | 150 | 15,6 | 10,4 |
| Polen 1) | 55 | 5,8 | 10,5 |
| Frankreich 1) | 183 | 24,0 | 13,1 |
| CSFR 1) | 30 | 4,6 | 15,3 |
| Ostdeutschland 3) | 18 | 8,3 | 46,9 |

Quellen: Berechnung und Zusammenstellung des Ifo-Instituts
nach Angaben von: (1) H. Paucke und A. Bauer, Umweltprobleme - Herausforderung der Menschheit,
Berlin (Ost) 1979, S. 166; (2) UBA, Daten zur Umwelt 1988/89; (3) IFU, Umweltbericht der DDR,
Berlin 1990; Statistisches Jahrbuch der DDR 1990.

Tabelle 2.6: Entwicklung und Struktur des Wasserverbrauchs in Ostdeutschland

| Jahr | Industrie, Verkehr, Bau | Land- u. Forst- wirtsch. | Haushalte, gesellsch. Einricht. | Wasser- verbrauch insgesamt |
|---|---|---|---|---|
| | Anteile in % | | | Mill. m³/a |
| 1970 | 74,0 | 13,6 | 11,7 | 7260 |
| 1975 | 69,7 | 16,3 | 13,0 | 7582 |
| 1980 | 65,4 | 19,4 | 14,0 | 7455 |
| 1985 | 60,0 | 24,1 | 14,1 | 7901 |
| 1989 | 57,4 | 25,0 | 14,1 | 8289 |

Quelle: Statistisches Jahrbuch der DDR 1990, S. 188;
Berechnungen des Ifo-Instituts.

Auf die fünf Industriezweige Energiewirtschaft, chemische
Industrie, Textilindustrie, Nahrungs- und Genußmittelindustrie, die fast die Hälfte der Industrieproduktion
der DDR repräsentieren (alte Bundesrepublik ca. 27 %,
vgl. Tab. 2.7), entfallen ca. 90 % der industriellen
Abwässer. Am gesamten industriellen Wasserverbrauch ist
allein die Energiewirtschaft mit ca. 40 % und die
chemische Industrie mit ca. 25 % beteiligt[1]).

Die Zunahme des Wasserverbrauchs seit 1970 um 14% ist auf
die Landwirtschaft und die privaten Haushalte zurückzuführen. Die Verdoppelung des Wasserverbrauchs in der
Landwirtschaft ist vor allem eine Folge der Ausweitung
der künstlich bewässerten Flächen[2]). Der private Trink-
wasserverbrauch stieg mit dem wachsenden Bestand von Neu-
bau- und modernisierten Altbauwohnungen von 1970 bis 1989
um 38 % und hat mit 145 l pro Kopf und Tag inzwischen
westdeutsches Niveau erreicht (143 l im Jahr 1987)[3]).

Bei einem staatlich festgesetzten Wasserpreis von 0,45
M/m$^3$ (BRD bis 4,10 DM/m$^3$) fehlten ökonomische Anreize für
einen sparsamen Wasserverbrauch. Hinzu kommen beträchtliche Bereitstellungsverluste, die durch das schadhafte
Leitungsnetz verursacht werden.

---

1) Vgl. H. Maier, C. Czogalla, Umweltsituation und
   umweltpolitische Entwicklung in der DDR, unveröffentlichte Materialstudie des IFO-Instituts für
   Wirtschaftsforschung, München 1989, S. 28 und S. 124.
2) Künstlich bewässerte Flächen im Jahr 1970: 3.152 km²,
   18.789 km² im Jahr 1989. Berechnet nach Angaben des
   Statistisches Jahrbuchs der DDR 1990, a. a. O., S. 34.
3) Vgl. Statistisches Jahrbuch der DDR 1990, a.a.O., S.
   188 und Umweltbundesamt (UBA): Daten zur Umwelt
   1988/89.

**Tabelle 2.7:** Anteil wasserintensiver Industrien an der
industriellen Produktion in der DDR 1989

| Industriezweig Bezirk | Energie | Chemie | Textil | Lebensm. | Anteil |
|---|---|---|---|---|---|
| | (Anteile in %) | | | | insges. |
| Cottbus | 50,3 | 13,4 | 2,3 | 10,6 | 76,6 |
| Halle | 5,0 | 46,9 | - | 11,7 | 63,6 |
| Rostock | 11,3 | 7,9 | - | 39,0 | 58,2 |
| Schwerin | 2,1 | 6,6 | 0,4 | 46,5 | 55,6 |
| Frankfurt | 1,4 | 41,3 | 0,0 | 10,2 | 52,9 |
| Leipzig | 11,4 | 17,8 | 5,7 | 14,5 | 49,4 |
| DDR insgesamt [a] | 7,3 | 18,0 | 6,3 | 15,6 | 47,2 |
| Bundesrepublik[b] | 7,5 | 8,3 | 3,0 | 8,6 | 27,4 |

a) Anteil an der industriellen Warenproduktion 1989
b) Anteil an der Bruttowertschöpfung des warenprodu-
   zierenden Gewerbes 1987

**Quellen:** Zusammenstellung und Berechnung des Ifo-Instituts nach Angaben des Statistischen Jahrbuchs
der DDR 1990, S. 68 ff, 157 f. und des Statistischen Jahrbuchs 1989 der Bundesrepublik Deutschland, S. 545.

## 2.3.2 Abwasseraufkommen und -belastung

Entsprechend dem Wasserverbrauch entwickelte sich das quantitative Abwasseraufkommen. Nach offiziellen Angaben fiel 1988 eine organische Abwasserlast von 66,5 Mill. EGW (Einwohnergleichwerten) an, die nur zur Hälfte in Abwasserbehandlungsanlagen zurückgehalten wurden (vgl. Tab. 2.8)[1].

Tabelle 2.8: Anfall und Behandlung der organischen Abwasserlast in der DDR 1988

| Organische Abwasserlast | in Mill. EGW | in % |
|---|---|---|
| durch Abwasseranlagen zurückgehalten | 35,0 | 52,7 |
| in Gewässer eingeleitet | 31,5 | 47,3 |
| Anfall insgesamt | 66,5 | 100,0 |

Quelle: Institut für Umweltschutz (IFU), Umweltbericht der DDR, Berlin (Ost), 1990.

Die tatsächliche organische Belastung der Gewässer dürfte erheblich über diesen Werten liegen, da die Abwässer aus der Landwirtschaft in der offiziellen Statistik kaum erfaßt werden[2]. Allein die organische Abwasserlast der Landwirtschaft wird auf ca. 66 Mill. EGW geschätzt, wovon nur knapp die Hälfte biologisch entsorgt, d.h. verwertet

1) Vgl. IFU, Umweltbericht der DDR, a.a.O., S. 36.
2) Maier schätzt die tatsächliche Gewässerbelastung (d.h. nach der Abwasserbehandlung) auf ca. 100 Mill. EGW. Vgl. H. Maier, a.a.O., S. 35.

wurde. Die landwirtschaftlichen Betriebe leiteten demnach
mehr organische Stoffe ein, als Industrie und Haushalte
zusammen[1] (vgl. Tab 2.9).

Tabelle 2.9: Anteil der Verursacher an der organischen
Verschmutzung der Gewässer in der DDR

| Jahr | Industrie | Haushalte | Landwirtschaft |
|------|-----------|-----------|----------------|
|      | Anteile in % | | |
| 1972 | 35 | 21 | 44 |
| 1980 | 34 | 19 | 47 |
| 1972 | 35 | 21 | 44 |
| 1990 | 34 | 10 | 56 |

Quelle: nach H. Maier, C. Czogalla, Umweltsituation und
umweltpolitische Entwicklung in der DDR, unveröffentlichte Materialstudie des IFO-Instituts für
Wirtschaftsforschung, München 1989, S.31.

---

1) Vgl. U. Adler, Umweltschutz in der DDR: ökologische
Modernisierung und Erneuerung unerläßlich, in: IFO-
Schnelldienst 16-17/90, S. 47. Maier schätzt allein die
Abwasserbelastung aus der Güllewirtschaft für das Jahr
1980 auf 40 Mill. EGW. Durch Silosickerwasser, das bei
der Futterbereitstellung anfällt, fielen weitere 7 bis
10 Mill. EGW an (vgl.H. Maier, a. a. O, S. 125).

Infolge der zunehmenden Intensivierung der Land- und
Forstwirtschaft kam es ferner

- zur Eutrophierung von Grund- und Oberflächengewässern
  durch Nährstoffauswaschung aufgrund überhöhten Dünge-
  mitteleinsatzes[1] sowie

- zu Schadstoffeinträgen durch den übermäßigen Einsatz
  und unsachgemäßen Transport bzw. Lagerung von Agrar-
  chemikalien (Pflanzenschutzmitteln, Dünger, Wachstums-
  regulatoren, Insektizide etc.).

Besonders problematisch ist die Belastung der industriellen Abwässer mit "spezifischen Abwasserinhaltsstoffen",
d. h. mit Schwermetallen, halogenierten Kohlenwasserstoffen, Phenolen, Ammonium, Phosphaten, Chloriden und anderen toxischen oder sauerstoffzehrenden Wasserschadstoffen. Ökologisch problematisch ist auch die über-
mäßige Erwärmung vieler Flüsse durch die Wiedereinleitung
von 1,7 Mrd. m3/a Kühlwasser[2].

Auch wenn die Datenlage über das Ausmaß der tatsächlichen
Gewässerbelastung unvollständig ist, so existiert nach
dem Urteil ostdeutscher Experten "anderswo auf der Welt
(...) kaum eine so konzentrierte, flächendeckende
Wasserverschmutzung mit teilweise hochtoxischen Stoffen
wie in der DDR"[3].

---

1) Zur Belastung der Gewässer mit Agrochemikalien vgl.
   Kap. 2.3.2.
2) Vgl. BMUNR, Eckwerte..., a.a.O., S. 19.
3) Institut für Hygiene und Mikrobiologie, Bad Elster
   (Hrsg.): Jahresbericht 1989 über die Situation der Wasserhygiene in der DDR, beigefügtes Vortragspapier vom
   Februar 1990, zitiert nach: o.V.: Ein Sofortprogramm
   gegen den "Trinkwassernotstand", in: Handelsblatt Nr.
   224 vom 20.11.1990, S. 8.

## 2.3.3 Belastung der Fließgewässer

Der hohe Abwasseranfall, die ungenügende Abwasserreinigung und diffuse Schadstoffeinträge durch die Landwirtschaft haben in weiten Teilen Ostdeutschlands zu einer kritischen Belastung der Fließgewässer geführt. Insbesondere im Süden Ostdeutschlands wurden die Flüsse und Bäche von Industrie und Kommunen weitgehend zur Schadstoffverklappung mißbraucht. Die folgenden Angaben mögen einen Eindruck über das Ausmaß der Belastung der ostdeutschen Flüsse geben:

- Die Elbe, die ca. 75 Prozent des ostdeutschen Territoriums entwässert, führte an der ehemaligen Grenze zur Bundesrepublik 23 t Quecksilber, 13 t Cadmium, 120 t Blei, 280 t Chrom, 380 t Kupfer, 270 t Nickel, 2800 t Zink und mehr als 3,5 Mill. t Chloride mit sich[1].

- Die Werra transportierte jährlich ca. 10 Mill. t Natrium- und Magnesiumchlorid über die Weser in die Nordsee. 8,5 Mill. t stammten aus den thüringischen Kali-Bergwerken. Flora und Fauna des Flusses sind weitgehend zerstört, allein die Korrosionsschäden an Brücken, Bauwerken und technischen Anlagen werden auf 1 Mrd DM geschätzt[2].

- Saale und Mulde nahmen die weitgehend ungeklärten Abwässer der Industrieregion Halle/Leipzig auf. Die Chemiekombinate Leuna und Buna leiteten täglich 1,5 Mill. $m^3$ weitgehend ungeklärte Abwässer in die Saale, dazu kamen aus der Kunststoffproduktion in Schkopau täglich 500 kg Phenol, Quecksilber und Chlor. Für die

---

1) Vgl. BMUNR, Eckwerte..., a.a.O., S. 18. Andere Autoren nennen für die Elbe eine Schadstofffracht von 10 t Quecksilber, 24 t Cadmium, 142 t Blei (vgl. H. Maier, a.a.O, S. 35; C. v. Hohenthal, Die Umwelt-Last der DDR, in: FAZ vom 22.1.1990, S. 12) sowie 100 t Arsen, 150 t Chrom, 250 t Kupfer und 200 t Nickel (vgl. P. Mayer, M. Meister, Umwelt-Report DDR, Die dreckige Republik, in: der Stern, S. 29).

2) Vgl. H. Maier, a. a. O., S. 35 und C. Hohenthal, a. a. O. S. 12.

Verschmutzung der Mulde waren insbesondere die Abwässer
des Bergbaukombinats "Albert Funk", der Zellstoffabrik
Weißenborn und des Pestizidkombinats Bitterfeld verantwortlich[1]. Die Wasserqualität war hier bereits so weit
abgesunken, daß die industrielle Produktion beeinträchtigt wurde[2].

- Stark belastet sind ferner Schwarze und Weiße Elster,
  Unstrut, Wipper, Pleiße im Elbe-Einzugsgebiet sowie
  Oder und Lausitzer Neiße. Die Flüsse sind zumindest in
  Teilabschnitten biologisch tot[3]. Erheblich gestört ist
  das biologische Selbstreinigungsvermögen bei Havel,
  Spree, Bode und vielen kleineren Flüssen.

Tabelle 2.10 gibt einen Überblick über die Qualifizierung
der Fließgewässer entsprechend der letzten verfügbaren
amtlichen Statistik der ehemaligen DDR. Hingewiesen sei
an dieser Stelle auf die Aufstellung der am stärksten belasteten Flüsse der neuen Bundesländer in den Tabellen
2.17, 2.19, 2.21, 2.23 und 2.25 (Kapitel 2.5).

---

1) Vgl. C. Hohenthal, a. a. O, S.12.

2) Allein 1988 mußten als Ausgleich für Produktionsaus-
   fälle in der Chemie- und Zellstoffproduktion Textil-
   zellstoff und neue Anlagen für 9,95 Mill. Valuta-Mark
   importiert werden. Vgl. C. Möhring: Eine lange Liste
   von Fehlentscheidungen und Versäumnissen, in: FAZ, Nr.
   47 vom 24. 2. 1990, S. 4.

3) Wasserbeschaffenheitsklasse 4 und schlechter.

Tabelle 2.10: Wasserbeschaffenheit der klassifizierten[a)]
Fließgewässer in Ostdeutschland in 1988

| Beschaffenheitsklasse[b)] | 1 und 2 | 3 | 4 bis 5 |
|---|---|---|---|
| Belastungsart | (Anteile in %) | | |
| Sauerstoffhaushalt, organ. Belastungen | 40,5 | 36,6 | 22,9 |
| Salzbelastung | 69,7 | 22,8 | 7,5 |
| sonstige gebietsspezif. Inhaltsstoffe | 23,1 | 35,7 | 41,2 |

a) 10.600 km von 90.200 km Gesamtgewässerstrecke.
b) Beschaffenheitsklassen:
   1: für alle Nutzungen geeignet.
   2: als Trinkwasser nach umfangreicher Aufbereitung
      geeignet, für Sport- und Erholungszwecke, für
      die Viehwirtschaft sowie als Produktions- und
      Kühlwasser gut geeignet.
   3: Trinkwassernutzung nur nach komplizierter Auf-
      bereitung möglich, als Kühl- und Bewässerungs-
      wasser geeignet.
   4: als Kühl- und Bewässerungswasser geeignet.
   5: für die meisten Nutzungen nicht mehr oder nur
      nach komplizierter Aufbereitung geeignet.
   6: für alle Nutzungen (außer Schiffahrt)
      unbrauchbar.

Quelle: Statistisches Jahrbuch der DDR 1990, S. 151.

## 2.3.4 Belastung der stehenden Binnengewässer

Auch bei den stehenden Gewässern war eine zunehmende Belastung mit Inhalts- und Schadstoffen und Eutrophierung der Gewässer zu verzeichnen. Innerhalb der letzten fünf Jahre erhöhte sich der Anteil der durch übermäßiges Algenwachstum zeitweise oder dauernd beeinträchtigten Binnengewässer von 46,8 Prozent auf 58,2 Prozent (vgl. Tab. 2.11). 15 Prozent der klassifizierten Seen sind nach Angaben des ehemaligen DDR-Umweltministeriums selbst für eine beschränkte industrielle Nutzung nicht mehr verwendbar[1].

Tabelle 2.11: Wasserbeschaffenheit stehender Binnengewässer in Ostdeutschland im Jahr 1989

| Jahr | Untersuchte Gewässer Anzahl | km² | Beschaffenheitsklasse[a] 1 | 2 | 3 | 4 (Anteile in %) | 5 |
|------|------|------|------|------|------|------|------|
| 1985 | 510 | 804 | 0,9 | 52,3 | 37,9 | 8,9 | 0 |
| 1986 | 520 | 826 | 1,0 | 51,8 | 37,6 | 9,6 | 0 |
| 1987 | 529 | 873 | 0,9 | 44,0 | 46,8 | 8,3 | 0 |
| 1988 | 569 | 919 | 1,0 | 45,2 | 45,3 | 8,0 | 0 |
| 1989 | 744 | 1072 | 0,9 | 40,9 | 48,9 | 9,2 | 0,1 |

a) Beschaffenheitsklassen:
   1: Trinkwasserseen unter strengem Schutz.
   2: bei Trinkwassernutzung strenger Schutz gegen Nährstoffeintrag; sehr gute Erholungsgewässer.
   3: zeitweilige Algenentwicklung komplizieren eine Trinkwassernutzung und beeinträchtigen die Erholung.
   4: ständige Algenentwicklung, für Erholungszwecke und Fischerei bedingt brauchbar.
   5: unbrauchbar für die Erholung; Fischerei durch schwankende Sauerstoffwerte gefährdet.

Quelle: Statistisches Jahrbuch der DDR 1990, S. 151.

---

1) Vgl. MUNER; Bilanz tätiger Umweltpolitik, a.a.O, S. 3.

Noch vor wenigen Jahren wurde der überwiegende Teil des Trinkwassers aus Oberflächengewässern gewonnen. Heute ist bei 55 Prozent der Fließgewässer und 75 Prozent der stehenden Gewässer eine Trinkwassergewinnung nur noch nach umfangreicher, zumeist technisch komplizierter Aufbereitung möglich. Nur 3 Prozent der Fließgewässer und 1 Prozent der stehenden Gewässer sind ökologisch intakt. 42 Prozent der Fließgewässer und 24 Prozent der Seen sind für eine Trinkwassergewinnung nicht mehr geeignet (vgl. Abb. 2.2).

## 2.3.5 Belastung des Grundwassers

Infolge der hohen Schadstoffbelastung der Fließgewässer wurde in den letzten Jahren das Trinkwasser zunehmend aus Grundwasser gewonnen. Inzwischen werden 71 Prozent des Trinkwassers aus Grundwasser gewonnen, bei weiteren 10 Prozent wird das Oberflächenwasser mit Grundwasser gemischt[1]. Doch auch das Grundwasser weist vielfach unzulässig hohe Belastungen auf.

In weiten Teilen Ostdeutschlands liegt der Nitratgehalt des Grundwassers über den gesetzlich zulässigen Grenzwerten. 1988 wurden bei 172 (8,7 %) der 1980 Meßstellen Konzentrationen zwischen 20 und 40 mg/l gemessen, bei 149 Mestellen wurde der DDR-Grenzwert von 40 mg/l überschritten (BRD Grenzwert 50 mg/l). Die wesentlichen Ursachen für die hohe Nitratbelastung sind die intensive

---

1) Vgl. BMUNR, Eckwerte..., a.a.O., S. 21. Nach Maier lag der Anteil des Grundwassers an der Trinkwassergewinnung noch vor wenigen Jahren bei 40 Proznet. Vgl. H. Maier, a.a.O, S. 31.

Abbildung 2.2:

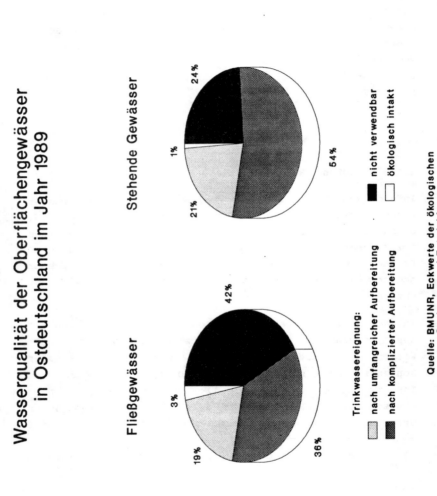

Wasserqualität der Oberflächengewässer
in Ostdeutschland im Jahr 1989

Fließgewässer                    Stehende Gewässer

Trinkwassereignung:

nach umfangreicher Aufbereitung         .        nicht verwendbar

nach komplizierter Aufbereitung                  ökologisch intakt

Quelle: BMUNR, Eckwerte der ökologischen
Sanierung und Entwicklung.

landwirtschaftliche Bewirtschaftung, unzureichende Abwasser-, Fäkalien- und Müllentsorgung sowie Nitrateinträge durch Niederschläge ("saurer Regen"). Besonders betroffen sind die Länder Thüringen, Sachsen und Sachsen-Anhalt[1].

Problematisch dürfte auch - angesichts des massiven Einsatzes von Agrochemikalien in der Land- und Forstwirtschaft - die Belastung des Grundwassers mit Pflanzenschutzmitteln sein[2]. Eine permanente Gefährdung für das Grundwasser geht daneben auch von dem in weiten Teilen schadhaften Kanalnetz aus.

Als Folge des Braukohletagebaus, aber auch durch Entwässerungsmaßnahmen von insgesamt 23.300 km² landwirtschaftlicher Nutzfläche sind in erheblichem Umfang Grundwasserabsenkungen zu verzeichnen.

### 2.3.6 Belastung von Nord- und Ostsee

Die DDR gehörte mengenmäßig zu den größten Schadstoffeinleitern in Nord- und Ostsee. In die Nordsee wurde über Werra (bzw. Weser) und Elbe der größte Teil der Schadstofffracht der ostdeutschen Flüsse eingeleitet. Die Ostsee nahm unmittelbar Abwässer aus Landwirtschaft, Industrie und vielen Kommunen sowie die Schadstoffe aus der Oder auf. Neben der hohen Belastung mit organischen

---

1) Vgl. IFU, Umweltbericht der DDR, a.a.O., S. 38.
2) Vgl. Kap. 2.3.2. Derzeit werden im Auftrag des BMNUR
   spezifische Gewässeranalysen durchgeführt.

Stoffen verursachten die schwermetallhaltigen Industrieabwässer Rostocks und Wismars die gravierendsten ökologischen Probleme. Besonders gefährdet sind - in der an sich
schon austauscharmen Ostsee - Bodden und Haffe der Ostseeküste.

## 2.3.7 Emissionsminderungen im Jahr 1990

Die Stillegungen und Produktionsrückgänge in der ostdeutschen Wirtschaft - insbesondere der chemischen und
Zellstoffindustrie - führten im Jahr 1990 zu einer Reduktion der Gewässerbelastung[1].

Angegeben wird für die die Fließgewässer des Elbeeinzug-
gebiets eine Verminderung der Schadstoffeinleitung im
Jahr 1990 um 106.000 t (19 %) organische Stoffe, 50 t
Stickstoffverbindungen und 1 t Quecksilber.[2] Für die
Elbe wird eine im Vergleich zu 1989 um 15 Prozent ver-
ringerte Schadstofffracht angegeben. Durch die Reduktion
der thüringischen Kaliproduktion wurden 1990 750.000 t
(12 %) weniger Salze in die Werra eingeleitet.

---

1) Vgl. BMNUR, Eckwerte, a.a.O., und MUNER: Bilanz tätiger Umweltpolitik, a.a.O., S. 4 f..

2) Nach Angaben des ehemaligen Umweltministeriums der DDR
führte die Elbe im Oktober 1990 täglich 290 t organische Stoffe, 140 kg Stickstoffverbindungen und 2,5 kg
Quecksilber weniger mit sich, in die Mulde wurde je Tag
41 t organische Stoffe, 120 t Salze und 220 kg Phenole
weniger eingeleitet. Vgl. MUNER: Bilanz tätiger Umweltpolitik, a.a.O., S. 4.

## 2.4 Belastung des Bodens

Geschätzt wird, daß bereits mehr als 40 Prozent der Ge-
samtbodenfläche infolge Überlastungen und Fehlnutzungen
durch die Landwirtschaft, Schadstoffeinträge der Industrie, Bergbau oder Versiegelung in seiner Nutzbarkeit
und ökologischer Funktionsfähigkeit beeinträchtigt ist[1]).
Hauptbelastungsfaktoren sind vor allem Landwirtschaft,
Bergbau, Industrie und Militär.

Seit 1967 wurde in der DDR die Industrialisierung der
Landwirtschaft ohne Rücksicht auf ökologische Belange
vorangetrieben. So wurden Ackerbaubetriebe mit bis zu
8000 ha Fläche geschaffen, Felder von 3 - 7 ha auf z. T.
über 200 ha zusammengelegt und großflächig Entwässerungs-
projekte durchgeführt. Die Folgen einer umfassenden Intensivierung der Agrarproduktion - ausgeräumte Landschaf-
ten, Verlust wertvoller Einzelbiotope und ihrer Ar-
tenvielfalt - werden hier besonders deutlich. 50 Prozent
der Bodenoberfläche gilt als durch den Einsatz schwerer
Landmaschinen "schadhaft verdichtet".

---

1) Vgl. BMUNR, Eckwerte..., a.a.O., S. 33.

Tabelle 2.12: Flächennutzung in Ost- und Westdeutschland

| Nutzung | Ostdeutschland (1989) Fläche km² | Ostdeutschland (1989) Anteil in % | Westdeutsch- land (1988) Anteil in % |
|---|---|---|---|
| Landwirtschaftsfläche | 61.713 | 57,0 | 53,7 |
| Waldfläche | 29.831 | 27,5 | 29,8 |
| Siedlungsfläche[1] | 10.753 | 9,9 | 12,2 |
| Öd- oder Unland[2] | 1.916 | 1,8 | 1,2 |
| Abbaufläche | 980 | 0,9 | 0,3 |
| Wasserfläche | 3.136 | 2,9 | 1,8 |
| Fläche insgesamt | 108.329 | 100,0 | 248.619 km² |

1) Gebäude- und Freifläche, Betriebsfläche (ohne Abbauland), Erholungsfläche, Verkehrsfläche, Friedhöfe.
2) Moor, Heide, Felsen, Böschungen, Dünen, stillgelegtes Abbauland.

Quellen: Statistisches Jahrbuch der DDR 1990; BMUNR, Umweltbericht 1990; Köln 1990, Berechnungen des Ifo-Instituts.

- 39 -

## 2.4.1 Nutzflächenentzug

Der jährliche Flächenentzug wird mit 16.000 bis 20.000 ha
land- und ca. 3.000 ha forstwirtschaftlicher Nutzfläche
angegeben[1]. Dabei stellt die Landwirtschaft selbst den
Hauptverursacher dar: 55 % des Nutzflächenentzugs resultiert aus der Umstufung landwirtschaftlicher Nutzfläche
als "Ödland" aufgrund unsachgemäßer Bewirtschaftung und
nachfolgender Erosion (vgl. Abb. 2.3).

Besonders augenfällig ist der Flächenentzug des Braunkoh-
lebergbaus (vgl. Abb. 2.4). In den letzten Jahren betrug
die zusätzliche Flächeninanspruchnahme zwischen 1.600 und
2.000 ha jährlich. Von den seit 1950 insgesamt in Anspruch genommenen 1.280 km² wurden bisher nur 660 km² rekultiviert, der übrige Anteil gilt als Industriebrache.
Die rekultivierten Böden weisen mit Ackerzahlen um 20 im
übrigen eine deutlich schlechtere Qualität als vor dem
Braunkohlenabbau auf.

---

1) Vgl. IFU, Umweltbericht der DDR, a.a.O., S. 43.

Abbildung: <u>2.3</u>

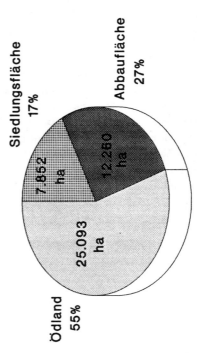

# Flächenentzug in Ostdeutschland 1980 bis 1989

Umwidmung als:

Siedlungsfläche
17%

Abbaufläche
27%

7.852 ha

12.260 ha

25.093 ha

Ödland
55%

Quelle: Stat. Jahrbuch der DDR 1990;
Berechnungen des Ifo-Instituts

**Abbildung 2.4:**

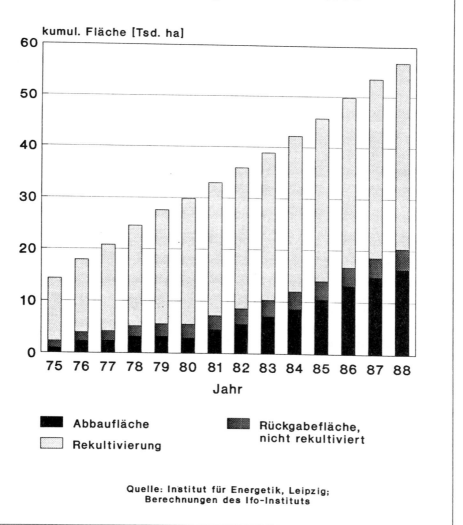

Flächeninanspruchnahme des
Braunkohletagebaus seit 1970

kumul. Fläche [Tsd. ha]

Jahr

■ Abbaufläche

□ Rekultivierung

▨ Rückgabefläche,
nicht rekultiviert

Quelle: Institut für Energetik, Leipzig;
Berechnungen des Ifo-Instituts

## 2.4.2 Eutrophierung und Schadstoffeinträge

Verantwortlich für die weiträumige Überlastung der Böden
sind Eutrophierung sowie vielfältige Schadstoffeinträge:

Der Einsatz mineralischer Dünger lag im Wirtschaftsjahr
1988/89 noch 42 % über dem - im internationalen Vergleich
schon sehr hohen - westdeutschen Niveau (vgl. Tab. 2.13).
Infolge der Auswaschung von Stickstoff (ca. 28 kg/ha)[1)]
und anderer überschüssiger Nährstoffe als Folge der Überdüngung kam es zur Eutrophierung der Gewässer und Nitrat-
anreicherung im Grundwasser. Problematisch war daneben
der hohe Cadmiumanteil des ostdeutschen Phosphatdüngers.

Auch in der Viehwirtschaft potenzierten sich durch die
Konzentration in Zuchtanlagen mit bis zu 200.000 Schwei-
nen und 40.000 Bullen die Umweltprobleme. Neben den
Geruchsbelästigungen bereitete vor allem die schadlose
Gülleverwertung Probleme. Von den jährlich anfallenden
ca. 88 Mill. m³ Gülle wurden etwa 54 % in der Landwirtschaft verwertet. Die Ausbringung beschränkte sich aber
auf nur 10 % der landwirtschaftlichen Nutzfläche[2)]. Zudem
wurde die Gülle infolge unzureichender Lagerkapazitäten
kontinuierlich das ganze Jahr über ausgebracht.

Für den Einsatz von Agrochemikalien in der ehemaligen DDR
galt, daß diese "weder hinsichtlich ihrer Umweltverträg-
lichkeit noch in der verwendeten Menge dem Weltstand-
niveau entsprechen"[3)]. Insgesamt wurden ca. 28.500 t/a

---

1) Angaben der Akademie der Landwirtschaftswissenschaften
   der DDR, Vgl. Umweltbericht der DDR, a.a.O., S. 45.

2) Vgl. BMUNR, Eckwerte..., a.a.O., S. 34 und H. Maier,
   a.a. O., S. 125, Berechnungen des Ifo-Instituts.

3) Vgl. IFU, Umweltbericht der DDR, a.a.O., S. 44.

**Tabelle 2.13:** Inlandsabsatz mineralischer Düngemitteln im Wirtschaftsjahr 1988/89

| Mineraldünger | Ostdeutschland | | Westdeutschland |
|---|---|---|---|
| | kg/ha | Index[1] | kg/ha |
| Stickstoff (N) | 134,9 | 104,4 | 129,2 |
| Phosphat (P$_2$O$_5$) | 60,9 | 112,8 | 54,0 |
| Kali (K$_2$O) | 95,1 | 127,7 | 74,5 |
| Kalk (CaO) | 278,3 | 195,6 | 142,3 |
| insgesamt | 569,2 | 142,3 | 400,0 |
| 1) Index: Westdeutschland = 100. | | | |

**Quellen:** Statistisches Jahrbuch der DDR 1990, S. 37; StBA, Umweltinformationen zur Statistik 1990, S. 73; Berechnungen des Ifo-Instituts.

- 44 -

Pflanzenschutzmittel eingesetzt. Dies entspricht der doppelten spezifischen Einsatzmenge je ha Ackerfläche in Westdeutschland[1]. Ökologisch besonders problematisch war nicht nur die Anwendung in z.T. extrem hohen Konzentrationen[2], sondern auch die fehlende Prüfung der verwendeten Wirkstoffe auf ihre ökologische Verträglichkeit. Welche Wirkungen von den etwa 100 verschiedenen eingesetzten chemischen Verbindungen ausgehen, ist größtenteils unbekannt. Angewendet wurden in erheblichem Umfang auch Produkte, die in der Bundesrepublik verboten sind, wie z. B. DDT, PCB, Lindan oder Hexachlorbenzol (HCB). Da ein Großteil der Pestizide per Flugzeug versprüht wurde, kam es zur ungewollten Mitbehandlung angrenzender Flächen und Gewässer.

80% der Pflanzenschutz- und Düngungsarbeiten wurden von den Agrotechnischen Zentren (ACZ) durchgeführt. Hier kam es aufgrund der mangelhaften technischen Standards in erheblichem Umfang zu unkontrollierten Verlusten von Agrochemikalien. Jährlich gingen 70.000 t Mineraldünger und ein Viertel des organischen Düngers durch Havarien bei Transport, Lagerung und Verwendung verloren. Bei einer Kontrolle der Agrochemischen Zentren durch die staatliche Gewässeraufsicht wurden bei 68% der ACZ unzureichende Sicherheitstandards festgestellt. Zahlreiche Betriebsgelände sind erheblich kontaminiert. Die mit Pflanzenschutzmitteln stark belasteten Abwässer (je ACZ bis zu 400 $m^3$/a) wurden ohne weitere Aufbereitung verrie-

---

1) Vgl. BMUNR, Eckwerte..., a.a.O., S. 34.
2) So wurde etwa bei dem Voraussatherbizid Bi 3411 mit 18 bis 27 kg /ha Wirkstoff die bis zu mehr als 200 fache international übliche Konzentration eingesetzt. Vgl. IFU, Umweltbericht der DDR, a.a.O., S. 44.

selt. Ein Drittel der 268 ACZ liegen in Trinkwasser-
schutzzonen[1]).

Verwertet wurden in der Landwirtschaft auch 65% der jährlich anfallenden 1,1 Mill. t Klärschlamm Trockensubstanz
- ohne Berücksichtigung des oft erheblichen Schadstoffge-
haltes, insbesondere an Schwermetallen. Auf 480.000 ha
Fläche wurden nur teilweise vorbehandelte kommunale und
industrielle Abwässer verrieselt. Daneben wurden in der
Landwirtschaft zur "Bodenverbesserung" großflächig Kraft-
werksaschen mit aufkonzentrierten Schwermetallanteilen
ausgebracht. Nutzungsbeschränkungen der Fruchtarten oder
Wartezeiten blieben überwiegend unbeachtet.

Durch industrielle Immissionen sind 8,4% der Ackerböden
"erheblich belastet"[2]). Betroffen sind vor allem
Industriestandorte in den südlichen Bezirken. Belastungs-
faktoren waren die unsachgemäße, häufig illegale Beseitigung industrieller Abfälle sowie kontaminierte
Altstandorte, aber auch mittelbare Schadstoffeinträge aus
der Luft. So führten die Schwefeldioxidemissionen zur
Versauerung des Bodens. Im Staubniederschlag waren in
z. T. erheblichem Umfang Schwermetalle gebunden.

---

1) Vgl. IFU, Umweltbericht der DDR, a.a.O., S. 45 und H.
   Maier, a.a.O., S. 124.
2) Vgl. BMUNR, Eckwerte..., a.a.O., S. 35.

## 2.4.3 Altlasten

Eine weitgehend ungeordnete Abfallentsorgung sowie der
fahrlässige Umgang mit umweltgefährdenden Stoffen in
Landwirtschaft, Bergbau, Industrie und beim Militär haben
in Ostdeutschland zu einer Vielzahl gravierender Boden-
und Grundwasserkontaminationen geführt.

Nach einer vorläufigen Bestandsaufnahme ist auf dem Gebiet der ehemaligen DDR mit mehr als 46.000 Altlasten-
Verdachtsflächen zu rechnen (vgl. Tab. 2.14). Dies entspricht etwa der Gesamtzahl der erfaßten Altlasten-
Verdachtsflächen in den alten Bundesländern[1]. Von den in
Ostdeutschland bislang erfaßten knapp 29.000 Verdachtsflächen, wurden bis dato 8,5 Prozent als Altlast eingestuft. Selbst bei den bereits klassifizierten Altlasten
ist noch keine systematische Gefährdungsabschätzung
erfolgt. Sicherungsmaßnahmen wurden bislang nur in
Einzelfällen eingeleitet[2].

Die 11.000 erfaßten Altablagerungen umfassen nahezu alle
bekannten, betriebenen oder stillgelegten Hausmüll-
deponien auf dem Gebiet der ehemaligen DDR. Die Daten
basieren auf einer Erhebung der Arbeiter- und Bauern-
Inspektion (ABI), von der im Jahr 1989 auf dem Territo-
rium der ehemaligen DDR 10.000 "wilde" Müllkippen und
1000 genehmigte, aber ungeordnete Deponien ermittelt wurden[3].

---

1) In der Bundesrepublik erfaßte Altlasten-Verdachtsflächen: 48.377 (Stand 1.3.1989). Vgl. BMUNR, Umweltbericht 1990; Bundesanzeiger, Köln 1990, S. 165.

2) Vgl. BMUNR, Eckwerte..., a.a.O., S. 32.

3) Vgl. IFU, Umweltbericht der DDR, a.a.O., S. 53, 56 und
   BMNUR, Eckwerte..., a.a.O., S. 29.

Tabelle 2.14: Ostdeutsche Altlasten-Verdachtsflächen

| Klassifizierung | Anzahl |
|---|---|
| geschätzte Verdachtsflächen | ca. 46.500 |
| erfaßte Verdachtsflächen | 27.877 |
| davon - Altablagerungen | 11.000 |
|    - Altstandorte | 15.000 |
|    - Rüstungsaltlasten | 700 |
|    - großflächige Kontaminationen | 1.037 |
| als Altlast eingestuft | 2.457 |
| davon mit hoher Priorität eingestuft | 196 |

Quellen: BMUNR, Eckwerte der ökologischen Sanierung
und Entwicklung in den neuen Ländern, Bonn,
1990; Berechnungen des Ifo-Instituts.

Bei den ca. 15.000 erfaßten Altstandorten handelt es sich
im wesentlichen um Standorte der Chemieindustrie, der
Hüttenindustrie und Metallurgie sowie um Abbau- und Abla-
gerungsflächen des Braunkohle-, Kali-, und Erzbergbaus.
Hohe spezifische Kontaminierungen wurden in der Umgebung
von Verbrennungsanlagen (v. a. Anlagen zur thermischen
Behandlung von Produkten der Chlorchemie, Kabelverschwe-
lungs- und Müllverbrennungsanlagen), Anlagen der Zell-
stoff- und Papierherstellung und der Recyling-Industrie

festgestellt[1]). Besonders problematisch sind ca. 260
Tagebaurestlöcher mit einem Gesamtvolumen von etwa 3 Mrd
m[3], die ohne entsprechende Eignungsprüfung als kommunale
Mülldeponien oder zur Einschlämmung hochproblematischer
Rückstände der chemischen Industrie und der Kohlechemie
verwendet wurden[2]). Im Zentrum der öffentlichen
Diskussion steht vor allem die größte Altlast des Landes,
das sächsisch-thüringische Uranbergbaugebiet und die zur
Sanierung erforderlichen Maßnahmen. Neben dem kon-
taminierten Betriebsgelände der Wismut AG (etwa 1.200
km[2]) gilt eine Fläche von ca. 10.000 km[2] in Sachsen und
Thüringen als radioaktiv belastet[3]).

Die großflächigen Kontaminationen umfassen Rieselfelder,
Güllelastfelder, immissionsbelastete Flächen und Hava-
rieflächen. Von den über 1000 erfaßten Verdachtsflächen
wurden bislang jedoch erst 64 als Altlast eingestuft[4].

Infolge der unzulänglichen Technik vieler Verbrennungsanlagen und der großflächigen Ausbringung von problemati-
schen Produkten der Chlorchemie (etwa PCB) wurden in beträchtlichem Umfang Dioxine emittiert. Einzelmessungen
deuten darauf hin, daß die Dioxingrundbelastung in Ostdeutschland "um Größenordnungen höher" liegt als in Westdeutschland, d.h. flächendeckend über 40 Ng/kg Boden.
Nach den vom Umweltbundesamt und Bundesgesundheitsamt
vorgeschlagenen Vorsorgewerten wäre ab einer Dioxinbelastung von mehr als 5 Ng/kg Boden Freilandviehhaltung,

---

1) Die nach Art und Umfang regional bedeutsamsten Altla-
stenstandorte werden in Kap. 2.3.3 aufgeführt.

2) Vgl. BMNUR, Eckwerte..., a.a.O., S. 36 f.

3) Vgl. M. Urban, Ökologische Erblast DDR, in: SZ vom 4.
10. 1990, S. 65.

4) Vgl. BMNUR, Eckwerte..., a.a.O., S. 36.

Anbau von Gemüse und Feldfrüchten sowie Grasschnitt nicht mehr zulässig[1]).

Zehn Prozent des gesamten Territoriums wurden durch das Militär beansprucht. Welches Gefährdungspotential die Altlasten auf den Liegenschaften der Nationalen Volksarmee (NVA) und der sowjetischen Weststreitkräfte darstellen, ist zur Zeit noch nicht absehbar. Aufgrund der erheblichen Belastungen (u. a. mit Kohlenwasserstoffen) müßten die in Anspruch genommenen Flächen wohl grundsätzlich als Verdachtsflächen eingeordnet werden.

Abbildung 2.5:

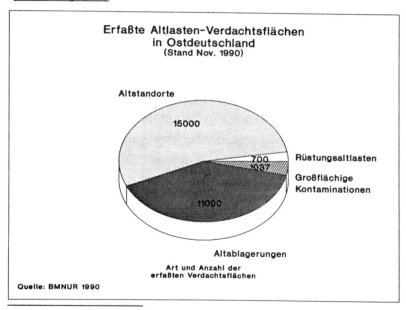

Erfaßte Altlasten-Verdachtsflächen
in Ostdeutschland
(Stand Nov. 1990)

Altstandorte

15000

700
1037

Rüstungsaltlasten

Großflächige
Kontaminationen

11000

Altablagerungen

Art und Anzahl der
erfaßten Verdachtsflächen

Quelle: BMNUR 1990

1) Vgl. M. Urban, Ökologische Erblast DDR, a.a.O., S. 65.

2.5 Belastungsschwerpunkte in den neuen Bundesländern

Auf die fünf neuen Bundesländer entfallen zusammen mit Ostberlin 30 Prozent der Fläche und 21 Prozent der Bevölkerung der erweiterten Bundesrepublik (vgl. Tab. 2.15 und Abb. 2.6).

Tabelle 2.15: Einwohner, Fläche und Anzahl der Gemeinden der Länder der Bundesrepublik Deutschland

| Lfd. Nr. | Land | Einwohner in Mill. | Fläche in Tsd. km² | Anzahl der Gemeinden |
|---|---|---|---|---|
| 1 | Nordrhein-Westfalen | 17,0 | 34,1 | 396 |
| 2 | Bayern | 11,2 | 70,6 | 2.051 |
| 3 | Baden-Würtemberg | 9,5 | 35,8 | 1.111 |
| 4 | Niedersachsen | 7,2 | 47,4 | 1.031 |
| 5 | Hessen | 5,6 | 21,1 | 426 |
| 6 | Sachsen | 4,9 | 18,3 | 1.623 |
| 7 | Rheinland-Pfalz | 3,7 | 19,8 | 2.303 |
| 8 | Berlin | 3,4 | 0,9 | 1 |
| 9 | Sachsen-Anhalt | 3,0 | 20,4 | 1.349 |
| 10 | Thüringen | 2,7 | 16,3 | 1.699 |
| 11 | Brandenburg | 2,6 | 29,1 | 1.775 |
| 12 | Schleswig-Holstein | 2,6 | 15,7 | 1.131 |
| 13 | Mecklenburg-Vorpommern | 2,0 | 23,8 | 1.117 |
| 14 | Hamburg | 1,6 | 0,8 | 1 |
| 15 | Saarland | 1,1 | 2,6 | 52 |
| 16 | Bremen | 0,7 | 0,4 | 1 |
| | Westdeutschland[1] | 62,3 | 248,7 | 8.505 |
| | Ostdeutschland [2] | 16,4 | 108,3 | 7.564 |
| | Insgesamt | 78,7 | 357,0 | 16.068 |

1) Stand 30.9.1989, incl. Berlin (West).
2) Stand 31.12.1989, incl. Berlin (Ost).

Quelle: Deutscher Städtetag, Pressemitteilung vom 22. 8. 1990.

**Abbildung 2.6:**  Die neuen Bundesländer

Da die Umweltbelastungen in den neuen Ländern nach Art
und Ausmaß unterschiedlich ausgeprägt sind, wird entsprechend den neuen administrativen Strukturen eine nach Ländern und Regionen differenzierte Umweltpolitik zu entwickeln sein. Im folgenden wird daher ein Überblick über
die Umweltbelastungen in den neuen Bundesländern und in
Berlin (Ost) gegeben (vgl. Tab. 2.16). Dabei werden für
alle ostdeutschen Bundesländer - nach Umweltmedien differenziert - die Belastungsschwerpunkte sowie deren wichtigsten industrielle Verschmutzungsquellen tabellarisch
zusammengestellt.

Da sich die Umweltadministration der neuen Länder erst im
Aufbau befindet, muß weitgehend noch auf die Daten für
die ehemaligen Bezirke der DDR zurückgegriffen werden[1].
Bei den Angaben handelt es sich im allgemeinen um Schätz-
werte, zumal die von den ehemaligen Bezirksgrenzen
abweichenden neuen Landesgrenzen nur teilweise berücksichtigt werden konnten.

---

1) Vgl. zum folgenden insbesondere: Statistisches Jahrbuch der DDR 1990, a. a. O.; IFU, Umweltbericht der
   DDR, a. a. O.; Rat des Bezirks Halle, Fachorgan Umweltschutz, Naturschutz und Wasserwirtschaft, Umweltbericht
   des Bezirkes Halle 1989, Merseburg; BMNUR, Eckwerte...,
   a. a. O.; Unterarbeitsgruppe "Luftreinhaltung" der Arbeitsgruppe "Ökologischer Sanierungs- und Entwicklungsplan" der deutsch-deutschen Umweltkommission, a. a. O.;
   Arbeitskreis Umwelt und Energie der SPD-Bundestagsfraktion, Ökologische Hauptprobleme in den neuen Bundesländern, Bonn, 12. 11. 1990.

- 53 -

## Tabelle 2.16: Ausgewählte Kennziffern zur Umweltbelastung in den neuen Bundesländern

| | Mecklenb. -Vorpomm. | Branden- burg | Sachsen- Anhalt | Sachsen | Thüringen | Ost- berlin | Ostdtl. insgesamt |
|---|---|---|---|---|---|---|---|
| Fläche [km²] | 23.838 | 29.059 | 20.445 | 18.337 | 16.251 | 403 | 108.333 |
| Bevölkerung [Mio;1.1.90] | 1,96 | 2,64 | 2,96 | 4,90 | 2,68 | 1,28 | 16,43 |
| Bevölk.dichte [E./km²] | 82,4 | 90,9 | 145,0 | 267,3 | 165,2 | 3174,2 | 151,7 |
| Erwerbstätige[1] [Mio.] | 0,99 | 1,32 | 1,56 | 2,57 | 1,41 | 0,70 | 8,55 |
| davon Land- u. Forstw. | 19,6 % | 15,3 % | 12,2 % | 7;2 % | 10,2 % | 1,1 % | 10,8 |
| Industrie | 23,3 % | 33,4 % | 38,9 % | 44,0 % | 42,8 % | 25,2 % | 37,3 |
| **Luftbelastung** | | | | | | | |
| Emissionen[2] [kt] | | | | | | | |
| - Schwefeldioxid | 191 | 1.602 | 1.227 | 1.628 | 488 | 170,0 | 48,0 |
| - Staub | 115 | 612 | 579 | 521 | 210 | 66,3 | 19,0 |
| - Stickoxide | 12 | 190 | 76 | 89 | 30 | 20,6 | 3,7 |
| - Kohlenmonoxid | 262 | 673 | 610 | 635 | 376 | 301,7 | 24,7 |
| spezif. Emiss.[2] [t/km²] | | | | | | | |
| - Schwefeldioxid | 7,1 | 57,2 | 60,4 | 91,9 | 32,1 | 170,0 | 48,0 |
| - Staub | 4,3 | 21,8 | 28,5 | 29,4 | 13,8 | 66,3 | 19,0 |
| - Stickoxide | 0,5 | 6,8 | 3,7 | 5,0 | 1,9 | 20,6 | 3,7 |
| - Kohlenmonoxid | 9,8 | 24,0 | 30,0 | 35,9 | 24,7 | 301,7 | 24,7 |
| **Wasserversorgung** | | | | | | | |
| Nitratbelastung > 40mg/l | | | | | | | |
| - Bevölkerung Anzahl | 76.000 | 109.000 | 278.000 | 830.000 | 448.000 | - | 1.741.000 |
| Anteil | 3,4 % | 3,9 % | 8,8 % | 16,4 % | 19,6 % | - | 10,4 % |
| - Lebensmittelbetr. mit Eigenversorgungsanl. | 16,5 % | 15,9 % | 49,9 % | 44,5 % | 33,7 % | - | 57,0 % |
| Anschlußgrad der Bevölk. | | | | | | | |
| - Trinkwasserversorgung | 93,4 % | 88,5 % | 92,7 % | 93,6 % | 95,4 % | 99,0 % | 93,3 % |
| - Kanalisation | 66,0 % | 54,7 % | 73,5 % | 75,7 % | 82,0 % | 97,0 % | 73,2 % |
| - Abwasserbehandlung | 60,3 % | 53,9 % | 55,9 % | 56,6 % | 47,3 % | 97,0 % | 58,2 % |
| **Gewässerbelastung** | | | | | | | |
| Fließgewässer[3] | | | | | | | |
| - organische Belastung | 22,3 % | 21,0 % | 24,7 % | 27,0 % | 15,1 % | 40,5 % | 22,9 % |
| - Salzbelastung | 3,8 % | 1,2 % | 26,9 % | 0,2 % | 24,4 % | - | 7,5 % |
| - Sonst. Inhaltsstoffe | 12,0 % | 62,1 % | 67,3 % | 50,0 % | 16,0 % | 30,2 % | 41,2 % |
| Stehende Binnengewässer[4] | 52,9 % | 63,4 % | 57,3 % | 55,9 % | 40,5 % | 100,0 % | 56,5 % |
| **Bodennutzung** | | | | | | | |
| Landwirtschaft | 62,8 % | 46,9 % | 63,6 % | 60,3 % | 53,5 % | 23,1 % | 57,0 % |
| Forstwirtschaft | 21,7 % | 37,1 % | 21,6 % | 23,9 % | 32,6 % | 20,8 % | 27,5 % |
| Siedlungsfläche | 7,4 % | 9,6 % | 11,0 % | 11,6 % | 10,6 % | 45,6 % | 9,9 % |
| Ödland[5] | 1,8 % | 0,8 % | 0,3 % | 0,4 % | · 1,0 % | 0,8 % | 0,9 % |
| Unland[6] | 0,9 % | 0,8 % | 0,9 % | 0,9 % | 0,9 % | · 0,2 % | 0,9 % |
| Abbauland | 0,2 % | 1,6 % | 1,0 % | 1,3 % | 0,2 % | 0,1 % | 0,9 % |
| Wasserfläche | 5,3 % | 3,2 % | 1,7 % | 1,5 % | 1,2 % | 9,4 % | 2,9 % |
| **Waldschäden** | | | | | | | |
| Anteil Schadstufen 2 - 4 | | | | | | | |
| 1989 (Stat. Jahrb.) | 13,5 % | 15,3 % | 22,5 % | 25,4 % | 15,2 % | 10,5 % | 16,4 % |
| 1990 (BMNUR) | 40 % | 24 % | 52 % | 25 %[7] | 34 % | | 34,8 % |

Angaben für das Jahr 1989, soweit nicht anderweitig genannt.  1) Durchschnitt 1. Quartal 1990.
2) Ostdeutschland: nur Emissionen stationärer Anlagen, Westdeutschland Emissionen insgesamt.
3) Beschaffenheitsklasse 4 - 6: nicht mehr zur Trinkwassergewinnung geeignet.
4) Beschaffenheitsklasse 3 - 5: zumindest zeitweise Algenmassenentwicklung.
5) stillgelegte Abbau- und landwirtschaftliche Nutzflächen u.a.; 6) Moor, Heide, Felsen,
Böschungen, Dünen etc.; 7) nach Angaben des BMNUR mangelnde Repräsentanz der Probeflächen

Quelle: Statistisches Jahrbuch der DDR 1990; BMUNR, Eckwerte der ökologischen Sanierung und Entwicklung in den neuen Ländern, Bonn, November 1990, Berechnungen des Ifo-Instituts 1990.

## 2.5.1 Mecklenburg-Vorpommern

In dem nur gering besiedelten und vorwiegend agrarisch geprägten Land sind die Umweltprobleme im Vergleich zu den anderen neuen Bundesländern überschaubar.

Die Luftbelastung beschränkt sich weitgehend auf die städtischen Ballungsräume, wo Hausbrand und lokale Industrieansiedlungen, insbesondere während der Wintermonate, zu erhöhten Staub- und Schwefeldioxidemissionen führen. Für die hohen Belastungen mit Schwefelkohlenstoff und Schwefelwasserstoff im Raum Wittenberge/Berleberg ist die ortsansässige Viskose-Industrie verantwortlich.

In Folge von Massentierhaltungen, Güllelagerung, Gülleausbringung und Abwasserverrieselung durch die Landwirtschaft kam es in weiten Teilen des Landes zu beträchtlichen Umweltbelastungen. Die Nitratbelastung in Rostock und an der Ostseeküste liegt teilweise über den gesetzlichen Grenzwerten. Nach wie vor werden Industrie- und kommunale Abwässer zum großen Teil ungeklärt in die Ostsee und die Flüsse geleitet. Die organische Belastung vieler Flußabschnitte hat ein kritisches Ausmaß erreicht. Es fehlen leistungsfähige Klärwerke.

Bekannteste Altlast des Landes sind die inzwischen stillgelegten Blöcke des Atomkraftwerks Greifswald. Seitdem die Sowjetunion 1985 ihre Rücknahmeverpflichtungen für die abgebrannten Brennstäbe aufgekündigt hat, dient Greifswald auch als atomares Zwischenlager.

Trotz der Einrichtung des Nationalparks "Vorpommersche Boddenlandschaft" bleibt die ökologisch noch weitgehend intakte Ostseeküste ein gefährdeter Naturraum. Die Interessen von Naturschutz und Tourismusentwicklung stoßen hier aufeinander.

Tabelle 2.17:

Industrielle Hauptemittenten in Mecklenburg-Vorpommern

| Standort | Emittent | SO$_2$ | Staub | H$_2$S CS$_2$ | Geruchs stoffe |
|---|---|---|---|---|---|
| Altentreptow | Kleiderwerk | | | | |
| Grimmen | Leichtzuschlagstoffe | | o | | |
| Malchin | Futterhefewerke | | o | | |
| Neustadt-Glewe | Lederwerk | | | | o |
| Rostock | Fischverarbeitung | | | o | o |
| Rostock | Seehafen | | o | | o |
| Saßnitz | Fischverarbeitung | | | | o |
| Schmölln | Trockenwerk | | o | | |
| Torgelow | Gießerei | | o | | |
| Ueckermünde | Gießerei | | o | | |
| Wismar | Fleischverarbeitung | | | | o |
| Wismar | Seehafen | | | | |
| Wittenberge | Zellstoffwerk | o | o | o | |

Quelle: Zusammenstellung des Ifo-Instituts 1990.

Tabelle 2.18:

Belastungsschwerpunkte in Mecklenburg-Vorpommern

**Luft**

| Emissionen | t SO₂/km² | > 500 | 300–500 | 150–300 | 80 – 150 |
|---|---|---|---|---|---|
| | Wismar (Stadt) | | | | o |
| | Stralsund (Stadt) | | | | o |
| | Neubrandenburg (Stadt) | | | | o |

| Immissionen | Monatsmittel [µg/m³] | SO₂ Max. | SO₂ Jahres-∅ | Stäube Max. | Stäube Jahres-∅ |
|---|---|---|---|---|---|
| | Rostock (Stadt) | 208 | 79 | 105 | 77 |
| | Schwerin (Stadt) | 169 | 81 | 80 | 51 |
| | Neustrelitz (Stadt) | 68 | 35 | 173 | 60 |

**Wasser**

| Fließgewässer | Beschaffenheitsklasse | Organ. | Salze | Sonst. | Max. |
|---|---|---|---|---|---|
| | Barthe | 4 | 3 | 4 | 4 |
| | Warnow | 4 | 2 | 4 | 4 |
| | Recknitz | 4 | 3 | 3 | 4 |
| | Trebel | 4 | 3 | 3 | 4 |
| | Sude | 4 | 3 | 3 | 4 |
| | Elde | 2 | 2 | 4 | 4 |

**Boden**

| Besondere Altlasten | Greifswald | Kernkraftwerk und Zwischenlager |
|---|---|---|
| Landwirtschaft | | Rieselfelder, Güllewirtschaft |
| Landschafts-schutz | Ostseeküste, Bodden und Haffe | Abwassereinleitung, Tourismus-entwicklung |

Quelle: Zusammenstellung des Ifo-Instituts 1990.

## 2.5.2 Brandenburg

Belastungsschwerpunkt des Landes Brandenburg ist das Braunkohlegebiet der nördlichen Lausitz. Hier, im Südosten des Landes, konzentrieren sich Braunkohlegroßkraftwerke, Braunkohleveredelung und chemische Verfahrenstechnik. Da Entstickunganlagen fehlen und die Entstaubungsanlagen völlig unzureichend sind, liegen die Schwefeldioxid- und Staubemissionen z.T. extrem hoch. Die Fließgewässer der Region, insbesondere die Lausitzer Neiße, Schwarze Elster und der Oberlauf der Spree, sind durch Industrieabwässer stark belastet. Erhebliche Defizite bestehen zudem bei der Rekultivierung ehemaliger Braunkohletagebaue. Teilweise wurden die Restlöcher ohne entsprechende Eignungsprüfung mit hochgiftigen Industrieabfällen verfüllt.

In den übrigen Landesteilen konzentrierte sich die Industrie im wesentlichen auf wenige Standorte. In den Städten Brandenburg, Schwedt, Eisenhüttenstadt und im Umland Berlins verursachten Metallurgie, Bleiglas- und Chemieindustrie erhebliche regionale Emissionen.

Im ehemaligen Bezirk Potsdam ist die Wasserversorgung von ca. 50 Standorten durch Landwirtschaft, militärische Anlagen und Altlasten gefährdet. Die Sondermülldeponien Schöneiche und Vorketzin stellen eine akute Gefahr für das Grundwasser dar. Havel, Nuthe und Dosse sind bakteriell erheblich belastet.

Im Land Brandenburg liegt die Anschlußrate der Bevölkerung an Trinkwasserversorgung und Kanalisation niedriger als in allen anderen Bundesländern (vgl. Tab. 2.16). Zudem ist die Nitratbelastung der Anlagen der zentralen Wasserversorgung und Einzelbrunnen an vielen Orten extrem hoch. So wurden etwa in Potsdam Werte bis 150 mg Nitrat/l gemessen. Völlig neu konzipiert werden muß die Trinkwasserversorgung der Städte Frankfurt/O. und Schwedt/O.

**Tabelle 2.19:** Industrielle Hauptemittenten in Brandenburg

| Standort | Emittent | $SO_2$ | Staub | $NO_x$ | HCHO | $H_2S$ $CS_2$ | Geruchs stoffe | Phenole Kresole | Schwer metalle |
|---|---|---|---|---|---|---|---|---|---|
| Bernau | Schichtpreßstoffwerk | | | | o | | | o | |
| Brandenburg | Stahlwerk | | o | | | | | | o |
| Döbern | Annahütte | | | | | | | | o |
| Eisenhüttenst. | EKO Stahl AG | | o | | o | | | | |
| Finkenherd | Heizkraftwerk | o | o | o | | | | | |
| Hennikendorf | Zementwerk | | o | | | | | | |
| Henningsdorf | Stahlwerk | | o | | | | | | o |
| Hersfelde | Zementwerk | | o | | | | | | |
| Jänschwalde | Großkraftwerk | o | o | o | | | | | |
| Lauchhammer | Braunkohleveredelung | | o | | | | o | | |
| Lauchhammer | Ferrolegierung | | o | | | | | | o |
| Lübbenau | Großkraftwerk | o | o | o | | | | | |
| Plessa | Kraftwerk | o | o | o | | | | | |
| Potsdam-Nord | Heizkraftwerk | o | o | o | | | | | |
| Premnitz | Chemiefaserwerk | | | | | | o | | |
| Rüdersdorf | Zementwerk | | o | | | | | | |
| Schwarzheide | Kraftwerk | o | o | o | | | | | |
| Schwarzheide | Synthesewerk | | | | | | o | o | |
| Schwedt | PCK | | | | | o | | | |
| Senftenberg | Lausitzer Braunk. AG | o | o | o | | o | | | |
| Spremberg | Sprela-Werk | | | | | o | | o | o |
| Vetschau | Großkraftwerk | o | o | o | | | | | |

**Quelle:** Zusammenstellung des Ifo-Instituts 1990.

**Tabelle 2.20:** Belastungssschwerpunkte in Brandenburg

| Luft | | | | | | |
|---|---|---|---|---|---|---|
| Emissionen | t $SO_2$/km² | | > 500 | 300-500 | 150-300 | 80 - 150 |
| | Calau | (Kreis) | o | | | |
| | Spremberg | (Kreis) | o | | | |
| | Schwedt | (Stadt) | o | | | |
| | Eisenhüttenst.· | (Stadt) | | o | | |
| | Cottbus | (Kreis) | | o | | |
| | Cottbus | (Stadt) | | | o | |
| | Senftenberg | (Kreis) | | | | o |
| | Potsdam | (Stadt) | | | | o |

| Immissionen | | $SO_2$ | | Stäube | |
|---|---|---|---|---|---|
| | Monatsmittel [$\mu$g/m³] | Max. | Jahres-∅ | Max. | Jahres-∅ |
| | Cottbus (Stadt) | 124 | 75 | 86 | 69 |
| | Potsdam (Stadt) | 130 | 58 | 104 | 64 |
| | Frankfurt (Stadt) | 79 | 41 | | |
| | Raum Cottbus | | 60-110 | | |

| Wasser | | | | | |
|---|---|---|---|---|---|
| Fließgewässer | Beschaffenheitsklasse | Organ. | Salze | Sonst. | Max. |
| | Lausitzer Neiße | 3 | 2 | 6 | 6 |
| | Schwarze Elster | 5 | 3 | 5 | 5 |
| | Spree | 3 | 2 | 5 | 5 |
| | Havel | 4 | 2 | 4 | 4 |
| | Nuthe | 4 | 2 | 4 | 4 |
| | Oder | 3 | 2 | 4 | 4 |
| | Dosse | 3 | 2 | 4 | 4 |

| Grundwasser | | |
|---|---|---|
| | Raum Potsdam | Grundwasserkontaminationen durch industr. u. militär. Altlasten, Brunnen mit bis 150 mg $NO_3$/l. |
| | Raum Cottbus | Grundwasserabsenkungen durch Braunkohletagebau. |
| | Bad Freienwalde (Kreis) | $NO_3$-Mittelwert 20 - 40 mg/l. |
| | Eberswalde (Kreis) | " |
| | Frankfurt/Oder (Stadt) | problem. Trinkwasserversorgung. |
| | Schwedt/Oder (Stadt) | " " |

| Boden | | |
|---|---|---|
| Schwermetalle | Brandenburg Hillmersdorf Henningsdorf Döbern Annahütte | PMS [mg/m² 30d] Pb 45, Cd 0,2 PMS [mg/m² 30d] Pb 13, Cd 0,1 |
| Besondere Altlasten | Schöneiche Vorketzin Rothehöfe | Deponie " PCB-Freilager |
| Landwirtschaft | | Rieselfelder (Schwermetalle) |
| Landschafts- schutz | Raum Cottbus | Landschaftszerstörung durch Braunkohletagebau |

Quelle: Zusammenstellung des Ifo-Instituts 1990.

## 2.5.3 Sachsen-Anhalt

Auf Sachsen-Anhalt entfallen zwei der drei offiziell ausgewiesenen ökologischen Krisengebiete Ostdeutschlands:
der Raum Bitterfeld/Halle/Merseburg (zusammen mit dem
Raum Leipzig in Sachsen) sowie der Raum Eisleben/Mans-
feld/Hettstedt.

Im industriellen Ballungsraum Bitterfeld/Halle/Merseburg
konzentriert sich ein Großteil der Chemieindustrie und
Braunkohleverarbeitung Ostdeutschlands. Entsprechend hoch
ist die Belastung mit $SO_2$ und Staubemissionen (vgl. Tab.
2.22). 1989 wurden in einem Umkreis von 50 km um Halle
1,5 Mill. t. $SO_2$ emittiert. Hinzu kommen ca. 70% der
Chlorverbindungen und 30% aller Nitrate und Amine, die
auf dem Gebiet der ehemaligen DDR emittiert werden. Saale
und Mulde stellen praktisch die Abwasserkanalisation der
Industrieregion dar; die Flüsse der Region sind weitgehend biologisch tot. Die hohe Vorbelastung der Umwelt
stellt hier eines der wesentlichen Probleme beim ökonomisch wie ökologisch dringend gebotenen Umbau der Industrieregion dar.

Ähnlich wie in der Region Bitterfeld/Halle/Merseburg die
örtlichen Kohlevorkommen zur Entwicklung einer spezifischen Industriestruktur führten, entwickelte sich auch im
Mansfelder Raum aus einem für deutsche Verhältnisse be-
deutenden Erzvorkommen die dortige Bergbau- und Hüttenindustrie. Aufgrund fehlender Umweltschutzeinrichtungen,
insbesondere Staubabscheidern, liegt die regionale
Schwermetallbelastung der Böden (v. a. mit Arsen, Quecksilber, Blei und Cadmium) z. T. ein Vielfaches über den
Grenzwerten. Die Dioxinbelastung im gesamten Mansfelder
Raum ist enorm. Nachdem die Kupfergewinnung in Mansfeld
und die Hüttenwerke in Ilsenburg und Hettstedt 1990

stillgelegt wurden, bleibt die Haldensicherung und Altlastensanierung vordringlich.

Die intensive landwirtschaftliche Nutzung der fruchtbaren
Böden des Harzvorlandes sowie der Magdeburger und Ober-
sächsischen Börde führte zu einer Nitratbelastung des
Grundwassers, die in manchen Regionen flächendeckend über
den Grenzwerten liegt.. Betroffen ist die Trinkwasserversorgung v.a. in den Kreisen Genthin, Wanzleben, Bernburg
und Quedlinburg sowie die Eigenbrunnen der hier konzen-
trierten Lebensmittelindustrie.

Im Raum Magdeburg liegt zudem der Schwerpunkt der Asbest-
Zement-Industrie. Asbestproduktion und zahlreiche unge-
sicherte Asbest-Deponien stellen eine akute Gesundheits-
gefährdung dar.

Tabelle 2.21:

Industrielle Hauptemittenten in Sachsen-Anhalt

| Standort | Emittent | $SO_2$ | Staub | $NO_x$ | HCHO | $H_2S$ $CS_2$ | Halo-gene | Geruchs-stoffe | Phenole Kresole | Schwer-metalle |
|---|---|---|---|---|---|---|---|---|---|---|
| Bitterfeld | Chemiekombinat | o | o | o | o | | o | | | o |
| Buna | Chemische Werke | | o | | o | o | o | o | o | o |
| Harbke | Kraftwerk | o | o | o | | | | | | |
| Helbra | Hüttenwerk | | | | | | | | | o |
| Hettstedt | Hütten- und Walzwerk | o | | | | | | | | o |
| Hettstedt | Kupfer-Silber-Hütte | | | | | | | | | o |
| Karsdorf | Zementwerk | | o | | | | | | | |
| Magdeburg | Fahlberg-List | | o | | o | | | | | |
| Magdeburg | Großgaserei | | | | o | o | | o | | |
| Merseburg | Leuna-Werke | | | o | o | | | o | | o |
| Muldenstein | Kraftwerk | o | o | | | | | | | |
| Piesteritz | Agrochemisches Werk | | o | | | | o | | | |
| Rübeland | Kalk- u. Zementwerke | | o | | | | | | | |
| Wolfen | Filmfabrik | | | | | o | o | | | |
| Wolfen | Viskoseherstellung | | | | | o | | | o | o |
| Zeitz | Hydrierwerk | | | | o | | | | | |

Quelle: Zusammenstellung des Ifo-Instituts 1990.

**Tabelle 2.22:** Belastungsschwerpunkte in Sachsen-Anhalt

| **Luft** | | | | | | |
|---|---|---|---|---|---|---|
| **Emissionen** | t $SO_2$/km² | | > 500 | 300-500 | 150-300 | 80 - 150 |
| | Merseburg (Kreis) | | o | | | |
| | Gräfenhainchen (Kreis) | | o | | | |
| | Halle (Kreis) | | | o | | |
| | Hohenmölsen (Kreis) | | | o | | |
| | Bitterfeld (Kreis) | | | | o | |
| | Dessau (Kreis) | | | | o | |
| | Magdeburg (Kreis) | | | | | o |
| | Eisleben (Kreis) | | | | | o |
| | Zeitz (Kreis) | | | | | o |

| **Immissionen** | | $SO_2$ | | Stäube | |
|---|---|---|---|---|---|
| | Monatsmittel [µg/m³] | Max. | Jahres-ø | Max. | Jahres-ø |
| | Halle (Stadt) | 366 | 223 | 182 | 123 |
| | Magdeburg (Stadt) | 102 | 63 | 127 | |
| | Raum Zeitz/Merseb./Weiß. | | 270-380 | | |
| | Raum Halle/Bitterfeld | | 220-300 | | |
| | Raum Magdeburg/Stendal | | 50 - 80 | | |

| **Wasser** | | | | | |
|---|---|---|---|---|---|
| **Fließgewässer** | Beschaffenheitsklasse | Organ. | Salze | Sonst. | Max. |
| | Saale | 5 | 4 | 5 | 5 |
| | Schwarze Elster | 5 | 3 | 5 | 5 |
| | Unstrut | 3 | 5 | 4 | 5 |
| | Bode | 4 | 4 | 5 | 5 |
| | Wipper/Südharz | 3 | 5 | 4 | 5 |
| | Wipper | 3 | 4 | 4 | 4 |
| | Weiße Elster | 4 | 4 | 4 | 4 |
| | Elbe | 4 | 2 | 4 | 4 |

| **Grundwasser** | Berburg (Kreis) | |
|---|---|---|
| | Genthin (Kreis) | $NO_3$-Mittelwerte |
| | Quedlinburg (Kreis) | über 40 mg/l. |
| | Wanzleben (Kreis) | |

| **Boden** | | |
|---|---|---|
| **Schwermetalle** | Raum Mansfeld | durchweg hohe Schwermetall- und Dioxinbelastungen |
| | Ilsenburg | PMS [mg/m² 30d] Pb 65, Cd 1,0. |
| | Hettstedt | PMS [mg/m² 30d] Pb 20, Cd 0,15. |
| **Besondere Altlasten** | Mansfeld | Kupferbergbau |
| | Ilsenburg | Kupferhütte |
| | Hettstedt | Bleihütte |
| | Raum Magdeburg | Asbest-Deponien |

Quelle: Zusammenstellung des Ifo-Instituts 1990.

## 2.5.4 Sachsen

Das Land Sachsen weist von den neuen Bundesländern die höchste Bevölkerungs- und Industriedichte auf. Entsprechend konzentrieren sich hier die für die ehemalige DDR charakteristischen Umweltprobleme.

Der Raum Leipzig gilt als die am höchsten belastete Region Ostdeutschlands. 85 Prozent der Einwohner waren 1989 durch Schwefeldioxid übermäßig belastet, für Staubemissionen betrug der Anteil 75 Prozent. Neben $SO_2$ und Staub werden in beträchtlichem Umfang Schwefelwasserstoff, Stickoxide und Kohlenmonoxid mit stellenweise unerträglichen Geruchsbelästigungen emittiert. Hauptverursacher sind die Energieerzeugungsanlagen und die chemische Industrie. Belastungsschwerpunkt ist der Raum Borna/ Espenhain/Böhlen - wenn auch mit den besonders emissionsintensiven Braunkohleschwelereien die gravierendsten Emittenten stillgelegt wurden. Daneben werden beträchtliche Mengen von Fluor- und Chlorverbindungen, polycyclischen Aromaten, Schwermetallen und Lösungsmitteln emittiert.

Zu besorgniserregenden Trinkwasserverunreinigungen kam es im Raum Leipzig durch das Eindringen von Sickerwässern aus Altlasten, Deponien und der schadhaften Kanalisation in das Grundwasser. Die Problematik wird verschärft durch die Absenkung des Grundwasserspiegels in Folge des Braunkohletagebaus.

Die Elbzuflüsse der Region, insbesondere Mulde, Pleiße und Weiße Elster, sind mit Schwermetallen und anderen spezifischen, z. T. hoch-toxischen Wasserschadstoffen extrem verschmutzt und organisch stark belastet.

Die Elbe wird aber nicht erst durch die Schadstofffracht der Zuflüsse im Ballungsraum Halle/Leipzig belastet.

Allein in Dresden nimmt die Elbe eine organische Belastung von 1,5 Mill. EGW auf, da die zentrale Kläranlage
in Dresden-Kadnitz seit 1987 nicht mehr funktionstüchtig
ist. Stark verschmutzt wird die Elbe auch durch die Industrie im oberen Elbtal.

Das Problem der Elbeverschmutzung ist um so gravierender,
als ohne das Elbwasser die Trinkwasserversorgung des
Dresdner Raums nicht sicherzustellen ist. Das Grundwasser
der Region ist flächendeckend sehr stark nitratbelastet.
40% der zentralen Wasserversorgungsanlagen und 50% der
Einzelbrunnen weisen Nitratwerte über 40 mg/l auf. Hinzu
kommen Belastungen des Grundwassers durch die Industrie,
z. B. chlororganische Verbindungen aus dem Arzneimittel-
werk Dresden.

Das obere Elbtal um Pirna und Freital ist zudem einer hohen Belastung mit Luftschadstoffen ausgesetzt (SO2, Stäube, Stickoxide, Schwefelwasser- und Schwefelkohlenstoff).
Das als "Pirna-Syndrom" bekannt gewordene Krankheitsbild
weist darauf hin, da sich hier die Kumulation der Bela-
stungsquellen direkt auf die Gesundheit auswirkt.

Für das Braunkohleabbaugebiet im östlichen Teil Sachsens
gelten die gleichen Probleme wie für den zu Brandenburg
gehörenden nördlichen Teil der Lausitz (s. Kap. 2.5.2).

Im Raum Chemnitz sind vor allem die Städte Chemitz, Plau-
en, Zwickau und Stollberg mit Luftschadstoffen belastet.
Die Nitratbelastung des Grundwasser ist vielfach kri-
tisch. In der Umgebung von Freiberg und Stollberg sind
die Böden mit Schwermetallen und Arsen kontaminiert. In
Chemitz und Zwickau ist die Sanierung verschiedener Altlasten dringend geboten.

Eine besondere Altlast stellt das 1.200 km² große Uran-
abbaugebiet der Sowjetisch-Deutschen Aktiengesellschaft
(SDAG) Wismut bei Schneeberg-Aue dar. Zur radioaktiven
Strahlung kommt eine hohe Belastung mit Schwermetallen.
Kontaminiert sind vor allem Anlagen, Halden, Schlamm-
teiche und Absetzanlagen, aber auch Häuser, Straßen und
Gewässer.

**Tabelle 2.23:**

**Industrielle Hauptemittenten in Sachsen**

| Standort | Emittent | SO$_2$ | Staub | NO$_x$ | HCHO | H$_2$S CS$_2$ | Halogene | Geruchsstoffe | Phenole Kresole | Schwermetalle |
|---|---|---|---|---|---|---|---|---|---|---|
| Aue | Nickelhütte | | | | | | | | | o |
| Böhlen | Petrochem. Kombinat | o | o | | | | | | | |
| Boxberg | Großkraftwerk | | o | o | | | | | | |
| Dohna | Fluorwerke | | o | | | | o | | | |
| Dresden | Kautasitwerke | o | o | o | | | | | | |
| Dresden | Heizwerk | o | o | o | | | | | | |
| Espenhain | Mitteldt. Braunk. AG | | o | | | | | | | |
| Freiberg | Berg- u. Hüttenkomb. | | o | | | o | o | | | o |
| Freital | Edelstahlwerk | | o | | | | | | | o |
| Geithain | Emaillierwerk | | o | | | | | | | |
| Glauchau | Strumpfwerk | | | | | | | | | |
| Gröditz | Zellstoffwerk | o | o | o | | o | o | | | |
| Hagenwerder | Großkraftwerk | o | o | o | | o | o | | | o |
| Heidenau | Papierfabrik | | o | | | o | | o | | |
| Hoyerswerda | Gaskomb. Schw. Pumpe | o | o | o | | | o | o | o | |
| Lauta | Aluminiumwerk | o | o | o | | | o | | | |
| Lippendorf | Großkraftwerk | o | o | o | | | o | | | |
| Lippendorf | Ferrolegierungswerk | | o | o | | | o | | | |
| Nünchritz | Chemiewerk | o | | o | | o | o | o | | |
| Oschatz | Keramikindustrie | o | o | o | | o | | | | |
| Pirna | Heizwerk | o | o | o | | | | | | |
| Pirna | Zellstoffwerke | | | | | o | | o | | o |
| Plauen | Sächsische Zellwolle | | | | | o | | o | | o |
| Raschwitz | Leichtmetallwerk | | | | | | | | | |
| Riesa | Stahlwerk | | o | | o | | | | | |
| Rodleben | Braunkohleveredelung | | o | | o | | | | | o |
| Rositz | Teerverarbeitung | | o | | | | o | | | o |
| Schneeberg-Aue | SDAG Wismut | | | | | | o | | | o |
| St. Egidien | Nickelhütte | | | | | | | | | o |
| Taubenheim | Akkumulatorenwerk | | | | | | | | | o |
| Thierbach | Großkraftwerk | | o | o | | | | | | |
| Torgau | Flachglaskombinat | o | o | | | | | | | o |
| Weißwasser | Komb. Lausitzer Glas | | o | o | | | | | | o |
| Zittau | VEB Lautex | o | o | | | | | | | o |
| Zwickau | Grubenlampenwerk | | | | | | | | | o |
| Zwickau | Steinkohlenkokerei | | | | o | o | | | | |

Quelle: Zusammenstellung des Ifo-Instituts 1990.

## Tabelle 2.24: Belastungssschwerpunkte in Sachsen

### Luft

| Emissionen | t $SO_2$/km² | > 500 | 300-500 | 150-300 | 80 - 150 |
|---|---|---|---|---|---|
| | Weißwasser (Kreis) | o | | | |
| | Borna (Kreis) | o | | | |
| | Görlitz (Kreis) | o | | | |
| | Leipzig (Stadt) | o | | | |
| | Chemnitz (Stadt) | o | | | |
| | Zwickau (Stadt) | | o | | |
| | Plauen (Stadt) | | | o | |
| | Leipzig (Kreis) | | | | o |
| | Zittau . (Kreis) | | | . | o |
| | Dresden (Stadt) | | | | o |
| | Görlitz (Stadt) | | | | o |

| Immissionen | | $SO_2$ | | Stäube | |
|---|---|---|---|---|---|
| | Monatsmittel [$\mu$g/m³] | Max. | Jahres-ø | Max. | Jahres-ø |
| | Leipzig (Stadt) | 360 | 210 | 140 | 80 |
| | Chemnitz (Stadt) | 204 | 122 | 138 | |
| | Dresden (Stadt) | 110 | 61 | 137 | |
| | Raum Borna/Böhlen | | 160-350 | | |
| | Raum Zwickau/Glauchau | | 170-220 | | |
| | Raum Chemnitz | | 100-140 | | |
| | Raum Dresden/Pirna | | 60 - 80 | | |
| | Raum Görlitz/Zittau | | 100 | | |

### Wasser

| Fließgewässer | Beschaffenheitsklasse | Organ. | Salze | Sonst. | Max. |
|---|---|---|---|---|---|
| | Spree | 4 | 2 | 6 | 6 |
| | Schwarze Elster | 5 | 3 | 5 | 5 |
| | Röder | 5 | 2 | 5 | 5 |
| | Zwickauer Mulde | 5 | 2 | 4 | 5 |
| | Freiburger Mulde | 4 | 2 | 5 | 5 |
| | Weiße Elster | 4 | 3 | 4 | 4 |
| | Pleiße | 4 | 3 | 4 | 4 |
| | Mulde | 4 | 2 | 4 | 4 |

| Grundwasser | | |
|---|---|---|
| | Bautzen (Kreis) | |
| | Dresden (Kreis) | |
| | Görlitz (Kreis) | |
| | Görlitz . (Stadt) | |
| | Hoh. Ernstthal (Kreis) | |
| | Kamenz (Kreis) | $NO_3$-Mittelwerte |
| | Löbau (Kreis) | über 40 mg/l |
| | Marienburg (Kreis) | |
| | Meißen (Kreis) | |
| | Niesky (Kreis) | |
| | Pirna (Kreis) | |
| | Plauen (Kreis) | |
| | Riesa (Kreis) | |
| | Rochlitz (Kreis) | |
| | Raum Leipzig | Grundwasserabsenkungen durch Braunkohletagebau. |

### Boden

| Schwermetalle | Taubenheim | PMS [mg/m² 30d] Pb 45, |
|---|---|---|
| | Riesa | PMS [mg/m² 30d] Pb 68, Cd 5,5 |
| | Zwickau | PMS [mg/m² 30d] Pb 12, Cd 0,27 |
| | Aue | |
| | Freiberg | |
| | Stollberg | |
| | Leipzig | |
| | Weißwasser | |

| Besondere Altlasten | Schneeberg-Aue | Uranbergbau |
|---|---|---|
| | Zwickau | Grubenlampenwerk |
| | St. Egidien | Nickelhütte |
| | Aue | Nickelhütte |
| | Klaffenbach | Deponie Mineralölwerk |
| | Torgau | Sprengstofflager |

| Landwirtschaft | | Überdüngung, Güllewirtschaft, Massentierhaltungen |
|---|---|---|

| Landschafts-schutz | Raum Leipzig | Landschaftszerstörung durch Braunkohletagebau |
|---|---|---|

Quelle: Zusammenstellung des Ifo-Instituts 1990.

## 2.5.5 Thüringen

Die Städte Erfurt, Weimar und Apolda weisen hohe Belastungswerte für Schwefeldioxid und Stäube auf. Da keine
industriellen Großemittenten ansässig sind, gilt hier der
Hausbrand als Hauptverursacher.

Hochindustrialisiert ist v. a. der Raum Gera (Kunstsei-
denwerk, Chemiefaserkombinat, Maxhütte, Zementwerke,
Schiefergruben u. a.). Luftschadstoffe werden in
beträchtlichem Umfang aber durch verschiedene Industrien
auch im Raum Erfurt emittiert, so etwa Blei durch die
Bleifarbenwerke in Ohrdruf oder Phenol in Bad Berka
(Luftkurort). Die Schwefelwasserstoff- und Schwefelkoh-
lenstoffemission der Laborchemie Apolda liegt deutlich
über den Grenzwerten.

Die Salzbelastung von Werra und Wipper durch den Kali-
bergbau ist so hoch, daß beide Flüsse nicht mehr als Süß-
wasser klassifiziert werden dürften. Stark verschmutzt
sind daneben die Elbzuflüsse Saale, Weiße Elster und
Unstrut.

Probleme bereitet auch die Nitratbelastung des Trinkwassers. Fast 20 Prozent der Bevölkerung erhalten Trinkwasser mit mehr als 40 mg $NO_3$/l. In den Städten Apolda,
Sommerda und Bad Langensalza wurde für Säuglinge eine
separate Trinkwasserversorgung eingerichtet.

Die inzwischen fast flächendeckend kritische Nitratkon-
zentration des Grundwassers ist auf die Güllewirtschaft
der Massentierhaltungen und die Überdüngung der Böden
zurückzuführen. Im Landwirtschaftsbereich treten daneben
extreme Geruchsbelästigungen auf, besonders in der Umgebung des Großmastbetriebs Neustadt/Orla.

Für das Uranbergbaugebiet Ronneburg/Sellingstädt gelten im wesentlichen die gleichen Probleme wie in Sachsen für das Gebiet Schneeberg/Aue (s. o.).

**Tabelle 2.25:** Industrielle Hauptemittenten in Thüringen

| Standort | Emittent | $SO_2$ | Staub | $NO_x$ | HCOH | $H_2S$ $CS_2$ | Halogene | Geruchs stoffe | Phenole Kresole | Schwermetalle |
|---|---|---|---|---|---|---|---|---|---|---|
| Apolda | Laborchemie | | o | | | | | | | |
| Bad Liebenstein | Leuchtstoffwerke | | | | | | | | | o |
| Deuna | Eichsfelder Zementw. | | o | | | | | | | |
| Elsterberg | Kunstseidenwerk | | | | | o | | | | |
| Erfurt | Energiekombinat | o | o | o | | | | | | o |
| Greiz-Dölan | Chemiewerke | | | | | | | | | |
| Neustadt-Orla | Schweinemastbetrieb | | | | | | | o | | o |
| Ohrdruf | VEB Bleifarben | | o | | | | | | | |
| Roßleben | Kaliwerk | | o | | | | | | | |
| Schwarza | Chemiefaserkombinat | | | | | o | | | | |
| Sömmerda | Thüring. Ziegelwerke | | o | | | | | | | |
| Sondershausen | Kombinat Kali | o | o | o | | o | | | | |
| Sonneberg | Plaste-Werke | | | | o | | | | o | |
| Steudnitz | Chemiewerke | | o | | | | | | | |
| Themar | Betonwerk | | o | | | | | | | |
| Themar | Möbelwerk | | o | | | | | | | |
| Unterloquitz | Thür. Schiefergruben | | o | | | | | | | |
| Unterwellenborn | Maxhütte | | o | | | | | o | | o |
| Unterwellenborn | Zementwerk | | o | | | | | | | |

Quelle: Zusammenstellung des Ifo-Instituts 1990.

**Tabelle 2.26:** Belastungssschwerpunkte in Thüringen

**Luft**

| Immissionen | | | $SO_2$ | | Stäube | |
|---|---|---|---|---|---|---|
| | Monatsmittel [$\mu$g/m$^3$] | Max. | Jahres-$\emptyset$ | Max. | Jahres-$\emptyset$ |
| | Erfurt          (Stadt) | 399 | 208 | 178 | 119 |
| | Suhl            (Stadt) | 262 | 138 | 114 | 79 |
| | Gera            (Stadt) | 229 | 96 | | |
| | Raum Erfurt/Weimar | | 210-300 | | |
| | Raum Altenburg | | 160-250 | | |
| Emissionen | t SO$_2$/km$^1$ | > 500 | 300-500 | 150-300 | 80 - 150 |
| | Gera            (Stadt) | | o | | |
| | Jena            (Stadt) | | o | | |
| | Erfurt          (Stadt) | | | o | |
| | Weimar          (Stadt) | | | o | |
| | Suhl            (Stadt) | | | o | |
| | Altenburg       (Kreis) | | | o | |

**Wasser**

| Fließgewässer | Beschaffenheitsklasse | Organ. | Salze | Sonst. | Max. |
|---|---|---|---|---|---|
| | Werra | 4 | 5 | 6 | 6 |
| | Wipper | 3 | 6 | 4 | 6 |
| | Unstrut | 3 | 5 | 5 | 5 |
| | | 4 | 4 | 5 | 5 |
| | Saale | 5 | 3 | 4 | 5 |
| | Weiße Elster | 4 | 3 | 4 | 4 |
| Talsperren | Hohenfelde | organische Belastung (Abwasser- | | | |
| | Lutschtal | einleitung) | | | |
| Grundwasser | Raum Potsdam | Grundwasserkontaminationen durch industr. u. militär. Altlasten, Brunnen mit bis 150 mg NO$_3$/l. | | | |
| | Raum Cottbus | Grundwasserabsenkungen durch Braunkohletagebau. | | | |
| | Gera            (Kreis) | NO$_3$-Mittelwert 20 - 40 mg/l | | | |
| | Gera            (Stadt) | | | | |
| | Gotha           (Kreis) | | | | |
| | Neuhaus         (Kreis) | | | | |
| | Sondershausen   (Kreis) | | | | |
| | Apolda          (Stadt) | Trinkwasser 55 - 60 mg NO$_3$/l | | | |
| | Sommerda        (Stadt) | | | | |
| | Bad Langensalza (Stadt) | | | | |

**Boden**

| Schwermetalle | Ohrdruf | PMS [mg/m$^2$ 30d] Pb 80 |
|---|---|---|
| | Greiz | PMS [mg/m$^2$ 30d] Pb 0,55 |
| | Bad Liebenstein | |
| | Unterwellenborn | |
| Besondere Altlasten | Ronneburg/Sellingstädt | Uranbergbau |
| Landwirtschaft | Neuhaus u.a. | Überdüngung, Güllewirtschaft, Massentierhaltungen |

Quelle: Zusammenstellung des Ifo-Instituts 1990.

## 2.5.6 Berlin (Ost)

Ostberlin gilt als smoggefährdeter Raum. Vor allem die Kohlefeuerungen in den Haushalten sind für die hohen Schwefeldioxid- und Staubkonzentrationen verantwortlich. Hinzu kommen die Probleme des wachsenden Straßenverkehrs. Die Industrie emittiert daneben in beträchtlichem Umfang Schwermetalle und organische Verbindungen.

Die Fließgewässer im Stadtgebiet sind zu einem großen Teil stark belastet. Zahlreiche hochkontaminierte Alt- lasten und Altstandorte (z. B. Berlin-Chemie) gefährden die Trinkwasserversorgung.

Tabelle 2.27:
Industrielle Hauptemittenten in Berlin (Ost)

| Standort | Emittent | $SO_2$ | Staub | $NO_x$ | HCHO | Phenole Kresole | Schwer- metalle |
|---|---|---|---|---|---|---|---|
| Berlin | Akkumulatoren und Elementefabrik | | | | | | o |
| Berlin | Metallhütten und Halbzeugwerk | | | | | | o |
| Berlin | Fotochemische Werke | | | | o | | |
| Berlin | Isokond | | | | o | o | |
| Klingenberg | Heizkraftwerk | o | o | o | | | |
| Lichtenberg | Elektrokohlewerk | | o | | | o | o |
| Oberschöneweide | Kabelwerke | | o | | o | | o |

Quelle: Zusammenstellung des Ifo-Instituts 1990.

Tabelle 2.28:

Belastungsschwerpunkte in Ostberlin

| **Luft** | | |
|---|---|---|
| Immissionen | $SO_2$-Konzentration<br>Smoggefährdung | 90 - 125 Jahresmittel $\mu g/m^3$<br>hohe Verkehr- und Hausbrand-<br>Emissionen |
| **Wasser** | | |
| Grundwasser | Trinkwassergefährdung | hochkontaminierte Altstandorte |
| **Boden** | | |
| Schwermetalle | | PMS  Pb 16  mg/m² 30d<br>PMS  Cd 2,1 mg/m² 30d |
| Besondere<br>Altlasten | | Industrie-Altstandorte<br>z. B. Berlin-Chemie |

Quelle: Zusammenstellung des Ifo-Instituts 1990.

3. Anpassungs- und Ausgabenbedarf für eine ökologische Sanierung und Modernisierung der ehemaligen DDR

3.1 Überblick

In dem Vereinigungsprozeß der beiden deutschen Staaten wurde mit dem Staatsvertrag vom 18. Mai 1990 auch das Ziel einer schnellen Verwirklichung einer deutsch-deutschen Umweltunion begründet. Dabei soll "spätestens bis zum Jahr 2000 das bestehende Umweltgefälle zwischen beiden Teilen Deutschlands auf hohem Niveau vollständig ausgeglichen werden".[1]

Mit dem Einigungsvertrag wurden Bund und Länder ausdrücklich aufgerufen, "die Einheitlichkeit der ökologischen Lebensverhältnisse auf hohem, mindestens jedoch dem in der Bundesrepublik Deutschland erreichten Niveau zu fördern".[2]

Und auch in den vom Bundesumweltminister vorgelegten "Eckwerten der ökologischen Sanierung und Entwicklung in den neuen Ländern" wird hervorgehoben, daß "das heute bestehende Umweltgefälle zwischen beiden Teilen Deutschlands ... innerhalb der nächsten 10 Jahre ausgeglichen werden (muß), und zwar auf umweltpolitisch anspruchsvollem Niveau".[3]

Vor dem Hintergrund der im 2. Kapitel beschriebenen ökologischen Ausgangssituation in der ehmaligen DDR und den dort nunmehr geltenden neuen umweltrechtlichen und -politischen Rahmenbedingungen soll im folgenden der ökologische Anpas-

---

1) Punktuation vom 18.6.1990.
2) Art. 34 des Einigungsvertrags
3) Der Bundesminister für Umwelt, Naturschutz und Reaktorsicherheit (Hrsg.), Eckwerte der ökologischen Sanierung und Entwicklung in den neuen Ländern, a.a.O., S. 7

sungsbedarf in den neuen Bundesländern konkretisiert werden. Dabei sollen die Anpassungserfordernisse und Impulse
aufgrund

- des Staatsvertrags vom 18. Mai 1990,

- des Umweltrahmengesetzes der DDR vom 29. Juni 1990,

- des Einigungsvertrags vom 31. August 1990,

- der Vereinbarungen mit der EG über Übergangsregelungen im
  Bereich Umweltschutz und nukleare Sicherheit,

- der politischen "Eckwerte zur ökologischen Sanierung und
  Entwicklung in den neuen Ländern" und

- des "Aktionsprogramms Ökologischer Aufbau in den neuen
  Bundesländern"

diskutiert werden.

Ausgehend von den Anpassungserfordernissen, die aus den umweltpolitischen Eckwerten und den neuen umweltrechtlichen
Rahmenbedingungen in den fünf neuen Bundesländern resultieren, soll anschließend versucht werden, zumindest Größenordnungen und Schwerpunkte des Ausgabenbedarfs für die Verwirklichung der deutsch-deutschen Umweltunion abzuschätzen.

- 76 -

## 3.2 Rechtliche und politische Rahmenbedingungen für den Umweltschutz in der ehemaligen DDR

### 3.2.1 Der Staatsvertrag vom 18. Mai 1990[1]

Mit dem am 18. Mai 1990 unterzeichneten Staatsvertrag zwischen der Bundesrepublik Deutschland und der Deutschen Demokratischen Republik wurde neben der Wirtschafts-, Währungs- und Sozialunion auch die Umweltunion zwischen beiden Teilen Deutschlands begründet. Dazu heißt es in Artikel 16 des Staatsvertrages ausdrücklich: "Beide deutsche Staaten streben die schnelle Verwirklichung einer deutschen Umweltunion an." Ziel ist es, spätestens bis zum Jahr 2000 das bestehende Umweltgefälle zwischen beiden Teilen Deutschlands auf hohem Niveau vollständig auszugleichen.

Der Staatsvertrag legte somit den Grundstein für eine gleichzeitige, gleichrangige und gleichwertige Verwirklichung der Umweltunion. In Artikel 16 des Vertrages verpflichtete sich die DDR, zeitgleich mit Inkrafttreten des gesamten Vertragswerkes die wesentlichen Umweltschutzvorschriften der Bundesrepublik Deutschland als geltendes Recht in der DDR einzuführen.

### 3.2.2 Das Umweltrahmengesetz (URG) vom 29. Juni 1990[2]

Eine erste konkrete Ausgestaltung erfuhr die Umweltunion durch ein zwischen der Bundesrepublik Deutschland und der

---

1) Vgl. Vertrag über die Schaffung einer Währungs-, Wirtschafts- und Sozialunion zwischen der Bundesrepublik Deutschland und der Deutschen Demokratischen Republik, in: Bulletin des Presse- und Informationsamtes der Bundesregierung, Nr. 63 vom 18.5.1990, S. 517 ff.
2) Vgl. Umweltrahmengesetz vom 29. Juni 1990, in: Gesetzblatt der DDR, Teil I Nr. 42, 20.Juli 1990, S. 649 ff.

DDR gemeinsam erarbeitetes "Umweltrahmengesetz", das von der Volkskammer der DDR am 29. Juni 1990 verabschiedet wurde. Es trat am 1. Juli 1990 in Kraft und enthält in sieben Artikeln Angleichungsvorschriften zu den Bereichen

- Immissionsschutz
- Kerntechnische Sicherheit und Strahlenschutz
- Wasserwirtschaft
- Abfallwirtschaft
- Chemikalienrecht
- Naturschutz und Landschaftspflege
- Umweltverträglichkeitsprüfung
- sowie in einem achten Artikel Schlußbestimmungen.

Die einzelnen Artikel bestehen jeweils aus einer Präambel, Übernahme-, Übergangs-, Zuständigkeits- und sonstigen Vorschriften. Die Übernahme der bundesdeutschen Regelungen erfolgt durch Verweis auf die beiden Anlagen des Gesetzes. Anlage 1 bezeichnet die am 1.Juli 1990, Anlage 2 die am 1.Januar 1991 in Kraft getretenen Bestimmungen. Übernommen wurden neben förmlichen Bundesgesetzen auch die zu ihrer Ausführung ergangenen Rechtsverordnungen und Verwaltungsvorschriften. Mit der Übernahme der zentralen Regelungsbereiche des bundesdeutschen Umweltrechts wurde mittelbar auch ein umfangreicher Bestand von EG-Umweltrecht für die DDR verbindlich.

Den übernommenen Regelungen entgegenstehende oder gleichlautende Bestimmungen der DDR traten außer Kraft. Um die Einheit der Umweltrechtsordnung zwischen beiden deutschen Staaten zu sichern, durfte die DDR die übernommenen Vorschriften nicht ändern und mußte zukünftige Änderungen der bundesdeutschen Vorschriften "so bald wie möglich" auch in der DDR in Kraft setzen. Bundesdeutsche Vorschriften, auf die die übernommenen Bestimmungen verweisen, waren bzw. sind insoweit in Kraft zu setzen, als das Recht der DDR keine inhaltlich entsprechenden Regelungen enthielt.

Wichtigster materieller Regelungsbereich des Umweltrahmengesetzes ist Artikel 1 - Immissionsschutz.[1] Ziel dieses Artikels ist es, soweit wie möglich die Anforderungen des in der Bundesrepublik Deutschland geltenden Rechts der Anlagenzulassung und des produktbezogenen Immissionsschutzes zu erhalten. Gleichzeitig sollte dem Umstand Rechnung getragen werden, daß Vorbelastungen, der Zustand der Altanlagen und die sich nach dem Entstehen der Länder erst entwickelnde Verwaltungsstruktur in der ehemaligen DDR Modifikationen erforderlich machen.

Die Vorschriften zum Abfallrecht folgen in verfahrensrechtlicher Hinsicht weitgehend dem immissionsschutzrechtlichen Modell. Für wichtige Abfallentsorgungsanlagen wurde das Planfeststellungsverfahren eingeführt. Die grenzüberschreitenden Abfallströme zwischen der Bundesrepublik Deutschland und der Deutschen Demokratischen Republik sollten, um einem unkontrollierten "Abfalltourismus" entgegenzuwirken, für eine Übergangsfrist dem Erfordernis einer Transportgenehmigung nach § 13 des Abfallgesetzes der Bundesrepublik Deutschland unterliegen.

Die Übernahme des Chemikaliengesetzes der Bundesrepublik Deutschland und der auf seiner Grundlage ergangenen Verbotsverordnungen wurde insbesondere vor dem Hintergrund künftiger EG-rechtlicher Verpflichtungen vollzogen. Die bis zum 1. Januar 1991 zu übernehmenden produktbezogenen Anfor-

---

1) Die folgenden Ausführungen im Anschluß an: K. Töpfer, Deutsch-deutsche Umweltunion: Modell für Europa, in: Chemische Industrie, DDR und Osteuropa 1990, S. 17 f.

derungen dieses Rechts sollen sicherstellen, daß die in der Deutschen Demokratischen Republik hergestellten und in sie verbrachten Produkte einem anspruchsvollen Umweltstandard genügen werden.

Artikel 6 zum Naturschutz und zur Landschaftspflege enthält neben der Übernahme des Bundesnaturschutzgesetzes und der EG-Vorschriften zur artenschutzrechtlichen Überwachung Zuständigkeits- und Übergangsregelungen, die der neuen Rechtslage Rechnung tragen. Insbesondere sollte damit sichergestellt werden, daß die in der DDR in jüngster Zeit ausgewiesenen sowie der vorgesehene umfangreiche Bestand von Schutzgebieten festgeschrieben werden.

Artikel 7 sieht durch Übernahme des in der Bundesrepublik Deutschland zur Umsetzung der einschlägigen EG-Richtlinie ergangenen Gesetzes zur Umweltverträglichkeitsprüfung vor, daß in allen Zulassungsverfahren des Umweltfachrechts eine Umweltverträglichkeitsprüfung durchgeführt werden kann.

Bei der Beurteilung des URG ist auf einige Abweichungen von bundesdeutschen Anforderungen hinzuweisen:[1]

(1) qualitative Abstriche
(2) Übergangsfristen
(3) Verfahrenserleichterungen

Zu (1): Qualitative Abstriche

- Im Bereich des Immissionsschutzes:

---

1) Vgl. zum Folgenden u.a. R.U. Sprenger, Umweltpolitische Regelungen in der DDR: Ein Investitionshemmnis?, München, August 1990 (unveröff. Manuskript).

· die Genehmigungsfähigkeit von Neuanlagen <u>unter Vernach-lässigung der Vorbelastung</u> in Form überschrittener Immissionsgrenzwerte durch bestehende Anlagen,

· die Altanlagensanierung "unter Beachtung der Grund-satzes der Verhältnismäßigkeit <u>und der sozialen Ver-träglichkeit</u>",

· die mögliche, befristete <u>Haftungsfreistellung</u> von Er-werbern von Altanlagen für die vor dem 1.7.90 verur-sachten Schäden durch den Betrieb der Anlagen, "wenn dies unter Abwägung der Interessen des Erwerbers, der Allgemeinheit und des Umweltschutzes geboten ist".

- im Bereich <u>Reaktorsicherheit</u>:

· die Möglichkeit einer Freistellung der Reaktorbetrei-ber von etwaigen Schadensersatzverpflichtungen, sofern eine private Deckungsvorsorge nicht zu erlangen ist oder sich als nicht ausreichend erweist.

- im Bereich <u>Gewässerschutz</u>:

· die Ermächtigung der DDR-Umweltbehörden, im Rahmen des Abwasserabgabengesetzes "zu den Verfahren der Bewertung der Schadstoffe, der Schadstoffgruppen und der Schwel-lenwerte Übergangsregelungen zu treffen".

- im <u>Umweltstraf- und -haftungsrecht</u>:

· Noch nicht übernommen wurde das in den §§ 324 ff. StGB normierte Umweltstrafrecht der Bundesrepublik. Insoweit bleiben die Bestimmungen der §§ 191 a, b StGB (DDR) in Kraft. Auch die für das Umwelthaftungsrecht bedeutsamen Bestimmungen (insb. §§ 823 ff. BGB) wurden mit Ausnahme des § 22 WHG nicht übernommen.

- im <u>sonstigen Regelungsbereich</u>:

· Noch nicht übernommen wurden die Trinkwasserverordnung, das Pflanzenschutz- und Düngemittelgesetz sowie das Gentechnikgesetz.

Ferner ist zu beachten, daß durch die Übernahme bundesdeut-scher Regelungen in einzelnen Bereichen (theoretisch) <u>wei-</u>

tergehendes DDR-Recht verdrängt wurde: z.B. vorsorgeorien-
tierte Anlagenstandards im Bereich des Immissionsschutzes
und Abfallrechts, Sanktionsinstrumente (wie das sog. Staub-
geld) oder weitergehende Regeln für Abfallvermeidung und
-verwertung.

## Zu (2): Übergangsfristen

Im URG wurden - abweichend vom bundesdeutschen Umweltrecht
- eine Reihe von Übergangsfristen festgelegt, die den umweltpolitischen Adressaten den Anpassungsprozeß erleichtern
sollen. Dazu zählen vor allem:

- im Bereich des Immissionsschutzes:

  · die Genehmigung von Neuanlagen, auch bei weiterer Über-
    schreitung der zulässigen Vorbelastung, sofern mit ei-
    ner deutlichen Verminderung der Immissionsbelastung im
    Einwirkungsbereich der Anlage innerhalb von fünf Jahren
    ab Genehmigung zu rechnen ist. (In der TA Luft beträgt
    die entsprechende Frist nur sechs Monate.)

  · die Anzeigepflicht für genehmigungspflichtige Altanla-
    gen binnen einer Frist von sechs Monaten, verbunden mit
    der politischen Entscheidung für einen Fristenplan zur
    Altanlagensanierung, der bis zum 15. November 1990 vor-
    gelegt werden mußte. Zur Gefahrenabwehr sollten die Be-
    hörden dagegen unverzüglich Maßnahmen treffen.

  · die um ein Jahr verlängerten Anpassungsfristen der
    Großfeuerungsanlagen-Verordnung und der TA Luft für
    Altanlagen.

- im Atomrecht:

  · das Fortgelten bereits erteilter Genehmigungen, Erlaub-
    nisse und Zulassungen mit unterschiedlicher Befristung
    (2 bis 10 Jahre), unbeschadet der behördlichen Befug-
    nis, zur Gefahrenabwehr auf Grundlage des Atomrechts
    sofort einschreiten zu können.

- im <u>Gewässerschutz</u>:

  - Das Abwasserabgabengesetz gilt ab dem 1. Januar 1991 zunächst nur für die Einleiter, die bereits nach bisherigem Recht der DDR (Anordnung über Abwassereinleitungsentgelt) abgabenpflichtig waren; für alle anderen Einleiter erst ab dem 1. Januar 1993.

- im <u>Umwelthaftungsrecht</u>:

  - die bedingte Freistellung von der Haftung für Altlasten, wenn der Antrag bis zum 31.12.1991 gestellt wird.

Daneben ist auf all jene Übergangsfristen zu verweisen, die sich auf bundesdeutsche Vorschriften beziehen, die gemäß <u>Anlage 2</u> des URG erst am 1. Januar 1991 in Kraft getreten sind.

## Zu (3): Verfahrenserleichterungen

Das URG versuchte, im Bereich der umweltrechtlichen Genehmigungsverfahren dem Umstand Rechnung zu tragen, daß sich die Verwaltungsstrukturen in der DDR noch im Umbruch befinden und die für Genehmigung und Vollzug im Bundesrecht zumeist zuständigen Länderverwaltungen sich erst mit dem Entstehen der Länder in der DDR entwickeln. Daher wurden einzelne, im URG angeführte Genehmigungsverfahren vereinfacht.

Zur Verfahrensbeschleunigung bei immissionsschutz- und abfallrechtlichen Genehmigungsverfahren bestimmt das URG, daß die in der DDR zuständige Genehmigungsbehörde nach Vorprüfung der Realisierbarkeit des Vorhabens aufgrund der bestehenden Grundstücks- und Planungssituation dem Antragsteller die Einholung einer Stellungnahme einer von ihr zu benennenden "Patenbehörde" aus der Bundesrepublik aufgeben soll. Auf diese Weise soll in einer Übergangsphase sichergestellt werden, daß eine mit den gesetzlichen Anforderungen des BImSchG vertraute Behörde die Erfüllung der Genehmigungs-

voraussetzungen dieses Gesetzes kompetent und zügig prüft.
Deren Stellungnahme hat alsdann die in der DDR für die Genehmigung zuständige Behörde "zu berücksichtigen".

Für die im vereinfachten Verfahren gem. §19 BImSchG bzw.
§3, Abs. 2 AbfG zu genehmigenden Anlagen ist die Einschal-
tung einer "Patenbehörde" fakultativ.

Hinsichtlich der Öffentlichkeitsbeteiligung bestimmt das
URG, daß bei immissionsschutzrechtlichen und abfallrechtlichen Genehmigungsverfahren die Einwendungen während der
Auslegungsfrist nur schriftlich - nicht also zur Nieder-
schrift - erhoben werden können.

### 3.2.3 Der Einigungsvertrag vom 31. August 1990[1]

Mit Wirkung vom 3. Oktober 1990 hat die DDR ihren Beitritt
zur Bundesrepublik Deutschland gemäß Artikel 23 des Grund-
gesetzes erklärt. Voraussetzungen und Folgen dieses Bei-
tritts wurden in dem am 31. August 1990 unterzeichneten
Einigungsvertrag geregelt.[2]

Die Bedeutung des Umweltschutzes für die Gesamtentwicklung
in Deutschland wird im Einigungsvertrag besonders hervorgehoben. Unter Hinweis auf Artikel 16 des ersten Staatsvertrages und auf das Umweltrahmengesetz wird der Gesetzgeber

---

1) Vgl. Gesetz zu dem Vertrag vom 31. August 1990 zwischen der Bundesrepublik Deutschland und der Deutschen
   Demokratischen Republik über die Herstellung der Einheit
   Deutschlands - Einigungsvertragsgesetz - und der Vereinbarung vom 18. September 1990, in: Bundesgesetzblatt,
   Jg. 1990, Teil II, Nr. 35 vom 28. September 1990.
2) Die folgenden Ausführungen im Anschluß an: Bundesministerium für Umwelt, Naturschutz und Reaktorsicherheit
   (Hrsg.), Deutsches Umweltrecht auf der Grundlage des Einigungsvertrages, Bonn, Oktober 1990.

in Artikel 34 des Einigungsvertrages aufgerufen, "die natürlichen Lebensgrundlagen des Menschen unter Beachtung des
Vorsorge-, Verursacher- und Kooperationsprinzips zu schützen und die Einheitlichkeit der ökologischen Lebensverhältnisse auf hohem, mindestens jedoch dem in der Bundesrepublik Deutschland erreichten Niveau zu fördern". Nach Maßgabe der grundgesetzlichen Zuständigkeiten sollen ökologische
Sanierungs- und Entwicklungsprogramme aufgestellt werden.
Vorrangig sollen hierbei Maßnahmen zur Abwehr von Gefahren
für die Gesundheit der Bevölkerung vorgesehen werden.

Seit dem 3. Oktober 1990 gilt in den neuen Ländern grundsätzlich das Bundesrecht. Abweichend von diesem Grundsatz
der unmittelbaren und unveränderten Überleitung geltenden
Bundesrechtes enthält der Einigungsvertrag in Teilbereichen
Änderungen des Bundesrechtes sowie Maßgaben zu deren Anwendung im Gebiet der beigetretenen Länder; in bestimmten Umfang gilt auch das Recht der ehemaligen DDR fort.

Das geltende Umweltrecht des Bundes ist aufgrund des Einigungsvertrages mit folgenden Änderungen und Maßgaben übergeleitet worden:

(1) Immissionsschutzrecht:

- Das Bundes-Immissionsschutzgesetz wird künftig mit bestimmten Änderungen, die auf das URG zurückzuführen sind,
  gelten. Hierbei handelt es sich insbesondere um folgende
  Modifikationen:

  · Übergangsvorschriften enthält §67a BImSchG (neu). So
    sind genehmigungsbedürftige Anlagen, die vor dem
    1. Juli 1990 auf dem Gebiet der bisherigen DDR errich-
    tet worden sind, innerhalb von sechs Monaten der zu-
    ständigen Behörde anzuzeigen.

  · Die bereits im Umweltrahmengesetz enthaltene Vorbela-
    stungsregelung gilt fort.

- Die verschiedenen Rechtsverordnungen, die auf der Grundlage des Bundes-Immissionsschutzgesetzes erlassen worden
sind, werden vollständig übergeleitet. Durch Maßgaben
werden einzelne Verordnungen im Hinblick auf die spezifische Ausgangssituation angepaßt. So werden die in der
Großfeuerungsanlagen-Verordnung genannten Fristen zur
Durchführung von Maßnahmen oder zur Abgabe bestimmter
Verzichtserklärungen des Betreibers jeweils um ein Jahr
verlängert und der Fristbeginn auf den 1. Juli 1990 gesetzt. Eine entsprechende Verlängerung der Sanierungsfristen nach der TA Luft ist durch §67a Abs. 3 BImSchG
(neu) erfolgt.

- Die verschiedenen zum Bundes-Immissionsschutzgesetz erlassenen allgemeinen Verwaltungsvorschriften (z.B. TA
Luft, TA Lärm), die bereits aufgrund des Umweltrahmengesetzes im Gebiet der bisherigen DDR Anwendung gefunden
haben, gelten durch Aufnahme in die Anlage II des Einigungsvertrages fort.

Die im Umweltrahmengesetz enthaltene Freistellungsklausel
für Altlasten gilt durch Aufnahme in die Anlage II als
partikulares Bundesrecht für das Gebiet der bisherigen
DDR fort. Inzwischen hat der Bundesumweltminister empfeh-
lende Hinweise zu ihrer Auslegung gegeben.[1]

- Das Benzinbleigesetz findet (mit einer geringfügigen Mo-
difikation hinsichtlich der Möglichkeit der Zulassung von
Ausnahmen durch das Bundesamt für Wirtschaft) einschließlich der hierauf gestützten Rechtsverordnungen und der
hierzu erlassenen allgemeinen Verwaltungsvorschriften Anwendung.

- Das Fluglärmgesetz ist ohne weitere Maßgaben übergeleitet
worden.

- Die Regelungen der Straßenverkehrs-Zulassungs-Ordnung,
die Anforderungen an das Abgasverhalten und die Geräusche
von Kraftfahrzeugen betreffenden (insbes. §§ 47, 47a,
47b, 49 StVZO), sind vollständig übergeleitet worden.
Hinsichtlich der Abgassonderuntersuchung (ASU) müssen
Fahrzeuge, die bereits nach bisherigem DDR-Recht geprüft
wurden, spätestens ein Jahr nach dieser letzten Untersuchung erneut geprüft werden; für die übrigen Fahrzeuge
ist die erste ASU zum Zeitpunkt der nächsten Hauptunter-
suchung vorzunehmen.

---

1) Vgl. BMNUR, Freistellungsklause für Altlasten, in:
Umwelt, Nr. 1/1991, S. 11 ff.

(2) Recht der kerntechnischen Sicherheit und des Stahlen-
    schutzes:

Für fortgeltende Verwaltungsakte auf dem Gebiet der Atom-
und Strahlenschutzrechtes enthält der neue §57a des Atomgesetzes Sonderregelungen über deren Unwirksamwerden nach Ab-
lauf bestimmter Fristen. Durch die Befristungen wird sichergestellt, daß diese Anlagen nach §7 des Atomgesetzes
einem atomrechtlichen Genehmigungsverfahren unterworfen
werden, wenn sie auch nach Fristablauf weiter betrieben
werden sollen.


(3) Wasserwirtschaft:


Die Überleitung des Abwasserabgabengesetzes erfolgt mit der
Maßgabe, daß die Erhebung der Abwasserabgabe erst ab 1993
vollständig erfolgt. Bereits ab 1991 soll aber die Erhebung
für Abwassereinleiter erfolgen, die mit Inkrafttreten des
Umweltrahmengesetzes nach der entsprechenden "Anordnung
über Abwassereinleitungsentgelt" abgabepflichtig waren.
Soweit dies nach dem Stand der Abwasseranalytik ganz oder
teilweise noch nicht möglich ist, können die Länder befristet bis zum 31. Dezember 1992 zu den Verfahren der Bewertung von Schadstoffen, Schadstoffgruppen und der Schwel-
lenwerte Übergangsregelungen treffen. Befristet bis zum
31. Dezember 1990 blieb die Abwassereinleitungsverordnung
der DDR in Kraft.


- Das Wasch- und Reinigungsmittelgesetz findet aufgrund des
  Umweltrahmengesetzes Anwendung, sie gelten durch Aufnahme
  in die Anlage II des Einigungsvertrages fort.


(4) Abfallwirtschaft:


- Das Abfallgesetz wird wie folgt geändert und übergeleitet:

  Ortsfeste Abfallentsorgungsanlagen, die bereits vor dem
  1. Juli 1990 betrieben wurden oder mit deren Errichtung
  zu diesem Zeitpunkt bereits begonnen wurde, sind bis zum
  31. Dezember 1990 der zuständigen Behörde anzuzeigen (§9a
  - neu). Für solche Anlagen werden die Behörden ermäch-
  tigt, nach pflichtgemäßem Ermessen Befristungen, Bedingungen und Auflagen für deren Errichtung und Betrieb an-
  zuordnen. Auch die beabsichtigte Stillegung solcher Anlagen ist der zuständigen Behörde unter Beifügung von Un-

terlagen über den bisherigen Betriebsumfang, die beab-
sichtigten Maßnahmen zur Rekultivierung und die zu.tref-
fenden Vorkehrungen zum Schutz der Allgemeinheit anzuzeigen. Diese Regelungen sollen sicherstellen, daß sowohl
stillgelegte als auch noch in Betrieb befindliche Anlagen
erfaßt und erforderliche Sanierungsmaßnahmen eingeleitet
werden.

- Vollständig übergeleitet werden die zahlreichen Rechtsverordnungen im Bereich der Abfallwirtschaft (z.B. Ab-
fallverbringungsverordnung, Altölverordnung, Klärschlamm-
verordnung).

- Die im Abschnitt "Immissionsschutzrecht" erläuterte Freistellungsklausel für Altlasten findet aufgrund einer entsprechenden Regelung in Anlage II des Einigungsvertrages
auch im Bereich der Abfallwirtschaft Anwendung.

- Aufgrund des Umweltrahmengesetzes fand im Bereich der
bisherigen DDR bereits die allgemeine Verwaltungsvor-
schrift zum Schutz des Grundwassers bei der Lagerung und
Ablagerung von Abfällen Anwendung. Durch Aufnahme in Anlage II des Einigungsvertrages gelten sie dort fort.
Gleiches gilt für die TA Abfall, deren in Nummern 9 und
10 enthaltenen Fristen (Anforderungen an Altanlagen,
Übergangsvorschriften) sich um jeweils ein Jahr verlän-
gern.

(5) Chemikalienrecht:

- Das Chemikaliengesetz wurde vollständig übergeleitet. Die
in diesem Gesetz enthaltenen Regelungen zur Guten Labor-
praxis gelten allerdings mit der Maßgabe von Übergangsbe-
stimmungen zu bestimmten Stichtagen und Fristen.

Übergeleitet werden auch die aufgrund des Chemikaliengesetzes ergangenen Rechtsverordnungen, wobei Anlage I des
Einigungsvertrages Übergangsvorschriften für die PCB-,
PCT-, VC-Verbotsverordnung und die Pentachlorphenolver-
botsverordnung enthält.

(6) Naturschutz und Lanschaftspflege:

- Das Bundesnaturschutzgesetz, das mit Ausnahme des §38 bereits aufgrund des Umweltrahmengesetzes in dem Gebiet der
bisherigen DDR Anwendung fand, wird nunmehr vollständig
übergeleitet. In §4 Satz 2 und §38 Abs. 1 des Gesetzes
sind bestimmte Fristen an den Zeitpunkt des Inkrafttre-
tens des Gesetzes geknüpft; für das Gebiet der bisherigen

DDR gilt insoweit der 1. Juli 1990 als Inkrafttretens-
zeitpunkt.

- Ohne Maßgaben oder Änderungen ist die Bundesartenschutz-
verordnung übergeleitet worden.

- Darüber hinaus gilt für den Bereich des Naturschutzes
eine besondere Rechtslage:

Das Umweltrahmengesetz hat für den Bereich des Naturschutzes wesentliche Bestimmungen getroffen, die nach Artikel 9 des Einigungsvertrages als Landesrecht fortgelten. Es handelt sich hierbei um die Regelungen in Artikel
6 §5 (einstweilige Sicherstellung zu schützender Gebiete)
und in Artikel 6 §8 (Überleitung bestehender Schutzge-
bietsausweisungen). Diese Regelungen gelten fort, bis die
neuen Bundesländer eigenes Recht geschaffen haben.

Zur Durchführung und Auslegung des Einigungsvertrags
wurde am 18. September 1990 ergänzend vereinbart, daß die
Verordnungen über die Festsetzung bestimmter Nationalparks, Naturschutzgebiete und Landschaftsschutzgebiete
mit der Maßgabe gelten sollen, "daß sie auf den Neubau,
den Ausbau und die Unterhaltung von Bundesverkehrswegen
keine Anwendung finden. Bei der Durchführung der genannten Maßnahmen ist der Schutzzweck der Verordnungen zu berücksichtigen".[1]

### 3.2.4 Das EG-Umweltrecht und die Vereinbarungen über Über-
gangsregelungen

Mit dem Umweltrahmengesetz und dem Einigungsvertrag (Art.
10) ist auf dem Gebiet der ehemaligen DDR auch das gesamte
Recht der Europäischen Gemeinschaften und somit auch der
umweltpolitische "acquis communautaire" in Kraft getreten.
Allerdings hat die EG-Kommission angesichts der katastrophalen Umweltsituation, der ökonomischen und sozialen Gegebenheiten und der Implementationsprobleme in der ehemaligen
DDR davon abgesehen, bereits die Übernahme aller, bislang

---

1) Vgl. Vereinbarung zur Durchführung und Auslegung des
Einigungsvertrags, in: Bulletin des Presse- und Informationsamts der Bundesregierung, Nr. 112 vom 20.9.1990, S.
118 f.

- 89 -

rd. 200 gemeinschaftlicher Rechtsakte im Bereich Umweltschutz und nukleare Sicherheit vorzuschreiben. Vielmehr
wurden - wie im Falle früherer EG-Beitrittsverhandlungen -
verschiedene Übergangsregelungen vereinbart, so daß das Umweltrecht der Gemeinschaft erst nach einer notwendigen
Übergangszeit in den beigetretenen Ländern gilt[1].

Bei diesen Übergangsregelungen hat sich die EG-Kommission
von folgenden Grundsätzen leiten lassen:

- Die Übernahme des gesamten umweltpolitischen "acquis
communautaire" muß Ausgangspunkt und Endziel sein.

- Übergangsregelungen dürfen nur insoweit zugelassen werden, als sie aufgrund der wirtschaftlichen, sozialen und
rechtlichen Situation objektiv notwendig sind; d.h. sie
sind nur dort zulässig, wo die Gemeinschaftsnormen zum
Zeitpunkt der Herstellung der deutschen Einheit noch
nicht eingehalten werden können. Damit sind rein legis-
lative oder administrative Maßnahmen, Produktnormen (mit
Ausnahme von Regelungen für gefährliche Produkte mit No-
tifizierungspflicht) sowie neue Anlagen bzw. Projekte von
vornherein ausgeschlossen.

- Die Ausnahmeregelungen müssen gemäß Art. 8c EWGV befristet sein und dürfen das Funktionieren des Binnenmarktes
so wenig wie möglich stören.

- Als einzige Bereiche, in denen Übergangsregelungen als
gerechtfertigt erscheinen bzw. unter Einhaltung des Ge-
meinschaftsrechts als unverzichtbar gelten, kommen vor-

---

1) Vgl. hierzu im einzelnen: Kommission der EG, Die Gemeinschaft und die deutsche Einigung, KOM (90) 40 endg.
- Vol. I, S. 116 ff.

handene Emissionsquellen und Umweltqualitätsnormen in Betracht. Für Luft, Wasser und Böden müssen Sanierungspro-
gramme oder -pläne aufgestellt werden, die mit konkreten
Maßnahmen zu realisieren sind.

- Im Vergleich zu früheren Beitrittsrunden sind die Übergangsfristen deutlich kürzer als die anfänglich in den
Richtlinien vorgesehenen Fristen und gehen im Prinzip
nicht über den 31. Dezember 1992 hinaus.

- Nur für die kritischen Bereiche - Wasser, Luft und Abfälle - sind Fristen bis 1995 vorgesehen, da kurzfristige
Sanierungserfolge als illusorisch angesehen werden. Wenn
die ehemalige DDR beispielsweise die Trinkwasser-Richtli-
nie in kürzerer Frist erfüllen müßte, gäbe es praktisch
kein Trinkwasser. Dabei ist die Gewährung einer Frist von
mehr als drei Jahren an die Auflage geknüpft, der Kommission innerhalb von ein bis zwei Jahren einen Sanierungsplan vorzulegen.

- Für den Bereich "Nukleare Sicherheit" wurde angesichts
des unermeßlichen Gefahrenpotentials keine Übergangsmaß-
nahme vorgeschlagen. Unmittelbar mit dem Beitritt der
Länder der bisherigen DDR werden im Bereich des Atom- und
Strahlenschutzrechts das primäre (Artikel 35 bis 37 des
EURATOM-Vertrages) und das sekundäre Gemeinschaftsrecht
(EG-Grundnormen zum Strahlenschutz nach Artikel 30 des
EURATOM-Vertrages) ohne Einschränkung wirksam. Anlagen,
die dem gemeinschaftlichen Schutzstandard nicht genügen,
sind demnach sofort stillzulegen.

- Die Regionalhilfen in der ehemaligen DDR dürfen bis zu
23 % der Investitionssumme sowie zusätzlich 10 % nicht
regionalspezifischer Hilfen umfassen. Dies gilt auch für

private Umweltschutzinvestitionen. Sollten die Investitionsbeihilfen für mittelständische Unternehmen 33 % übersteigen, kann die Kommission eine Sondergenehmigung nach Information seitens der Bundesbehörden erteilen.[1]

- Außerdem unterstreicht die Kommission ihre Absicht, die Anwendung der Gemeinschaftsrichtlinien verstärkt zu überwachen und konsequent für die Einhaltung der eingeräumten Übergangsfristen zu sorgen.

Einen detaillierten Überblick über die Anpassungserfordernisse und -fristen aufgrund der umweltrechtlichen EG-Regelungen vermitteln die folgenden Tabellen 3.1-3.3.

---

1) Vgl. o.V., EG billigt Hilfen für fünf neue Bundesländer, in: FAZ, Nr. 273 vom 23.11.1990.

Tabelle: 3.1

Zeitplan für die Übernahme von EG-Umweltrichtlinien in der ehemaligen DDR
- Luftreinhaltung -

| RICHTLINIEN (EWG) | FRIST | BEGRÜNDUNG[a] |
|---|---|---|
| Richtlinien zur Verringerung der Luftverschmutzung | 31.12.91 (Ziele oder Pläne); zwischen 1.7.94 und 1.1.96 (Ausnahmen) | Gleiche katastrophale, gesundheitsschädigende und unübersichtliche Situation wie im Bereich der Gewässer. Aufgrund der erforderlichen Umstrukturierung insbesondere im Bereich der Energie und der Chemieindustrie sind umfangreiche Fristen unerläßlich, die jedoch kürzer sind als die bei der Annahme der Richtlinien vorgesehenen Fristen. Als Gegenleistung werden möglichst bald Sanierungspläne verlangt. |
| 1. 80/779 – $SO_2$ in der Luft | 31.12.91 (für die Ziele in den weniger verschmutzten Gebieten, sowie die Notifizierung und Pläne für die übrigen Gebiete); 1.4.96 (Endziele für die notifizierten Gebiete) | Gebiete, in denen die Kohle- und Chemieunternehmen konzentriert sind, sind besonders stark verschmutzt. Für diese Gebiete sieht die Richtlinie in Artikel 3 Abs. 2 eine Notifizierung bis zu einem späteren Zeitpunkt vor. Gleichzeitig müssen Sanierungspläne übermittelt werden. Die erste Frist bis 1991 ist notwendig für die Bestandsaufnahme, die Ausarbeitung von Plänen und gleichzeitig die Verwirklichung der Qualitätsziele in den weniger geschädigten Gebieten. Für die stark verschmutzten und notifizierten Gebiete wird für die erforderliche Umstrukturierung des Energie-/Chemiesektors eine weitere Frist bis zum 1.4.96 erforderlich sein. Fristen (Artikel 3, Abs. 1 und 2): 3 Jahre (allgemeine Ziele, Pläne) und 13 Jahre (spätere Qualitätsziele). |
| 2. 82/884 – Bleigehalt in der Luft | 31.12.92 (Pläne); 1.7.94 (Ziele) | Idem Richtlinie 80/779 Fristen (Artikel 3, Abs. 1 und 3): 5 Jahre (Ziele in der Regel), 2 Jahre (Pläne) und 7 Jahre (spätere Qualitätsziele). |
| 3. 84/360 – Luftverschmutzung durch Industrieanlagen | Anpassung des Termins | Artikel 2 Nummer 3 definiert die bestehenden Anlagen. Der Zeitpunkt 1.7.87 ist durch den Zeitpunkt des Inkrafttretens dieser Verordnung zu ersetzen. |
| 4. 85/203 – $NO_x$ in der Luft | 31.12.92 (Ziele oder Pläne); 1.1.96 (Endziele) | Idem 80/779 und 82/884. Fristen (Artikel 15 und Artikel 3, Abs. 2): 2 Jahre (Verwaltungsmaßnahmen) und 9 Jahre (Endziele für die notifizierten Gebiete). |
| 5. 88/609 – Großfeuerungsanlagen | 1.1.96 (statt 1.1.93) | Die Richtlinie enthält eine Berechnung für schrittweise Verringerung der Emissionen für die einzelnen Mitgliedstaaten. Bei Deutschland müssen die Werte für die DDR und die sich daraus ergebenden Verringerungen berücksichtigt werden. Der Abschluß der ersten Phase muß von 1993 auf 1996 verschoben werden. Ab der zweiten Phase wird der Zeitplan eingehalten. Ferner ist bei der Definition der bestehenden Anlagen der Zeitpunkt 1.7.87 durch den Zeitpunkt des Inkrafttretens dieser Verordnung zu ersetzen. |

a) Es sei darauf hingewiesen, daß eine Auffangklausel hinzugefügt werden wird, die die Möglichkeit der Anpassung dieser Verordnung an neue Gegebenheiten und Entwicklungen vorsieht.

Quellen: KOM (90) 400 endg. – Vol. I vom 21.8.1990; Zusammenstellung des Ifo-Instituts.

Tabelle: 3.2

**Zeitplan für die Übernahme von EG-Umweltrichtlinien in der ehemaligen DDR**
**- Gewässerschutz -**

| RICHTLINIEN (EWG) | FRIST | BEGRÜNDUNG[a] |
|---|---|---|
| Richtlinien zur Verringerung der Gewässerverschmutzung | Zwischen 31.12.91 und 31.12.95 für die Qualitätsziele sowie 31.12.91 oder 31.12.92 für die Sanierungspläne | Angesichts der alarmierenden Situation insbesondere im Bereich der Qualität des für den menschlichen Verbrauch bestimmten Oberflächenwassers (Punkte 1 bis 3) und der erforderlichen umfangreichen Sanierungsmaßnahmen sind relativ lange Fristen unausweichlich. Gleichwohl sind diese Fristen in der Regel deutlich kürzer als die bei Beschluß der Richtlinien vereinbarten Fristen. Deutschland muß jedoch sehr umfangreiche Sanierungspläne ausarbeiten und der Kommission baldmöglichst übermitteln. |
| 1. 75/440 - Oberflächenwasser und 79/869 - Meßverfahren | 31.12.95 (Qualitätsziele) und 31.12.92 (Sanierungsplan) | Weniger als 50 % des Oberflächenwassers sind für den menschlichen Verbrauch geeignet. Folglich sind umfangreiche Sanierungspläne und -projekte notwendig. Fristen (Artikel 10 und 4, Abs. 2): 2 Jahre (Verwaltungsmaßnahmen) und 10 Jahre (Qualität). |
| 2. 80/68 - Grundwasser | 31.12.92 (Pläne) 31.12.95 (Ziele) | Derzeitige Situation: Industrie und Landwirtschaft müssen umstrukturiert werden, um neue Ableitungen zu verringern: längerfristige Aufgabe. Fristen (Artikel 21 und 14): 2 Jahre (Verwaltungsmaßnahmen) und maximal 6 Jahre (Ziele). |
| 3. 80/778 - Trinkwasser | 31.12.91 (Notifizierungen und Pläne) 31.12.95 (Ziele) | Aufgrund der Situation in bestimmten Regionen sind umfangreiche Investitionen erforderlich, um die Trinkwasserversorgung der Bevölkerung sicherzustellen. Zunächst sind administrative und technische Maßnahmen für die Überwachung notwendig. Für die Qualitätsnormen kann Deutschland Ausnahmeregelungen vorsehen (Artikel 9 und 20), die auch binnen eines Jahres mitzuteilen sind. Fristen (Artikel 18 und 19): 2 Jahre (Verwaltung) und 5 Jahre (Qualität). |
| 4. 76/160 - Badegewässer | 31.12.93 | Derzeitige Situation: Keine Ausweisung, Messung, Bestandsaufnahme usw. Fristen (Artikel 12 und 4): 2 Jahre (Verwaltungsmaßnahmen) und 10 Jahre (Qualitätsnormen). Der Termin Ende 1993 gilt für beide Arten von Verpflichtungen. |
| 5. 76/464 + Folgerichtlinien - Ableitung gefährlicher Stoffe | 31.12.92 | Situation der Ableitungen nur unzureichend bekannt, nach Bestandsaufnahme der Situation Ausarbeitung von Programmen (normale Frist: 5 Jahre) und Maßnahmen zur Erreichung der Grenzwerte (normale Frist: 4 Jahre). "Pauschale" Frist: 2 Jahre für alles. |
| 6. 78/659 - Fischgewässer | 31.12.92 | Derzeitige Situation: Kein Verzeichnis, keine Ausweisung, keine Überwachung. Fristen (Artikel 17 und 5): 2 Jahre (Verwaltung) und 5 Jahre (Qualitätsnormen). Der Termin 31.12.92 gilt für beide Arten von Verpflichtungen. |

a) Es sei darauf hingewiesen, daß eine Auffangklausel hinzugefügt werden wird, die die Möglichkeit der Anpassung dieser Verordnung an neue Gegebenheiten und Entwicklungen vorsieht.

Quellen: KOM (90) 400 endg. - Vol. I vom 21.8.1990; Zusammenstellung des Ifo-Instituts.

Tabelle: 3.3

Zeitplan für die Übernahme von EG-Umweltrichtlinien
in der ehemaligen DDR
- Abfall und sonstige Umweltschutzbereiche -

| RICHTLINIEN (EWG) | FRIST | BEGRÜNDUNG[a] |
|---|---|---|
| 1. 67/548 + Änderungen bis 88/490 - Gefährliche Stoffe | 31.12.92 | Erforderliche technische Anpassungen und Notifizierungen zur Erfassung und Einstufung der chemischen Stoffe in der DDR, die noch nicht im Gemeinschaftsverzeichnis enthalten sind. Das Inverkehrbringen derartiger Stoffe wird auf das Hoheitsgebiet der ehemaligen DDR beschränkt. Frist (Artikel 25): 5 Jahre. |
| 2. 75/442 und 78/319 - Abfälle | 31.12.91 (Pläne) und 31.12.95 (Genehmigungen) | Schätzungsweise sind mehr als 90 % der Abfalldeponien/-beseitigungsanlagen nicht genehmigt und entsprechen nicht den Gemeinschaftskriterien. Es ist ein Verzeichnis zu erstellen, um diese zu erfassen und festzustellen, welche noch sanierungsfähig sind. Eine sofortige und umfassende Schließung wäre wegen derzeit fehlender Alternativen nicht möglich. Für die Sanierung der bestehenden Anlagen und die Errichtung neuer Anlagen sind längere Fristen vorzusehen, bevor die Voraussetzungen für eine Genehmigung im Sinne der beiden Richtlinien (Artikel 8 bzw. 9) erfüllt werden können. In der Zwischenzeit ist rasch ein Programm auszuarbeiten und der Kommission zu unterbreiten. Frist (Artikel 13 bzw. 21): 2 Jahre. |
| 3. 79/409 - Vogelschutzrichtlinie | 6 Monate für die Identifizierung der als besondere Schutzzonen auszuweisenden Gebiete und die Anpassung der öffentlichen Maßnahmen, die sie beeinträchtigen können. 31.12.92 für die formelle Ausweisung. | Notwendigkeit, statutarische Schutzmaßnahmen auszuarbeiten. Fristen (Artikel 18): 2 Jahre. |
| 4. 87/101 - Altöle | Änderung der Zeitpunkts für die Definition von bestehenden Anlagen. | Der Zeitpunkt war ursprünglich der Zeitpunkt der Notifizierung der Richtlinie. Dieser wird ersetzt durch den Zeitpunkt des Inkrafttretens dieser Richtlinie. |
| 5. 82/501 87/216 88/610 - Gefahren schwerer Unfälle in der Industrie | 1.6.92 (Verzeichnis) 1.7.94 (ergänzende Erklärung) | Deutschland muß ein Verzeichnis der unter die Richtlinie fallenden Anlagen erstellen, das eine Analyse der Gefahren enthält. Die Richtlinien sehen darüber hinaus eine Zusatzfrist für die Vervollständigung dieser Erklärungen vor. Fristen (Artikel 9): 3 Jahre (Verzeichnis), 7 Jahre (ergänzende Erklärung). |
| 6. 87/217 - Asbest | 31.12.91 und 30.6.93 (Grenzwerte) | Bei den Fristen wird zwischen allgemeiner Anwendung - vor allem für die grundlegenden Verpflichtungen, die Überwachung und die Notifizierung gegenüber der Kommission - und Zieldatum für die Grenzwerte unterschieden. Fristen (Artikel 14): 1 1/2 Jahre (Verwaltungsmaßnahmen und 4 Jahre (Ziele). |

a) Es sei darauf hingewiesen, daß eine Auffangklausel hinzugefügt werden wird, die die Möglichkeit der Anpassung dieser Verordnung an neue Gegebenheiten und Entwicklung vorsieht.

Quellen: KOM (90) 400 endg. - Vol. I vom 21.8.1990; Zusammenstellung des Ifo-Instituts.

### 3.2.5 Eckwerte der ökologischen Sanierung und Entwicklung in den neuen Bundesländern[1]

In Artikel 34 der Einigungsvertrages werden Bund und Länder aufgerufen, "die natürlichen Lebensgrundlagen des Menschen unter Beachtung des Vorsorge-, Verursacher- und Kooperationsprinzips zu schützen und die Einheitlichkeit der ökologischen Lebensverhältnisse auf hohem, mindestens jedoch dem in der Bundesrepublik Deutschland erreichten Niveau, zu fördern". Nach Maßgabe der grundgesetzlichen Zuständigkeiten sollen ökologische Sanierungs- und Entwicklungsprogramme aufgestellt werden. Hierzu hat Bundesumweltminister Töpfer am 15. November 1990 zunächst die "Eckwerte der ökologischen Sanierung und Entwicklung in den fünf neuen Ländern" der Öffentlichkeit vorgestellt.

Das sog. Eckwertepapier umfaßt

- eine Bestandsaufnahme der Umweltsituation,

- eine Bilanz der wichtigsten bereits eingeleiteten Maßnahmen,

- konkrete Handlungsprogramme zur Gefahrenabwehr,

- mittelfristige Sanierungsmaßnahmen,

- Maßnahmen zum vorsorgenden Umweltschutz und

- Finanzierungsinstrumente.

---

1) Im Anschluß an K. Töpfer, Eckwerte der ökologischen Sanierung und Entwicklung in den neuen Bundesländern, in: Umwelt Nr. 1/1991, S. 5 ff.

Insgesamt bilden die im November 1990 vorgelegten Eckwerte
der ökologischen Sanierung und Entwicklung den konzeptio-
nellen Gesamtrahmen für eine Vielzahl von Aktivitäten des
Bundesministers für Umwelt, Naturschutz und Reaktorsicherheit und der neuen Länder. Sie bieten neben einer Bestandsaufnahme eine erste Orientierungshilfe, insbesondere für
Bund, Länder und Kommunen sowie für die Wirtschaft.

- Fakten zur ökologischen Situation

In den "Eckwerten" erfolgt eine Bestandsaufnahme der bislang bekannten Daten und Fakten zur Umweltsituation in der
ehemaligen DDR. Dabei wird deutlich gemacht, daß die vorliegenden Daten nach wie vor unvollständig sind. Sie bedür-
fen einer weiteren Analyse und Bewertung. Durch eine Reihe
von Einzelvorhaben in Schwerpunktregionen sollen die Daten
weiter konkretisiert und vertieft werden. Dazu sind vom
BMUNR entsprechende gutachterliche Aufträge vergeben worden.

Darüber hinaus werden medienbezogen flächendeckend Bestandsaufnahmen durchgeführt. Dies geschieht in enger Ab-
stimmung mit den neuen Ländern.

Bei der Lösung der anstehenden Umweltprobleme wird den Ländern und Kommunen eine Schlüsselrolle zugewiesen. Das Eckwertepapier ist deshalb vor allem eine Hilfestellung für
die Entscheidungsträger vor Ort. Es soll den politisch Ver-
antwortlichen eine Grundlage für die konkreten Entscheidungen auf dem Weg zur Verbesserung ihrer Situation geben.

- <u>Wichtige, bereits eingeleitete Maßnahmen</u>

Das Eckwertepapier beschreibt die bereits eingeleiteten Maßnahmen, die kurzfristig zu einer schnellen und spürbaren Verbesserung der Umweltbedingungen führen. Genannt werden vor allem

- Produktionseinstellungen und -umstellungen bzw. Betriebsschließungen,

- Sofortmaßnahmen und

- Umweltschutzprojekte.

Mit den Fördermitteln des BMUNR werden gegenwärtig umfangreiche Sofortmaßnahmen zur Abwehr von Gefahren für die unmittelbare menschliche Gesundheit durchgeführt. Diese und darüber hinausreichende Maßnahmen, die kurzfristig auch von den Ländern und Kommunen veranlaßt werden müßten, sind im einzelnen in dem Eckwertepapier dargestellt.

- <u>Konkrete Maßnahmen zur Gefahrenabwehr</u>

Zu den wichtigsten Sofortmaßnahmen gehören:

Bereich <u>Wasser</u>:
- Maßnahmen zur Verbesserung und Sicherstellung der Trinkwasserversorgung, wie z.B. die Schließung von Brunnen, die eine Nitratbelastung von 90 mg/l und mehr aufweisen.

Bereich <u>Luft</u>:
- Aufbau von Smog-Frühwarnsystemen zur Abwehr von Gesundheitsgefahren im Smogfall,

- Stillegung von Anlagen, die nicht sanierungsfähig sind und von denen eine hohe Gesundheitsgefahr ausgeht,

- Substitution von stark schwefelhaltiger Braunkohle durch emissionsärmere Brennstoffe.

Bereich Abfall:
- Sicherung und ggf. Schließung von Abfallentsorgungsanlagen, von denen akute Gefährdungen ausgehen.

Bereich Altlasten:
- Einleitung von Sicherungsmaßnahmen bei Altlasten mit festgestellten akuten Gefährdungen.

Bereich Boden:
- Einstellung der Ausbringung von Pflanzenschutz- und Düngemitteln mit Flugzeugen,

- Einleitung von Sanierungsmaßnahmen bei Belastungen der Böden in Siedlungsgebieten mit Dioxin von mehr als 1000 ng/kg,

- Nutzungsbeschränkungen für Böden, die mit Schwermetallen und toxischen organischen Stoffen stark belastet sind; ggf. Stillegung landwirtschaftlicher Produktionen im Umkreis von Hüttenstandorten und Verbrennungsanlagen.

- Mittelfristige Sanierungsmaßnahmen

Darüber hinaus sind mittelfristige Sanierungsaufgaben erforderlich, um bis zum Jahre 2000 in allen Teilen Deutschlands gleiche Umweltbedingungen auf hohem Niveau zu erreichen. Die mittelfristigen Sanierungsaufgaben sind ebenfalls im Eckwertepapier enthalten.

Erheblicher Sanierungs- und Ausbaubedarf besteht vor allem
in der Ver- und Entsorgungsinfrastruktur. Die wichtigsten
investiven Vorhaben sind:

Trinkwasserversorgung:
- Ausstattung der veralteten Wasserwerke mit modernen Auf-
bereitungstechnologien,

- Sanierung der stark überalterten Rohrnetze, die zu Netz-
verlusten bis zu 20 % führen.

Abwasserentsorgung:
- Kurzfristig (bis 1993) Bau und Sanierung von 35 kommunalen und 24 industriellen Kläranlagen zur Beseitigung der
größten Defizite,

- Modernisierung und Bau weiterer Kläranlagen; neben kommunalen vor allem industrielle Kläranlagen, da dort 95 %
des Abwassers nicht bzw. nicht ausreichend behandelt in
Kanalisationen eingeleitet werden,

- Sanierung der Abwasserkanalisationsnetze, die zu 60 bis
70 % bauliche Schäden aufweisen.

Abfallentsorgung:
- Ausbau vor allem der kommunalen Sammel- und Transportsy-
steme,

- Errichtung von Anlagen zur Abfallbehandlung, -verwertung
und -lagerung (z.B. Verbrennungsanlagen und Deponien).

Darüber hinaus ist ein entscheidender weiterer Schwerpunkt
die Sanierung industrieller Anlagen unter dem Aspekt der
Luftreinhaltung und Störfallvorsorge. Ebenso ist es eine

dringende Aufgabe, die Energieversorgung auf umweltfreund-
lichere Energieträger und einen sparsameren Verbrauch umzu-
stellen.

- Maßnahmen zum vorsorgenden Umweltschutz

In der Situation des Umbaues und des Neuaufbaues in den
fünf neuen Ländern, müssen die Weichen für eine moderne,
ökologisch ausgerichtete Industriegesellschaft gestellt
werden. Die neuen Entwicklungen in der Gesellschaft und
Wirtschaft erfordern in einem vergleichsweise kurzen Zeit-
abschnitt Umstrukturierungen, die andernorts Jahrzehnte in
Anspruch genommen haben. Diese Entwicklung eröffnet auch
dem Umweltschutz neue Chancen, wenn die Weichen jetzt rich-
tig gestellt werden. Erfolgversprechende Ansatzpunkte sind
laut Eckwertepapier:

- Die Wirtschaft in den neuen Ländern unterliegt einem in-
  tensiven Strukturwandel und ihre Erneuerung unter marktwirtschaftlichen Gesichtspunkten kann gleichzeitig eine
  wichtige Triebfeder für den Umweltschutz werden.

- Die Erneuerung und Modernisierung der Wirtschaft bietet
  Chancen für eine Senkung des Energieverbrauchs und einen
  Strukturwandel in der Energiewirtschaft, als Grundstein
  für eine ökologisch orientierte Energiepolitik.

- Der große Umfang des Sanierungs- und Ausbaubedarfs bei
  der Verkehrsinfrastruktur bietet besondere Chancen für
  einen ökologischen Qualitätssprung und die Vermeidung von
  Fehlentwicklungen.

- Der Strukturwandel in Wirtschaft und Landwirtschaft und
  die infrastrukturelle Entwicklung sind gleichzeitig Chan-

ce wie Risiko für die Erhaltung, Rückgewinnung und den
Schutz natürlicher Lebensräume und müssen deshalb mit den
Zielen des Naturschutzes in Übereinstimmung gebracht wer-
den.

- Finanzierungsinstrumente

Das Eckwertepapier skizziert auch die Finanzierungsgrund-
sätze und -instrumente für die ökologische Sanierung und
Modernisierung. Danach ist die Erhebung kostendeckender Gebühren und Preise eine Grundvoraussetzung für ökologisch
orientiertes Verhalten der Haushalte und Unternehmen in den
neuen Ländern. Dies ist auch notwendig, um die Errichtung
und den Betrieb der notwendigen Infrastruktur durch Kommunen und Unternehmen bewerkstelligen zu können. Nur durch
kostendeckende Preise und Gebühren wird ein wirtschaftlicher Anreiz geschaffen, mit natürlichen Ressourcen sparsam
umzugehen.

Dies allein reicht jedoch nicht aus. Um die Sanierung in
vertretbarer Zeit leisten zu können, müssen von den im Aufbau befindlichen Verwaltungen in den neuen Ländern organi-
satorisch wie finanztechnisch neue Wege beschritten werden.
Dazu gehört beispielsweise, daß Planung, Koordinierung sowie Durchführung der Maßnahmen zur Sanierung und zum Ausbau
der Infrastruktur auch privatrechtlichen Betreibern und
Entwicklungsgesellschaften übertragen werden.

Für die notwendige Finanzierung von Sofortmaßnahmen zur Abwehr von unmittelbaren Gefahren für die menschliche Gesundheit wird der Bund aus Verantwortung für die Folgen der
Teilung Deutschlands auch zukünftig Mittel zur Verfügung
stellen.

Darüber hinaus sollte der Staat sich auf die Anschubfinanzierung für den ökologischen Strukturwandel in Wirtschaft
und Kommunen konzentrieren. Das bereits zur Verfügung stehende Förderinstrumentarium wird ausführlich dargestellt
(vgl. auch Kap. 4.5).

### 3.2.6 Aktionsprogramm Ökologischer Aufbau in den neuen Bundesländern

Um die gravierenden Umweltbelastungen in den neuen Ländern
durch gemeinsame Anstrengungen des Bundes, der Länder und
der Wirtschaft zu bewältigen, hat sich die Bundesregierung
entschlossen, eine nationale Solidaritätsaktion Ökologischer Aufbau ins Leben zu rufen.[1]

Das Aktionsprogramm, das am 19.2.1991 vorgelegt wurde,
stützt sich im wesentlichen auf die sog. Eckwerte der ökologischen Sanierung und Entwicklung, die zwischenzeitlich
weiter detailliert und konkretisiert wurden.

Die Bestandsaufnahmen haben katastrophale Umweltbelastungen
vor allem im Süden der ehemaligen DDR aufgezeigt. Deshalb
sollen folgende Maßnahmen kurzfristig in Angriff genommen
werden:

- Sofortmaßnahmen für 196 der 12.250 bisher festgestellten
  Altlastflächen,

- Untersuchung der 248.000 ha Verdachtsfläche aus dem mili-
  tärischen Bereich (NVA und sowjetische Truppen),

1) Vgl. Bundesregierung, Aktionsprogramm Ökologischer
Aufbau in den neuen Bundesländern, in: Presse- und Informationsamt der Bundesregierung (Hrsg.), Bulletin Nr.
19 vom 22.2.1991, S. 133 f.

- Elbeinzugsgebiet: Bau bzw. Sanierung von 35 kommunalen und 24 industriellen Kläranlagen,

- Neubau von 6.200 km und Sanierung von 5.000 km Hauptsammler,

- Altanlagensanierung für 278 erfaßte Großfeuerungsanlagen bis 1. Juli 1996 (zehn Braunkohlegroßkraftwerke, 142 Industriekraftwerke, 126 Heizkraftwerke) sowie

- Sanierung von 6.735 luftverunreinigenden Anlagen entsprechend der TA Luft bis 1. Juli 1996.

Darüber hinaus sieht das Aktionsprogramm den Aufbau einer umfassenden Sanierungsinfrastruktur, insbesondere im Altlastenbereich, vor. Mit modernsten Technologien soll den belasteten Regionen eine neue Perspektive gegeben werden, damit sie aus ihrem Negativimage herauskommen.

Hier werden folgende Maßnahmen als dringend angesehen:

- Weltausstellung Sanierungstechnologien im Großraum Halle/ Leipzig, innovative Technologien zu allen Sanierungsbereichen, darunter sechs Bodenbehandlungszentren (Investitionsvolumen je ca. 250 Mill.DM),

- zehn Sonderabfalldeponien (Investitionsvolumen ca. 1,5 Mrd.DM),

- zwei bis drei Untertagedeponien (Investitionsvolumen je ca. 12 bis 18 Mill.DM),

- fünf thermische Anlagen zur Behandlung kontaminierter Böden (Investitionsvolumen je ca. 200 Mill.DM) und

- ein Kampfstoffentsorgungszentrum (Investitionsvolumen ca.
200 Mill.DM).

Zur Finanzierung wird u.a. auf verschiedene Optionen ver-
wiesen (vgl. auch Kap. 4.5):

- verstärkte Nutzung der vorhandenen Förderprogramme,

- qualitative und quantitative Erweiterung von Arbeitsbeschaffungsmaßnahmen (ABM),

- Förderung von Sofortmaßnahmen zur Gefahrenabwehr,

- teilweise Verwendung des Aufkommens aus geplanten Umwelt-
abgaben (Abfall- bzw. $CO_2$- Abgaben) sowie

- Mobilisierung privaten Kapitals.

Um kurzfristig die personellen und fachlichen Probleme in
den neuen Ländern zu lösen, ist eine Qualifizierungsoffensive durch Einsatz von Umweltberatungsteams vorgesehen.

Im Mittelpunkt der Beratungstätigkeit stehen:

- Aufbau von Sanierungsgesellschaften,

- ökologische Sanierung wirtschaftlich überlebensfähiger
Betriebe,

- Initiierung und Vorbereitung des Baus von Kläranlagen
sowie

- Unterstützung der Kommunen im Bereich Stadtplanung, bei
der Ver- und Entsorgung sowie bei der Nutzung von ABM-
Stellen im Umweltschutz.

## 3.3 Anpassungs- und Investitionsbedarf für eine ökologische Sanierung und Modernisierung der ehemaligen DDR

Mit den neuen umweltrechtlichen Rahmenbedingungen und den politischen Eckwerten für die ökologische Sanierung und Entwicklung der neuen Bundesländer sind die materiellen und zeitlichen Vorgaben für Anpassungsmaßnahmen festgelegt worden. Im folgenden soll nunmehr geprüft werden, inwieweit sich zum gegenwärtigen Zeitpunkt daraus ein Mengen- und Preisgerüst zur Abschätzung des voraussichtlichen Investitionsbedarfs ableiten läßt. In diesem Zusammenhang geht es darum, für die einzelnen Aufgabenschwerpunkte

- Luftreinhaltung
- Trinkwasserversorgung
- Abwasserbehandlung
- Abfallbehandlung und
- Altlastensanierung

den Sanierungs- und Neubaubedarf zu konkretisieren, bislang vorliegende Ausgabenschätzungen zu dokumentieren und - soweit möglich - eigene Schätzungen für den umweltschutzbezogenen Investitionsbedarf in den neuen Bundesländern bis zum Jahr 2000 vorzunehmen.

### 3.3.1 Anpassungs- und Investitionsbedarf im Bereich Luftreinhaltung

Mit dem Umweltrahmengesetz und den im Einigungsvertrag festgelegten immissionsschutzrechtlichen Bestimmungen ist neben dem materiellen der zeitliche Rahmen für Luftreinhaltungsmaßnahmen abgesteckt worden.

Danach sind die geltenden bundesdeutschen Vorschriften, wie
das Bundes-Immissionsschutzgesetz mit seinen Verordnungen,
insbesondere die Großfeuerungsanlagenverordnung und die TA
Luft bei der Sanierung von Altanlagen anzuwenden. Die Sanierungsfristen zur Erfüllung dieser Vorschriften sind gegenüber denen in der Bundesrepublik im allgemeinen um 1
Jahr verlängert. Unter bestimmten Voraussetzungen sind auch
sofortige Stillegungen in Erwägung zu ziehen.[1]

### 3.3.1.1 Umsetzung der Verordnung über Großfeuerungsanlagen (GFAVO)

Insgesamt fallen 278 Großfeuerungsanlagen mit einer gesamten Feuerungswärmeleistung von etwa 104 $GW_{th}$ unter den
Geltungsbereich der GFAVO. Davon liegen ca. 66 Anlagen mit
einer gesamten Feuerungswärmeleistung von 80 $GW_{th}$ in der
Leistungsklasse über 300 $MW_{th}$ und sind damit von den
schärfsten Anforderungen der 13. BImSchV betroffen.

Für die Umsetzung der Großfeuerungsanlagen-Verordnung gilt
grundsätzlich:

- Alle erfaßten 278 Großfeuerungsanlagen sind sanierungsbedürftig, wobei ein erheblicher Teil infolge der Alters-
  struktur und der niedrigen Wirkungsgrade stillzulegen
  ist.

- Die in der Vergangenheit erteilten Genehmigungen enthalten in der Regel keine Anforderungen zur Begrenzung von
  $SO_2$ und $NO_x$.

---

1) Vgl. zum Folgenden den UBA-Bericht "Ökologischer Ent-
wicklungs- und Sanierungsplan DDR-Luftreinhaltung bei
stationären Anlagen", Anlagen zum Bericht vom
24.10.1990, Berlin 1990 (unveröffentl. Ms.).

· Bis auf wenige Ausnahmen treten bei den Großfeuerungsanlagen zum Teil extreme Massenkonzentrationen auf:

Die $SO_2$-Konzentrationen bei Kraftwerksfeuerungen mit
ostelbischer Braunkohle liegen um 4 500 mg/m$^3$ und mit
westelbischer Braunkohle um 10 000 mg/m$^3$. (Grenzwert
nach GFAVO: 400 mg/m$^3$ und 95 % Abscheidegrad).

Die $NO_x$-Konzentrationen dagegen liegen zwischen 300 und
600 mg/m$^3$, im Mittel bei 400 mg/m; das bedeutet, daß
die Einhaltung der Emissionsgrenzwerte des UMK-Be-
schlusses vom 5.4.1984 durch feuerungstechnische Maßnahmen auch ohne Nachrüstung von DENOX-Anlagen möglich
erscheint. (Grenzwert GFAVO: 200 mg/m$^3$).

Die Staubkonzentrationen bei Kraftwerksfeuerungen über-
schreiten den Grenzwert der GFAVO um das bis zu 100-
fache; Spitzenwerte liegen bei 10.000 mg Staub/m$^3$.
(Grenzwert nach GFAVO: 50 mg/m$^3$).

Für den Weiterbetrieb der 278 Großfeuerungsanlagen beginnt
die Restnutzung am 1. Juli 1992. Gibt der Betreiber bis zu
diesem Zeitpunkt keine entsprechende Erklärung ab, so gelten die Anforderungen für $SO_2$ und $NO_x$ ab 1. Juli 1996 wie
bei unbegrenzter Restnutzung.

Für die Umsetzung der GFAVO wird auf der Grundlage der Be-
treibererklärung der Erlaß von nachträglichen Anordnungen
nach §17 BImSchG durch die zuständigen Vollzugsbehörden für
alle Großfeuerungsanlagen, die länger als 10.000 bis 30.000
Stunden weiter betrieben werden, vorgeschlagen:

· Entstaubungsprogramm durch Ertüchtigung, Erweiterung bzw. Neubau von Elektrofiltern bis 30.6.1993.

· Brennstoffumstellung auf schwefelarme Brennstoffe bei bisheriger Verwendung westelbischer Braunkohlen bis 30.6.1993 oder Nachrüstung von Abgasentschwefelungsanlagen bis 30.6.1996.

· Ausschöpfung der bekannten feuerungstechnischen Maßnahmen zur $NO_x$-Emissionsminderung bis 30.6.1996.

Alternativ sind verbindliche Emissionsminderungspläne der Betreiber vorzulegen, entsprechend dem verbindlichen früheren Vorgehen bei der Umsetzung der Großfeuerungsanlagenverordnung.

### 3.3.1.2 Umsetzung der TA Luft

Der sanierungsbedürftige Altanlagenbestand in der ehemaligen DDR, gemessen an den genehmigungsbedüftigen Anlagen der 4. BImSchV, und der Umfang des Handlungsbedarfs zur Gefahrenabwehr ist noch nicht ausreichend bekannt.

Die Anzahl der von den zuständigen Behörden (Staatliche Umweltinspektionen der Bezirke - StUI) vor dem 1. Juli 1990 erfaßten kontrollpflichtigen Anlagen beträgt 5.518, davon 3.875 mit erteilten Emissionsgrenzwertbescheiden nach der 5. DVO zum Landeskulturgesetz.

Unter Zugrundelegung der 4. BImSchV wird der Bestand der genehmigungsbedüftigen Altanlagen auf 25.500 geschätzt.

Von ca. 5.500 erfaßten und ca. 20.000 noch zu erfassenden Altanlagen sind nach Schätzungen der staatlichen Umweltin-

spektion fast alle sanierungsbedüftig, darunter etwa 5.000,
bei denen unverzüglich Anordnungen zur Gefahrenabwehr zu
treffen sind.

Die Zuordnung der Sanierungsfristen in dem Bereich der Vor-
sorge gegen schädliche Umwelteinwirkungen kann erst nach
Abschluß des vorgesehenen Anzeigeverfahrens erfolgen. Die
Betreiber sind - nach Vorgaben der zuständigen Behörden -
verpflichet, bis Ende 1990 Angaben zu den von ihnen betriebenen Anlagen zu machen.

Altanlagen, sofern sie nicht stillgelegt werden, sind entsprechend den in der TA Luft genannten Sanierungsfristen
(3,5 oder 8 Jahre) nachzurüsten, wobei in den neuen Bundesländern die Fristen um jeweils ein Jahr verlängert werden,
so daß spätestens bis zum Jahr 2000 das Sanierungsprogramm
der TA Luft in den neuen Bundesländern umgesetzt werden
soll.

### 3.3.1.3 Voraussichtlicher Investitionsbedarf im Bereich Luftreinhaltung

Nur schwer abzuschätzen ist im Augenblick der Investitionsbedarf zur Sanierung der stationären Anlagen in der ehemaligen DDR. Selbst im relativ übersichtlichen (weil stati-
stisch gut erfaßten) Bereich der Großfeuerungsanlagen ist
bis heute noch nicht entschieden, welche Anlagen nachgerüs-
tet und welche durch Neuanlagen ersetzt werden. Allein diese Alternative bedeutet einen Unterschied im Investitionsaufwand von ungefähr 1:4. Dabei ist allerdings zu berücksichtigen, daß Neuinvestitionen nicht allein dem Umweltschutz zugerechnet werden dürfen, weil sie ingesamt betriebswirtschaftliche Vorteile mit sich bringen. Bezüglich
der Sanierung des Kraftwerkparks der ehemaligen DDR wurden

wegen der verschiedenen Interessenlagen sehr unterschiedliche Investitionssummen genannt (vgl. Tab. 3.4). Die Schätzungen reichen von 3 bis 220 Mrd.DM an Investitionsbedarf
im Bereich Luftreinhaltung. Im folgenden soll die u.E. am
besten fundierte Schätzung des erwähnten UBA-Arbeitskreises
diskutiert werden.

Erfahrungen bei der Altanlagensanierung in der Bundesrepublik Deutschland haben gezeigt, daß für eine Rauchgasent-
schwefelungsanlage mit spezifischen Investitionen von ca.
300 DM/kW zu rechnen ist. Für einen Elektrofilter (4-feld-
rig) liegt der Betrag bei nachträglichem Einbau bei ca.
80 DM/kW (inkl. 50 % Altanlagenaufschlag). Berücksichtigt
man darüber hinaus die besondere Situation der Braunkohle-
kraftwerke in der ehemaligen DDR (niedriger Wirkungsgrad,
hohe Luftüberschußzahlen), so dürfte mit 500 DM/kW die obere Grenze der spezifischen Investition zur Nachrüstung eines Kraftwerkblocks mit REA und E-Filter genannt sein.
Bezogen auf einen Altanlagensanierungsbestand von 6.000 bis
11.000 MW bedeutet dies einen Investitionsaufwand von 3 bis
5,5 Mrd.DM. Darin sind Rekonstruktionsmaßnahmen zur allgemeinen technischen Ertüchtigung der gesamten Kraftwerksanlagen nicht enthalten.

Für die nicht sanierungswürdigen Kraftwerksanlagen (die
Differenz zu 17.000 MW installierter Leistung) müssen Neuanlagen gebaut werden. Bei spez. Investitionen von ca.
2.000 DM/kW belaufen sich diese Neuinvestitionen auf 12 bis
22 Mrd.DM. Zusammengenommen ergibt dies eine Schätzsumme
zur Sanierung des gesamten Kraftwerkparks der ehemaligen
DDR (Großkraftwerke, Industriekraftwerke, Kleinkraftwerke)
von 18 bis 25 Mrd.DM.

Tabelle: 3.4    Erwartete Investitionen für Luftreinhaltung in der ehemaligen DDR

| Aufgabenbereich | Geschätzter Investitionsbedarf Mrd. DM | Zeitraum | Quelle | Anmerkungen |
|---|---|---|---|---|
| Luftreinhaltung | 8<br>13 | bis 2000 | G. Voss/IW | Anpassung an Pro-Kopf-Versorgungsstandard bzw. an Infrastrukturausstattung bezogen auf BSP in den alten Bundesländern |
| Entschwefelung | 35 | | BDI | Investitionsbedarf |
| Entschwefelung der Braunkohlenkraftwerke | bis zu 30 | bis 1996 | K.H. Steinberg/DDR-Umweltministerium | |
| Braunkohlenkraftwerke<br>- Entschwefelung<br>- Entstickung<br>Energetische Rationalisierung | 6<br>3<br>ca. 18 | | H.-J. Hermann | u. a. Modernisierung der Braunkohlen-Kraftwerke, Wärme-Kraft-Koppelung, Nutzung erneuerbarer Energien |
| - Sanierung von 278 Großfeuerungsanlagen/gem. GFAVO<br>- Sanierung von Altanlagen/gem. TA Luft ca. 5 500 bereits erfaßt ca. 20 000 noch zu erfassen<br>- Sanierung von Kleinfeuerungsanlagen | 3 – 5,5<br>.<br>. | bis 30.6.96<br>bis 2000<br>bis 1995 | UBA | Nachrüstung von 6 000–11 000 MW mit REA und Elektrofiltern |
| Pkw-Abgasreduzierung | . | bis 2000 | Deutsche Shell | Zunahme des Pkw-Bestandes von 3,8 Mill. auf 6,8–7,0 Mill. |
| Sanierungsmaßnahmen bei der Luftreinhaltung | 220 | | H. Weinzierl/BUND | Insbesondere Umbau der Energiewirtschaft |
| Luftreinhaltung | 35 | | C. Schwartau/DIW | Reduzierung der Luftschadstoffe »auf ein erträgliches Maß« |
| Sanierung der Braunkohlen-Großkraftwerke | 5 | | DDR-Umweltministerium | Nachrüstung von 10 Blöcken à 500 MW mit Anlagen zur Entschwefelung, Entstickung und Entstaubung |

*Quellen:* Zusammenstellung des Ifo-Instituts; C. Schwartau, Umweltbelastung durch Industrie und Kraftwerke in der DDR unter besonderer Berücksichtigung der Luftverunreinigung, in: K.H. Hübler (Hrsg.): Umweltschutz in beiden Teilen Deutschlands, Berlin 1986; G. Voss, DDR: Energieversorgung und Umweltschutz, in: IW-trends, 7. Jg. (1990), Heft 2, S. IV-15 ff.; H.J. Hermann, Umweltsanierung auf dem Gebiet der DDR, in: Bundesbaublatt, Heft 3/1990, S. 149; Ministerium für Umwelt, Naturschutz, Energie und Reaktorsicherheit, Bilanz tätiger Umweltpolitik der de-Maiziére-Regierung, Berlin 28. 9. 1990; Umweltbundesamt, Ökologischer Entwicklungs- und Sanierungsplan DDR-Luftreinhaltung bei stationären Anlagen (unveröffentlichtes Manuskript vom Oktober 1990); H. Weinzierl, Was kostet die Umweltunion?, in: Grünstift 4/90, S. 22 f.; o. V., Deutsche Umweltunion kostet eine halbe Billion DM, in: Süddeutsche Zeitung, Nr. 119 vom 25.5.1990; Deutsche Shell AG, Szenarien für Deutschland, Hamburg 1990.

Die bisherigen Betreiber der Großfeuerungsanlagen haben unter Berücksichtigung der vorläufigen Stillegungs- und Sanierungskonzepte finanzielle Aufwendungen von insgesamt etwa 45 bis 50 Mrd.DM ermittelt. Diese Investitionssumme beinhaltet eine weitgehende Runderneuerung des Großfeuerungsanlagenbereichs. Es ist dabei anzunehmen, daß dabei auch neue Feuerungstechnologien (Wirbelschichtfeuerung, GuD-Technik) zum Zuge kommen.

Zum voraussichtlichen Investitionsaufwand für stationäre Anlagen im Geltungsbereich der TA Luft können vor Abschluß des Anzeigenverfahrens keine Abschätzungen vorgenommen werden, da gegenwärtig keine ausreichende Kenntnis über den Zustand der etwa 25.000 genehmigungsbedürftigen Anlagen vorhanden ist.

### 3.3.2 Anpassungs- und Investitionsbedarf im Bereich Trinkwasserversorgung

### 3.3.2.1 Erweiterung und Sanierung des Leitungsnetzes

Die Trinkwasserversorgung in den neuen Bundesländern steht vor folgenden Problemen, nämlich

(1) dem verschwenderischen Umgang mit Wasser, und zwar in der Verteilung (20 % der Wasserleitungsrohre sind schadhaft, 30 % des geförderten Wassers versickern) sowie in der Verwendung von Wasser (die Produktionsverfahren sind bisher auf die Mehrfachnutzung von Wasser nicht voll ausgerichtet);

(2) dem niedrigen Wasserdargebot, so daß Schadstoffemissionen sich verstärkt auswirken;

(3) den hohen <u>Verunreinigungen</u>, so daß sowohl Grund- als
auch Oberflächenwasser nur schwer aufbereitet werden
können.

45 % bis 90 % des Wasserdargebotes werden gebraucht. Aber
nur 40 % des Wassers haben überhaupt die Wasserqualität,
die einer Wasseraufbereitung zugeführt werden kann. "Gewäs-
serverunreinigungen (Kontamination, Eutrophierung, Infekti-
on) verursachen Einschränkungen der Trinkwasserversorgung
sowie Produktionsstörungen in Industrie, Landwirtschaft und
Fischerei. Die Belastungen der Gewässer führen zu Beein-
trächtigungen des Selbstreinigungsvermögens, zu Vergif-
tungs- und Seuchengefahr..."[1]. Das Trinkwasserproblem
wird also nur durch eine Senkung des Verbrauchs bzw. durch
Mehrfachnutzung in der Industrie und eine Verminderung der
Schadstoffeinleitung zu bewältigen sein. Aus der Sicht des
Umweltschutzes wird deshalb die Frage nach der Verstärkung
der Wasserförderung und Verbesserung der Wasseraufbereitung
nicht gestellt.

Das Trinkwassernetz erreicht derzeit 93,3 % der Bevölkerung
und hat eine Länge von 97.000 km. 50 % des Trinkwassernetzes sind veraltet und müßten erneuert werden. Im Vordergrund steht daher die Erweiterung und Sanierung des Trink-
wasserleitungsnetzes. Der Investitionsbedarf hierfür wurde
bereits vereinzelt geschätzt (vgl. Tab. 3.5).

### 3.3.2.2 Voraussichtlicher Investitionsbedarf im Bereich Trinkwasserversorgung

Höchste Priorität ist dem vollständigen Anschluß der Bevölkerung zuzumessen. Derzeit trinken 6,7 % der Einwohner der

---

1) G. Winkler, Sozialreport 90, Berlin 1990, S. 181.

Tabelle: 3.5

**Erwartete Investitionen für die Trinkwasserversorgung in der ehemaligen DDR**

| Aufgabenbereiche | Geschätzter Investitionsbedarf | Zeitraum | Quelle | Anmerkungen |
|---|---|---|---|---|
| Trinkwasserversorgung | 17 - 28 Mrd.DM | - 2000 | G.Voss/ IW | Anpassung an Pro-Kopf-Versorgungsstandard bzw. Anpassung an Infrastrukturausstattung bezogen auf BSP in den alten Bundesländern |
| Trinkwasserversorgung dav.: - Sanierung | 28,7/25,5 Mrd.DM | | U. Adler/ Ifo-Institut | Bedarf: Sanierung von ca. 51.000 km schadhafter Rohrleitungen Erhöhung des Anschlußgrades von 93% auf 100% (= 10 526 km Neuleitungen) |
| - Erweiterung | 3,2 | | | |
| Wiederherstellung unbelasteten Trinkwassers | 30 Mrd.DM | | H. Weinzierl/ BUND | |
| Trinkwasserversorgung dav.: - Sanierung | 16,8/13,3 Mrd.DM | | Ifo-Institut | Sanierung von 19.400 km schadhaften und Ersatz von 30 % überalteter Rohrleitungen Erweiterung des Leitungsnetzes um 7.000 km |
| - Erweiterung | 3,5 Mrd.DM | | | |

Quellen: Zusammenstellung des Ifo-Instituts; G. Voss, DDR-Energieversorgung und Umweltschutz, in: IW-trends, 17. Jg. (1990), Heft 2, IV-15 ff.; U. Adler, Umweltschutz in der DDR: Ökologische Modernisierung und Entsorgung unerläßlich, in: Ifo-Schnelldienst, Nr. 16/17/1990, S. 48 f.; H. Weinzierl, Was kostet die Umweltunion?, in: Grünstift 4/90, S. 22 f.

fünf neuen Bundesländer noch aus einem eigenen Brunnen.
Angesichts der Kontamination des Grundwassers ist hier
schnellstens Abhilfe zu schaffen. Für die Erweiterung des
Leitungsnetzes um ca. 7.000 km ist ein Bedarf von 3,5
Mrd.DM anzusetzen.

Nach dem derzeitigen Kenntnisstand müßten außerdem 50 % des
Trinkwassernetzes Zug um Zug erneuert werden. 20 % der
Trinkwasserrohre sind schadhaft. Mit dem Nebenziel, die
Wasserverluste zu vermindern, müssen diese schadhaften
19.400 km Trinkwasserrohre mit höchster Priorität saniert
werden. Der entsprechende Sanierungsbedarf liegt bei schätzungsweise 5,8 Mrd.DM. Darüber hinaus müßten 30 % überal-
terte, technisch aber noch funktionsfähige Rohre ersetzt
werden. Langfristig ist dafür ein Bedarf von 8,7 Mrd.DM
anzusetzen, der jedoch im Vergleich zu der Sanierung und
Erweiterung eine geringere Priorität hat.

### 3.3.3 Anpassungs- und Investitionsbedarf im Bereich Ab- wassserbeseitigung

Der Gewässerschutz befindet sich in den neuen Bundesländern
heute etwa auf dem Stand der sechziger Jahre in der alten
Bundesrepublik. Die Probleme in der ehemaligen DDR sind
jedoch grundsätzlich anders gelagert als im westlichen Teil
der Bundesrepublik. Aufgrund der topographischen Situation
ist das Wasserdargebot, also das Wasser, das in Flüssen,
Seen, Bächen zur Verfügung steht (18 Mrd.m$^3$/a) weitaus
niedriger als in den alten Bundesländern (160 Mrd.m$^3$/a).
Insofern sind die Gewässer von ihrer Reinigungsleistung her
als "Vorfluter" viel weniger nutzbar als die ebenfalls
deutlich belasteten Gewässer in Westdeutschland. Deshalb
reichen bereits weitaus geringere Verschmutzungen, um die
Wasserqualität zu beeinträchtigen.

Von den Fließgewässern sind nur 43 % als Trinkwasser oder
Betriebswasser geeignet. Nur 1 % der stehenden Gewässer hat
Trinkwasserqualität. Dieser schlechte Gewässerzustand hängt
damit zusammen, daß die Abwasserlast sehr hoch ist und die
Infrastruktur zur Abwasserbeseitigung und Abwasserbehandlung rückständig ist. Allein die organische Abwasserlast
der Industrie und der Haushalte beträgt 67 Mill.EW/EGW. Da-
zuzurechnen ist die Abwasserbelastung der Landwirtschaft,
die mit 50 bis 66 Mill.EGW angegeben wird. Diese Abwässer
fließen zu 47 % unbehandelt in die Vorfluter.

Die Ausgangssituation in bezug auf Anschlußgrade an die
Kanalisation und die Abwasserbehandlung sowie die Ausrü-
stung der Abwasserbehandlungsanlagen zur Bewältigung dieser
Belastung gibt die Tabelle 3.6 wider. Im folgenden sollen
die einzelnen Bedarfsfelder näher diskutiert werden.

### 3.3.3.1 Sanierung und Erweiterung der Kanalisation

Eine Beurteilung des Anpassungsbedarfs im Bereich der Abwasserkanalisation muß mangels ausreichender Informationen
über die Verhältnisse in den neuen Bundesländern weitgehend
auf entsprechende Erfahrungen in den alten Bundesländern
und Analogieschlüsse zurückgreifen. Wichtigste Faktoren für
eine derartige Bedarfsanalyse sind

- die Struktur des Kanalisationsnetzes
- der bauliche Zustand der Kanalisation
- und der gegenwärtige bzw. angestrebte Anschlußgrad der
  Bevölkerung.

Tabelle: 3.6

## Kennzahlen der Abwasserbeseitigung
## in den fünf neuen Bundesländern
### (Stand 1988)

| | Anschlußgrad an die Kanalisation | Anschlußgrad an die Abwasser-behandlung | Ausrüstung der Abwasser-behandlung | | |
|---|---|---|---|---|---|
| | | | mecha-nisch | biolo-gisch | weiter-gehend |
| | in % | | | | |
| öffentlich | 73,2 | 58,2 | 41 | 43 | 16 |
| industriell | – | 67,0 | 13 | 87 | – |
| landwirt-schaftlich | – | 47,0 | – | – | – |

| K a n a l n e t z | | |
|---|---|---|
| | Länge | Zustand |
| öffentlich | 36 000 km | 60 bis 70 % baulich schadhaft |
| industriell | 20 000 km[a] | |
| Haushalts-anschlüsse | 36 000 km[a] | 20 bis 30 %[a] sanierungsbedürftig |

Legende: – Zahlen in der Literatur nicht zu finden. – [a] Geschätzte Werte auf der Basis der Erfahrung in den alten Bundesländern.

*Quelle:* Schätzungen des Ifo-Instituts sowie: P., Diederich, Minister für Naturschutz, Umweltschutz und Wasserwirtschaft, Berlin 1990; G. Winkler, Sozialreport '90, Berlin 1990, Statistisches Bundesamt, DDR Zahlen und Fakten, Stuttgart 1990; H. Maier, C. Czogalla, Umweltsituation und umweltpolitische Entwicklung in der DDR, München 1989.

- Struktur des Kanalsystems

Über das öffentliche Kanalsystem in der ehemaligen DDR ist
bekannt, daß 73,2 % der Bevölkerung mit 36.000 km an die
öffentliche Abwasserbeseitigung angeschlossen sind. Dagegen
liegen Informationen zu der Länge des Kanalsystems der Industrie und der Länge der Hausanschlüsse nicht vor. Mit dem
Ziel, den Bedarf möglichst umfassend zu bestimmen, und in
dem Bewußtsein, daß hier eine gewisse Beliebigkeit herein-
spielt, wurde hier von folgenden Überlegungen ausgegangen:

- Unter der Annahme, daß die Hausanschlüsse entsprechend
  den Schätzungen für die Bundesrepublik etwa ebenso lang
  wie das öffentliche Kanalnetz sind, müssen weitere
  36.000 km berücksichtigt werden.

- Für die Kanalleitungen der Industrie wird im Gegensatz zu
  den Gegebenheiten in der Bundesrepublik von einer geringeren Länge ausgegangen. Deshalb wurde eine Länge der Industriekanalisation von 20.000 km angesetzt. Faßt man die
  einzelnen Schätzungen zusammen, so ergibt sich insgesamt
  für das Kanalnetz eine Länge von 92.000 km.

- Sanierung des Kanalnetzes

Bestandsaufnahmen zum Zustand der Kanalnetze liegen noch
nicht vor. Überaltet und baulich schadhaft sind vermutlich
60 bis 70 % der Kanalisation. Diese Strecke kann schwerlich
bis zum Jahr 2000 ersetzt werden. Als erste Näherung wird
folgender Ansatz gewählt:

Untersuchungen über den Zustand der Kanalnetze in der
Bundesrepublik sprechen von 16 bis 20 % schadhafter

Rohre.[1) ] Da die öffentliche Infrastruktur der fünf neuen
Bundesländer eher schlechter ist, wird angenommen, daß 30 %
der Gesamtrohrlänge sanierungsbedürftig sind. Mit einem
Durchschnittswert von 1.000 DM/m Sanierungsaufwand erhält
man bei 27.600 km Sanierungslänge einen Gesamtbedarf von
27,6 Mrd.DM. Davon entfallen ca. 11 Mrd.DM auf die öffentliche Hand.

- Erweiterung des Kanalnetzes

Neben der Sanierung steht die Erweiterung des Kanalnetzes
zur Diskussion. Bisher sind 73,2 % der Einwohner der neuen
Bundesländer an die Kanalisation angeschlossen. Als Zielan-
schlußgrad wid bis 2000 92,5 % angestrebt (in den alten
Bundesländern liegt der Anschlußgrad derzeit bei 97 %);
d.h. bis in das Jahr 2000 müssen im öffentlichen Bereich
ca. 9.500 km neue Kanalrohre verlegt werden. Dies entspricht einem Bedarf von 9,5 Mrd.DM bei einem spezifischen
Preis von 1.000 DM/m.

Analog zur Erweiterung des öffentlichen Kanalnetzes ist
auch die Länge der Hausanschlüsse (9.500 km) und der Indu-
striekanäle (5.300 km) zu erweitern. Obwohl zu erwarten
ist, daß die fünf neuen Bundesländer als Industriestandort
bis 2000 einen Boom erfahren werden, wurde angenommen, daß
die Industriekanalisation nur in dem Maß wächst, wie das
öffentliche Abwasserkanalnetz ausgeweitet wird. Insgesamt
errechnet sich somit eine Erweiterung um 21 % bzw. etwa
24.000 km des gesamten Abwasserbeseitigungsnetzes. Dies
entspricht einem Gesamtbedarf für die Kanalerweiterung von
19,5 Mrd.DM.

---

1) Vgl. M. Keding u.a., Ergebnisse einer Umfrage zur Erfassung des Ist-Zustandes der Kanalisation in der Bundesrepublik Deutschland, in: Korrespondenz Abwasser
2/87.

### 3.3.3.2 Sanierung und Verbesserung der Abwasserbehandlung

Die Abwasserbehandlung durch Klärwerke ist in den fünf neuen Bundesländern zu verbessern. Im öffentlichen Bereich ist der Anschlußgrad der Bevölkerung zu erhöhen. Die Reinigungsleistung der Abwasserbehandlungsanlagen ist in der Industrie und im öffentlichen Bereich gleichermaßen anzuheben. In der Schätzung bis zum Jahr 2000 wird unterstellt, daß neben der biologischen Reinigungsstufe die 3. Reinigungsstufe (Beseitigung von Phosphaten und Nitraten) eingeführt wird. Weiterhin werden folgende Investitionswerte angenommen:

- für den Neubau einer Kläranlage mit 3. Reinigungsstufe: 1.500 DM/EW bzw. EGW
- für die Ergänzung einer mechanischen Kläranlage um die biologische und die 3. Reinigungsstufe: 1.000 DM/EW bzw. EGW
- für die Ergänzung einer biologischen Kläranlage um die 3. Reinigungsstufe: 500 DM/EW bzw. EGW.

In diesen Schätzwerten ist der Aufwand für die Instandsetzung der Basiseinheit enthalten.

- <u>Öffentliche Abwasserbehandlung</u>

In den neuen Bundesländern sind derzeit 58,2 % der Einwohner an Kläranlagen angeschlossen. Nach den Informationen des Bundesministers für Umwelt, Naturschutz und Reaktorsicherheit weisen die Abwasserbehandlungsanlagen in den neuen Bundesländern folgenden technischen Stand auf:

Mechanische Reinigung:    41 % = 3,9 Mill.EW
Biologische Reinigung:    43 % = 4,1 Mill.EW
Weitergehende Reinigung:  16 % = 1,5 Mill.EW.

Die Abwasserbehandlungsanlagen entsprechen nur bedingt den allgemein anerkannten Regeln der Technik bzw. dem Stand der Technik, so daß die bestehenden Anlagen erst modernisiert werden müssen.

- Sanierung und Verbesserung der öffentlichen Kläranlagen-
  kapazität

Die bestehenden Anlagen müssen entsprechend saniert und in der Reinigungsleistung an die 3. Reinigungsstufe angepaßt werden. Hierfür errechnet sich ein Bedarf von insgesamt 6,7 Mrd.DM.

- Sanierung und Verbesserung der industriellen Kläranlagen-
  kapazität

Der Bedarf zur Sanierung und Verbesserung der bestehenden Abwasserbehandlungskapazität der Industrie wurde mit Hilfe der Planzahlen der DDR ermittelt.[1] Nach diesen Planzahlen beläuft sich die organische Abwasserlast der DDR auf insgesamt 66,5 Mill.EGW. Abzüglich der Abwasserlast der Haushalte (16,4 Mill.EW) bleibt eine organische Abwasserlast von 50,1 Mill.EGW für die Industrie und Teile der Landwirtschaft, soweit die Tierhaltung nicht betroffen ist.

---

1) P. Diederich, Umweltbericht der DDR a.a.O., S. 36/37.
   Es gibt derzeit keine öffentliche Statistik über die
   Klärkapazitäten in den neuen Bundesländern. Die folgende
   Bestimmung dieser Zahlen auf der Basis des Umweltberich-
   tes der DDR ist ein Hilfsmittel zur Schätzung der Investitionsbedarfe im Abwasserbehandlungssektor und ersetzt
   die öffentliche Statistik nicht.

Für die öffentliche organische Reinigungsleistung errechnen sich 5,6 Mill.EW (vgl. öffentliche Abwasserbehandlung). In Kenntnis der insgesamt installierten Abwasserbehandlungska- pazität von 35 Mill.EGW ergibt sich somit ein Wert von 29,4 Mill.EGW für die in der Industrie installierte Kapazität zur Beseitigung organischer Abwasserlasten. Berücksichtigt man gleichzeitig, daß 67 % der Abwässer der Industrie be- handelt werden, errechnet sich eine mechanische Reinigungs- kapazität in der Industrie von 4,2 Mill.EGW.

Diese Rechnung ist freilich eine Behelfslösung, um das Problem industrieller Abwässer in den Griff zu bekommen. Auch wenn oft behauptet wird, daß man die Reinigungsanfor- derungen in der Industrie nicht beschreiben kann, ohne die einzelnen Fertigungsverfahren zu kennen, soll in erster Näherung gelten, daß auch hier die 3. Reinigungsstufe Ziel ist. Wir schränken diese Aussage insoweit ein, als die Modernisierung der Produktion in Zukunft zwar die spezifi- schen Verschmutzungen senken wird, jedoch die Produktivität steigt, so daß die Gewässerbelastung insgesamt gleich blei- ben wird. Der im folgenden ausgewiesene Bedarf ist so zu interpretieren, daß aus der heutigen Sicht nicht zu klären ist, ob er in der Abwasserbehandlung oder bei Präventions- maßnahmen in der Produktion entsteht. Dies hängt von dem Modernisierungsfortschritt in den neuen Bundesländern ab.

Mit diesen Ansätzen geht es um die Sanierung und die Ver- besserung der Reinigungsleistung von 29,4 Mill.EGW (biolo- gisch) und 4,2 Mill.EGW (mechanisch), was einem Bedarf von 18,9 Mrd.DM entspricht.

## - Erweiterung der öffentlichen Kläranlagenkapazität

Nach dem Stand von 1988 sind 58,2 % der Bevölkerung an
Kläranlagen angeschlossen. Bis 2000 soll dieser Wert auf
den Stand der alten Bundesländer von 1990 (89,6 %) angeho-
ben werden. Um dieses Ziel zu erreichen, müssen im öffentlichen Bereich Kapazitäten in Höhe von 5,2 Mill.EW errichtet werden (biologische Reinigung mit 3. Stufe). Dies entspricht einem Bedarf von 7,7 Mrd.DM.

## - Erweiterung der industriellen Kläranlagenkapazität

In der Industrie müssen, wenn die organische Abwasserlast
bis zum Jahr 2000 gleich bleibt, Klärkapazitäten von 16,5
Mill.EGW bzw. Produktionsverfahren zur Verminderung dieser
Last neu errichtet werden. Das entspricht einem Investitionsbedarf von 24,8 Mrd.DM.

Diese Werte sind Anhaltspunkte über die Investitionsbedarfe
auf der Basis heutiger Kenntnisse. In welchem Bereich die
erforderlichen Kapazitäten errichtet werden - etwa bei industriellen Direkteinleitern, Indirekteinleitern, öffentlichen oder verbandlichen Kläranlagen - ist davon unberührt.

### 3.3.3.3 Entsorgung der Landwirtschaft

Die Landwirtschaft der fünf neuen Bundesländer ist sehr intensiv. Nach Auskunft von Experten liegt die Abwasserlast
allein im Bereich der organischen Substanzen bei 50 bis 66
Mill.EGW/a. Davon werden 47 % behandelt. Insofern müßten -
nach heutigem Stand - 27 bis 35 Mill.EGW noch behandelt
werden. Sollte also der Viehbestand in den neuen Bundesländern so hoch bleiben wie gegenwärtig, müssen Behandlungskapazitäten mit einem Investitionsvolumen in Höhe von 13 bis

17,5 Mrd.DM errichtet werden, wenn man für die Gülleentsor-
gung einen spezifischen Wert von 500 DM/EGW ansetzt.

### 3.3.3.4 Regenwasserbehandlung

Ein wichtiges, aber nicht mit so hoher Priorität versehenes
Problem ist die sog. Regenwasserbehandlung.[1] Neben der
Funktion der Pufferung von Überlaufereignissen und der
Klärung des Regenwassers werden sich die neuen Bundesländer
diesem Thema vor allem wegen der Steuerung des niedrigen
Wasserdargebotes mit viel höherem Engagement zuwenden müs-
sen, als dies anderswo geschieht. Hier besteht ein Investi-
tionsbedarf, der vorsichtig mit 2,5 Mrd.DM anzusetzen ist.

### 3.3.3.5 Gesamtinvestitionsbedarf im Bereich Abwassersamm-
lung und -behandlung

Für den Investitionsbedarf im Bereich der Abwassersammlung
und -behandlung liegen inzwischen zahlreiche Schätzungen
vor (vgl. Tab. 3.7). Legt man die hier erarbeiteten Eckwerte, Annahmen und Schätzungen zugrunde, so ergibt sich insgesamt ein Investitionsbedarf von rd. 125 Mrd.DM (vgl.
Tab. 3.8).

### 3.3.4 Anpassungs- und Investitionsbedarf im Bereich Ab-
fallbeseitigung

Die Abfallsituation der fünf neuen Bundeländer unterschied
sich ehemals deutlich von der der Bundesrepublik. Das Aufkommen im Bereich der kommunalen Abfälle war bezogen auf

---

1) Zu diesem Thema vgl.: R. Pecher, Probleme und Tendenzen bei der Abwasserableitung in der Bundesrepublik
   Deutschland, in: Documentation I, Internationaler Kongreß Leitungen, St. Augustin 1987.

**Tabelle: 3.7  Erwartete Investitionen für Abwasserbeseitigung in der ehemaligen DDR**

| Aufgabenbereich | Geschätzter Investitionsbedarf in Mrd. DM | Zeitraum | Quelle | Anmerkungen |
|---|---|---|---|---|
| Gewässerschutz insgesamt | 53 – 92 | bis 2000 | G. Voss/IW | Anpassung an Pro-Kopf-Versorgungsstandard bzw. an Infrastrukturausstattung bezogen auf BSP in den alten Bundesländern |
| Kanalisation Kläranlagen | 50 / 30 | | BDI | Investitionsbedarf |
| Kläranlagen | 30 | | UBA | Bau bzw. Sanierung von 180 Kläranlagen |
| Kläranlagen Sanierung von Elbe und Werra Sofortprogramm | 30 / 6 – 7 / 15 | | H.J. Hermann | Bau und Sanierung der notwendigsten 180 Kläranlagen |
| Kanalisation | 70 | bis 2000 | IÖW | Erweiterung des Kanalnetzes auf einen Anschlußgrad von 90 % (+ 20%) |
| Kläranlagen – Sanierung und Erweiterung – Neubau | 30 / 50 | | | Betrieb bestehender Kläranlagen Neubau von 180 dringend erforderlichen Kläranlagen |
| – Sanierung – Verbesserung der Abwasserreinigung | 120 / 30 | | H. Weinzierl/ BUND | |
| – kommunale Kläranlagen – industrielle Abwasserbehandlung | 4,9 / 12 | | C. Schwartau/ DIW | Verbesserung der Reinigung (3. Reinigungsstufe) Behandlung von 32 Mio. EGW |
| Kanalisation – Sanierung – Erweiterung | 61,8 / 28,8 / 33,0 | bis 2000 | U. Adler/ Ifo-Institut | – Sanierung von 28 800 km – Erweiterung des Kanalnetzes (öffentlich und privat) auf einen Anschlußgrad von 97 % (54 000km) |
| Abwasserbehandlung – Verbesserung der Reinigungsleistung | 57,4 / 9,3 | | | – Aufrüstung der kommunalen Kläranlagen (9 Mill. EW) auf biologische Abwasserreinigung und die 3. Reinigungsstufe (Beseitigung von Phosphaten und Nitraten). |
| – Erweiterung der Klärwerke | 32,6 | | | – Bau neuer kommunaler Klärwerke bis zu einer Kapazität von 22 Mill. EW + EGW |
| – Entsorgung der Landwirtschaft | 15,5 | | | – Abwasserbehandlung in der industriellen Landwirtschaft von zusätzlich 31 Mill. EGW |
| Regenwasserbehandlung | 2,4 | | | – Regenwasserbehandlungsanlagen für Groß-, Bezirks- und Kreisstädte (8 Mill. EW) |

*Quellen:* Zusammenstellung des Ifo-Instituts; C. Schwartau, Bestandsaufnahme industrieller Abwasserentsorgung in der DDR, Berlin–Frankfurt/M. 1990 (unveröffentlichtes Manuskript), S. 8; o. V., BDI: Der öffentliche Investitionsbedarf in der DDR beläuft sich auf über 600 Mrd. DM, in: Handelsblatt vom 30.3.1990; G. Voss, DDR: Energieversorgung und Umweltschutz, in: IW-trends, 17. Jg. (1990), Heft 2, S. IV–15 ff; H.J. Hermann, Umweltsanierung auf dem Gebiet der DDR, in: Bundesbaublatt, Heft 3/1990, S. 143; H. Weinzierl, Was kostet die Umweltunion?, in: Grünheft, Heft 4/1990, S. 22 f.; U. Adler, Umweltschutz in der DDR: Ökologische Modernisierung und Entsorgung unerläßlich, in: Ifo-Schnelldienst 16–17/1990, S. 48 f.

Tabelle: 3.8

Investitionsbedarf für Abwasserbeseitigung in der ehemaligen DDR bis 2000

| Aufgabenbereiche | Geschätzter Investitionsbedarf | Anmerkungen |
|---|---|---|
| Kanalisation | 47,1 Mrd.DM | |
| - Sanierung | 27,6 Mrd.DM | - Sanierung v. insges. ca. 27.600 km |
| - Erweiterung | 19,5 Mrd.DM | - Erweiterung des öffentl. Kanalnetzes um 9.500 km (Anschlußgrad von 92,5 %) Analoge Erweiterung der Hausanschlüsse und Industriekanäle um ca. 14.800 km |
| Abwasserbehandlung | 75,6 Mrd.DM | |
| - Verbesserung der Reinigungsleistung | | - Sanierung u. Verbesserung der Reinigungsleistung auf 3. Reinigungsstufe |
| · öffentl. Hand | 6,7 Mrd.DM | 9,5 Mill.EGW |
| · Industrie | 18,9 Mrd.DM | 33,6 Mill.EGW |
| - Erweiterung der Klärkapazitäten | | |
| · öffentl. Hand | 7,7 Mrd.DM | Bau kommunaler Klärwerke mit Kapazität von 5,2 Mill.EW (auf Anschlußgrad von 90 %) |
| · Industrie | 24,8 Mrd.DM | Erhöhung der Reinigungskapazität um 16,5 Mill.EGW |
| - Gülleentsorgung der Landwirtschaft | 17,5 Mrd.DM | Behandlung von 27-35 Mill.EGW |
| Regenwasserbehandlung | 2,5 Mrd.DM | Erweiterungsbedarf |
| Insgesamt (erfaßte Bereiche) | 125,2 Mrd.DM | |

Quelle: Schätzungen des Ifo-Instituts.

die Einwohner geringer. Dies lag an dem niedrigen Stand des Konsums, aber auch daran, daß ein bedeutender Anteil des Abfalls zur Raumheizung eingesetzt wurde.

Im Bereich des gewerblichen Abfalls lag das Aufkommen bis 1990 deutlich höher als in der Bundesrepublik, wenn man die spezifischen Werte miteinander vergleicht. Das höhere gewerbliche Abfallaufkommen ist auf teilweise überholte, emissionsintensive Fertigungsverfahren zurückzuführen.

Zum Ausgleich dieser Probleme, aber auch wegen der Rohstoffknappheit wurde eine intensive Sekundärrohstoffwirtschaft (SERO) betrieben, die sich nicht nur auf gängige Fraktionen des Hausmülls (Papier, Glas, organische Abfälle) konzentrierte, sondern auch fast alle Abprodukte der Industrie erreichte. 10 % der Rohstoffe der Industrie wurden auf diese Art wiedergewonnen. Obwohl diese Strategie als modern gilt, lassen die Zahlen erkennen, daß in der ehemaligen DDR erst die Sekundärrohstoffwirtschaft das spezifische Abfallaufkommen auf die Größenordnung westlicher Industrien senkte. Die Industrie der fünf neuen Bundesländer hinkt also in der Internalisierung des Abfallproblems den westlichen Industrien um mindestens eine Entwicklungsstufe hinterher. Dieser Gesichtspunkt ist für die Bedarfsschätzungen von Bedeutung.

Gleichzeitig ist die Frage wichtig, wie die Sekundärrohstoffwirtschaft in Zukunft greift. Bisher gibt es zwar ein Potential an Verwertungskapazität (36 Mill.t/a), das an neue Anforderungen der Abfallwirtschaft herangeführt werden könnte. Faktisch ist die SERO-Wirtschaft zum Erliegen gekommen. Die weiteren Überlegungen werden von der Zielsetzung getragen, daß in den fünf neuen Bundesländern die Ma-

ximen des Abfallwirtschaftsgesetzes - Vermeidung, Verminderung, Verwertung - umzusetzen sind.

### 3.3.4.1 Hausmüll, hausmüllähnliche Abfälle in der ehemaligen DDR

Die fünf neuen Bundesländer hatten 1988 ein Hausmüllaufkommen von 2,9 Mill.t. Bei einer Bevölkerung von 16,4 Mill.
Einwohner ergibt dies ein Aufkommen von 0,18 t/EW. Im Vergleich dazu erzeugten die 61 Mill. Einwohner der Bundesrepublik eine Abfallmenge von 15 Mill.t/a (0,25 t/EW). In den
fünf neuen Bundesländern war das Aufkommen an sonstigem
hausmüllähnlichem Abfall nicht nennenswert (0,65 Mill.t).
In der Bundesrepublik belief sich 1987 der sonstige hausmüllähnliche Abfall auf 16 Mill.t (vgl. Tab. 3.9).

In der langfristigen Fortschreibung des Hausmüllaufkommens
wird unterstellt, daß das Abfallaufkommen der ehemaligen
Bundesländer sich in Umfang, Zusammensetzung und Struktur
an den bundesdeutschen Standard anpassen wird und dann auf
diesem Niveau verharrt.

Das Hausmüllaufkommen wird in diesem Szenario auf ca. 4
Mill.t/a steigen. Gleichzeitig wird das hausmüllähnliche
Abfallaufkommen diese Größenordnung leicht übertreffen (4,3
Mill.t/a.).

Die Abfuhr von Fäkalien (13,8 Mill.m$^3$/a) wird durch den
verbesserten Gewässerschutz rückläufig sein. Die Entsorgungskapazitäten können ggf. umgewidmet werden (SERO, Industrie).

Tabelle: 3.9

Gegenwärtige und erwartete Siedlungsabfälle
in den neuen Bundesländern

| | Ausgangssituation | | Schätzung für neue Bundesländer (2000) |
| | BRD (1987) | ehemalige DDR (1988) | |
|---|---|---|---|
| Hausmüll (Mill.t) | 15,00 | 2,90 | 4,03 |
| Bevölkerung (Mill.t) | 61,00 | 16,40 | |
| t/Einw. | 0,25 | 0,18 | |
| sonstiger hausmüllähnlicher Abfall (Mill.t) | 16,00 | 0,65 | 4,30 |
| t/Einw. | 0,26 | 0,04 | |
| Siedlungsabfälle insges. (Mill.t) | 31,00 | 3,55 | 8,33 |
| Nachrichtlich: Abfuhr von Fäkalien | | 13,80 Mill.m³ | . |

Quelle: P. Diederich, Umweltbericht der DDR, Berlin 1990, S. 53 ff.;
Schätzungen des Ifo-Instituts.

## 3.3.4.2 Industrielle Abfälle

Das spezifische Aufkommen an Abfällen (Abprodukten) der Industrie der fünf neuen Bundesländer ist höher als in der Bundesrepublik. Dies liegt an einem niedrigeren Stand der Technik und an entsprechend ineffizienten Fertigungsverfahren auf der Material- und Energieseite. Im Jahre 1988 belief sich das Abfallaufkommen der Industrie auf 91,3 Mill.t. Davon wurden 36,4 Mill.t. bzw. 40 % verwertet. Über die Abfallprodukte der Verwertung gibt es keine Information.

Für die Bedarfsschätzung wurde folgende Entwicklung des Abfallaufkommens unterstellt:

- Phase der Schrumpfung und Neuorientierung der Industrie:

· Die Produktion und damit das Abfallaufkommen wird anfangs zurückgehen.

· Gleichzeitig wird die Sekundärrohstoffwirtschaft zurückgehen.

Per saldo könnte also die zu deponierende Menge in der ersten Schrumpfungs- und Orientierungsphase der neuen Bundesländer an Industrieabfällen auf dem jetzigen Niveau bleiben (50-60 Mill.t/a.).

- Phase des Strukturwandels und Neuaufbaus:

· In der zweiten Phase werden Effekte einer Modernisierung der Produktion unterstellt, die dazu führen können, daß die spezifischen Abfallwerte sich denen der Bundesrepublik nähern. Die Ziele des Abfallgesetzes zur Verminde-

rung und Vermeidung werden also erst in dieser zweiten
Phase wirksam.

· Per saldo wird unterstellt, daß die Effekte der Modernisierung der Produktion zunehmend den Einspareffekt der
jetzigen SERO-Wirtschaft substituieren. Bis 2000 wird
entsprechend mit einem zu behandelnden industriellen Abfallaufkommen von 50-60 Mill.t/a gerechnet.

· Verwertung: Ganz wichtig ist dabei die Funktion der derzeitigen Sekundärrohstoffwirtschaft. Bis 1988 gab es Ver-
wertungs- und Behandlungskapazitäten von ca. 36 Mill.t/a.
Die Kapazitäten waren von Abprodukt zu Abprodukt ver-
schieden (Aschen/Schlacke = 33 %; Schlämme/Säuren/Laugen
= 68 %; sonstige feste Abfälle = 42 %). Die Qualität der
SERO-Wirtschaft wird sich den Anforderungen der modernisierten Produktionsstruktur anpassen müssen. Die Erhaltung der jetzigen SERO-Wirtschaft reicht deshalb nicht.
Sie muß ebenfalls modernisiert werden. Obwohl es sehr
hoch gegriffen ist, wäre zu hoffen, daß bis 2000 wieder
40 % der Abfallprodukte der Industrie für den Sekundär-
rohstoffkreislauf aufbereitet werden können.

### 3.3.4.3 Bauabfälle

In der ehemaligen DDR wurden 1988 ca. 5 Mill.t Bauabfälle,
Bodenaushub usw. registriert. Im Bereich dieser Abfälle
steht den neuen Bundesländern der Boom erst bevor. In den
alten Bundesländern fielen im Jahre 1987 1,4 mal mehr Bauabfälle als Industrieabfälle an. In den fünf neuen Bundesländern wird sich eine Tendenz von Neubau und minimaler Sanierung zu Neubau und intensiver Sanierungstätigkeit im
Baubereich ergeben. Es kann - wenn auch mit wenig statisti-
scher Absicherung - erwartet werden, daß das Abfallaufkom-

men im Bereich Bauschutt, Bodenaushub, Straßenaufbruch usw.
drastisch steigen wird. Wir stellen als konservative Annahme ein, daß im Schnitt der nächsten 10 Jahre 15 Mill.t/a
Bauabfälle anfallen werden.

### 3.3.4.4 Sonderabfälle

Im Jahre 1988 wurde ein <u>Sonderabfallaufkommen</u> von 1,3
Mill.t registriert (vgl. Tab. 3.10). Die genaue Fortschreibung dieses Wertes ist im Grunde nur in Kenntnis der künftigen Produkt- und Produktionsstruktur möglich. Als Erinne-
rungsposten wurde angenommen, daß das Sonderabfallaufkommen
die nächsten Jahre gleich bleibt. Bis in das Jahr 2000 sind
demnach 13 Mill.t zu entsorgen. Nach dem bisherigen Wissen
wurden pro Jahr 90 % des Sonderabfallaufkommens deponiert,
rd. 7 % wurden verbrannt und ca. 3 % wurden entgiftet. Nach
Untersuchungen des UBA können - wenn man die jetzige Struktur des Sonderabfalls unterstellt - in der Bundesrepublik
30 % wiederverwertet werden. Für die Zukunft wird dieser
Anteil als möglich angesehen, so daß von einem Schätzwert
von 1,3 Mill.t/a im Bereich Sonderabfälle ausgegangen
wird.

### 3.3.4.5 Voraussichtlicher Investitionsbedarf im Bereich Ab-
fallbeseitigung

Für die Schätzung des Investitionsbedarfs im Bereich Abfallwirtschaft wurden folgende Annahmen getroffen:

1. Das Abfallwirtschaftsgesetz mit den Zielen "Verminderung, Verwertung, Vermeidung" wird greifen.
2. Die Struktur des Abfallaufkommens wird sich wandeln.
3. Das Abfallaufkommen der ehemaligen DDR paßt sich in Umfang, Zusammensetzung und Struktur langfristig an den

Tabelle: 3.10

### Entstehung und Verwertung von Sonderabfall in der ehem. DDR[a]
#### - 1988; in Tsd.t -

| Sonderabfälle | Entstehung | Verwertung | | |
|---|---|---|---|---|
| | | Entgiftung | Verbrennung | Deponie |
| Gifte der Abt. 1 | 1,7 | 0,09 | 1,35 | 0,27 |
| Gifte der Abt. 2 | 78,7 | 35,18 | 6,43 | 37,1 |
| Schadstoffe | 1.238,7 | 0,2 | 88,4 | 1.150,2 |
| Insgesamt | 1.319,1 | 35,47 | 96,0 | 1.186,1 |
| in % | 100,0 | 2,7 | 7,3 | 90,0 |

Geschätztes Gesamtaufkommen bis 2000: 13  Mill.t
- davon aufbereitbar: 30 %         4,2 Mill.t
- Rest:                            8,8 Mill.t

a) Die Angaben beziehen sich auf die Beseitigung von toxischen und
schadstoffhaltigen Abprodukten in berichtspflichtigen Anlagen

Quelle: P. Diederich, Umweltbericht der DDR a.a.O., S. 51 ff.

Standard der alten Bundesländer an und verharrt dann auf
diesem Niveau. Das Hausmüllaufkommen steigt in diesem
Szenario auf ca. 4 Mill.t/a. Das Aufkommen an hausmüll-
ähnlichen Abfall erreicht 4,3 Mill.t/a.

4. Das industrielle Abfallaufkommen wird tendenziell sin-
   ken, weil mit der Modernisierung der Produktion eine
   spezifische Abfallverminderung zu erwarten ist.
5. Das Aufkommen an Sonderabfällen bleibt gleich.
6. Der Umfang der SERO-Wirtschaft wird erhalten.

Faßt man die Annahmen zu den einzelnen Abfallsegmenten zusammen, so ergibt sich schätzungsweise folgendes Abfallaufkommen:

| | |
|---|---|
| Hausmüll | 8,3 Mill.t/a |
| Industrieabfälle | 60,0 Mill.t/a |
| Bauabfälle | 15,0 Mill.t/a |
| Sonderabfälle | 1,3 Mill.t/a |

Diese Struktur wurde der Schätzung des Investitionsbedarfs
im Abfallsektor mit Hilfe durchschnittlicher spezifischer
Investitionswerte zugrundegelegt. Im Rahmen eines linearen
Optimierungsmodells wurden die Verfahren Deponieren, Sor-
tieren, Verbrennen und Kompostieren berücksichtigt. Folgende drei Szenarien wurden gerechnet:

1. Geringste Investitionskosten; einziges Behandlungsver-
   fahren ist das Deponieren.
   Investitionsbedarf: 14,4 Mrd.DM
2. Mittlere Anforderung an das Gebot der Wiederverwertung
   (Tab. 3.11).
   Investitionsbedarf: 32 Mrd.DM
3. Höchste Anforderung an das Gebot der Wiederverwertung.
   Investitionsbedarf: 37 Mrd.DM

Tabelle: 3.11

## Ergebnisse der Modellrechnung Abfallbeseitigung in den neuen Bundesländern 1990 bis 2000
### (Szenario mittlere Anforderung an die Wiederverwertung)

| Aufbereitungs-form | Gesamt-mengen Mill. t/a | Investi-tionen Mrd. DM | Betriebs-kosten Mrd. DM | Insgesamt Mrd. DM |
|---|---|---|---|---|
| Sortieren | 30,2 | 11,4 | 1,16 | 12,6 |
| Kompostieren | 2,0 | 1,6 | 0,20 | 1,8 |
| Verbrennen | 8,5 | 8,4 | 0,55 | 8,9 |
| Deponieren | 61,1 | 10,3 | 0,63 | 10,9 |
| Insgesamt | 101,8 | 31,7 | 2,55 | 34,3 |

| Spezifische Investitions- und Betriebskosten[a] | | | | |
|---|---|---|---|---|
|  | Sortieren | Kompo-stieren | Verbrennen | Deponieren |
| Investitionen DM x a/t | 360 | 800 | 600 | 150 |
| Betrieb DM x a/t | 75 | 200 | 120 | 20 |
| Restmengen in % | 50 | 0 | 25 | 100 |

| Verteilung des jeweiligen Abfallaufkommens in % | | | | |
|---|---|---|---|---|
| Abfallart | Sortieren | Kompo-stieren | Verbrennen | Deponieren |
| Hausmüll | 25 | 3 | 25 | 47 |
| gewerblicher Abfall | 40 | 3 | 10 | 47 |
| Bauabfälle | 25 | 0 | 0 | 75 |
| Sonderabfall | 30 | 0 | 30 | 40 |

[a] Bezogen auf die Verwertung von Hausmüll.

*Quelle:* Schätzungen des Ifo-Instituts auf der Basis von: P. Hillebrandt, Erweiterung und Aktualisierung der Kostenstruktur verschiedener Verfahren zur Beseitigung von Siedlungsabfällen, UBA Materialien 2/82, Berlin 1982 und L. Mayer, Umweltschutz und Bautechnik, Düsseldorf 1987.

### 3.3.5 Anpassungs- und Investitionsbedarf im Bereich Altlastensanierung

Die Handhabung der Abfallentsorgung sowie der nachlässige Umgang mit Schadstoffen im Produktionsprozeß hat in den neuen Bundesländern zu einer Hypothek von Altlasten geführt, deren Ausmaß sich nur langsam abzeichnet. Auch hier kann man nur von einer Zwischenbilanz der Erkenntnisse reden.

"Eine vorläufige Bestandsaufnahme der altlastenverdächtigen Flächen ergab insgesamt 27.877 Verdachtsflächen. Davon sind bisher 2.457 Flächen als Altlasten eingestuft. Im einzelnen handelt es sich bei den Verdachtsflächen um ca. 11.000 Altablagerungen, ca. 15.000 Altstandorte, etwa 700 Rüstungsaltlasten sowie ca. 1.000 großflächige Kontaminationen. Nach Schätzungen wurden damit maximal 60 % aller Verdachtsflächen erfaßt. Bisher fehlt auch noch eine systematische Gefährdungsabschätzung für die identifizierten Altlasten. Nur in Einzelfällen wurden Gefährdungsabschätzungen durchgeführt und bei akuter Gefahrenlage Sicherungsmaßnahmen und Nutzungsänderungen eingeleitet. Von den neuen Ländern wurden bis jetzt 196 mit hoher Priorität versehene Altlasten genannt.

Die Gesamtzahl der Altlasten/Rüstungsaltlasten auf den Liegenschaften der Westgruppe der sowjetischen Streitkräfte und ihr Gefährdungspotential sind derzeit noch nicht absehbar[1].

---

1) Der Bundesminister für Umwelt, Eckwerte ... a.a.O., S. 32.

Zu den Ausgaben der Altlastensanierung in der ehemaligen
DDR liegen inzwischen zahlreiche Schätzungen vor (vgl.
Tab. 3.12).

Die Ifo-Schätzung (vgl. Tab. 3.13) des Bedarfes zur Sanierung von Altlasten in den neuen Bundesländern stützt sich

- auf die BMU-Eckwerte und

- die Kosten und Verteilungsstruktur, die Franzius 1986 für
  die Abschätzung des Bedarfs in den alten Bundesländern
  verwendete. Danach wird die Sanierung von Altlasten in
  Schritten durchgeführt.

Mit diesen Eckwerten ergibt sich für die Sanierung, Überwachung und Sicherung der Altablagerungen ein Ausgabenbedarf von 3,1 Mrd.DM. Der entsprechende Wert für die Betriebsgelände beläuft sich auf fast 7,5 Mrd.DM. Insgesamt
liegt der Bedarf für die Bewältigung des Altlastenproblems
in den neuen Bundesländern in der Größenordnung von 10,6
Mrd.DM. Langfristig kann sich dieser Wert verdoppeln. Unbe-
rücksichtigt sind, wie gesagt, weitere 18.000 Verdachtsflächen sowie die Standorte der Westgruppe der sowjetischen
Streitkräfte. Dieser Aspekt reicht jedoch weit über das
Jahr 2000 hinaus.

### 3.3.6 Gesamter Investitionsbedarf zur ökologischen Sanie-
rung und Modernisierung der ehemaligen DDR

Faßt man die verschiedenen Schätzungen für einzelne Aufgabenfelder bzw. die gesamten Schätzungen des ökologischen
Investitionsbedarfs in den neuen Bundesländern zusammen, so
ergibt die Literaturauswertung einen rechnerischen Investitionsbedarf in der Größenordnung von mindestens 83 Mrd.DM

Tabelle: 3.12

Erwartete Investitionen für die Altlastensanierung in der ehemaligen DDR

| Aufgabenbereiche | Geschätzter Investitionsbedarf | Zeitraum | Quelle | Anmerkungen |
|---|---|---|---|---|
| 20 - 30 Tsd. Verdachtsflächen<br>dav.: ca. 10% zu sanierende Altlasten | 3 - 4,5 Mrd.DM | | H.L. Jessberger/Universität Bochum | ohne Ausgaben für Rüstungsaltlasten und speziell kontaminierte Standorte |
| 15 - 20 Tsd. Verdachtsflächen<br>dav.: ca. 30% Altlasten | mind. 10 Mrd.DM<br>eher 20-30 Mrd.DM | | J. Meyerhoff/IÖW | |
| Sanierung der Deponie Vorketzin | ca. 1 Mrd.DM | | H. J. Hermann | |
| Sanierung radioaktiv kontaminierter Flächen in Sachsen und Thüringen | ca. 40 Mrd.DM | | M. Urban/Informationsdienst "Strahlentelex" | Sanierung von ca. 10.000 qkm durch Abtrag radioaktiven Abfalls und Erdreichaufschüttung |
| Altlasten in der Chemie kontaminierte Böden in der Land- und Forstwirtschaft | 50 Mrd.DM<br>20 Mrd.DM | | H. Weinzierl/BUND | |
| Rekultivierung im Braunkohlebergbau | 32 Mrd.DM | | J. Odewald/Treuhandan. | |
| Sanierung der Altlasten der Sowj.-Dt. AG Wismut | 5,4-10 Mrd.DM | - 2000 | K. Töpfer/BMUNR | Sanierung von ca. 280 Schächten u. Stollen, 180 Erzverladestellen, 3000 Halden und Wohnungen auf rd. 12.000 qkm mit Schwermetallen und Radioaktivität belasteter Fläche um Wismut und Crossen |
| Vermutliche Altlasten auf rd. 243.000 ha von sowj. Streitkräften genutzter Fläche | mind. 10,5 Mrd.DM | | R.Eickeler | |
| Entsorgung der Atomkraftwerke | mind. 6 Mrd.DM | | BMWI/VWD | Abriß der Greifswalder Blöcke 1-5 und Lagerung der abgebrannten Brennelemente |

Quelle: Zusammenstellung des Ifo-Instituts; J. Meyerhoff, Altlasten als Investitionshemmnis in der DDR, in: IÖW/VÖW-Informationsdienst, Heft 5/90, S. 7; H.J. Hermann, Umweltsanierung auf dem Gebiet der DDR, in: B Bau Bl, Heft 3/1990, S. 143; H. Weinzierl, Was kostet die Umweltunion?, in: Grünstift, Heft 4/1990, S. 22; M. Urban, Ökologische Erblast DDR, in: Süddeutsche Zeitung vom 4.10.1990; VWD, Altlastensanierung kostet bis zu 4,5 Mrd.DM, im VWD vom 14.8.90; VWD Rekultivierungsbedarf bei Braunkohle 32 Mrd.DM, in: VWD-Spezial vom 19.3.91; o.V., Uranbergbau-Wismut-Sanierung kostet 10 Mrd.DM, in: Handelsblatt vom 2.7.91; R. Eickeler, Zwischen Ostsee und Thüringer Wald ticken hunderte ökologischer Zeitbomben, in: ...

Tabelle: 3.13

## Bedarfsschätzung zur Sanierung der Altlasten in den neuen Bundesländern

| Maßnahmen | Altablagerungen | | | | Kontaminierte Betriebsgelände | | | | Altlasten insgesamt | |
|---|---|---|---|---|---|---|---|---|---|---|
| | in % | Verdachts-flächen | Kosten pro Fall in Mill. DM | Kosten in Mrd. DM | in % | Verdachts-flächen | Kosten pro Fall in Mill. DM | Kosten in Mrd. DM | Verdachts-flächen | Kosten in Mrd. DM |
| 1) Entlassung aus der regelmäßigen Überwachung | 70 | 7 700 | 0,007 | 0,05 | 20 | 3 375 | 0,007 | 0,02 | 11 075 | 0,08 |
| 2) Untersuchung und Bewertung | 30 | 3 300 | 0,036 | 0,12 | 80 | 13 502 | 0,036 | 0,49 | 16 802 | 0,60 |
| 2a) Sanierung | 10 | 1 100 | 2,3 | 2,53 | 8 | 1 357 | 3,7 | 5,02 | 2 457 | 7,55 |
| davon Kategorie A | 5 | 55 | 20 | 1,10 | 10 | 136 | 20 | 2,72 | 191 | 3,82 |
| Kategorie B | 35 | 385 | 2 | 0,77 | 20 | 271 | 5 | 1,36 | 656 | 2,12 |
| Kategorie C | 60 | 660 | 1 | 0,66 | 70 | 950 | 1 | 0,95 | 1 610 | 1,61 |
| 2b) Überwachung (auf 10 Jahre) | 20 | 2 200 | 0,18 | 0,40 | 72 | 12 151 | 0,16 | 1,94 | 14 351 | 2,34 |
| Summe | 100 | 11 000 | . | 3,10 | 100 | 16 877 | . | 7,47 | 27 877 | 10,57 |

*Quelle:* Schätzungen des Ifo-Instituts auf der Basis von: Der Bundesminister für Umwelt, Naturschutz und Reaktorsicherheit, Eckwerte der ökologischen Sanierung und Entwicklung in den neuen Ländern, S. 31 ff, sowie: V. Franzius u. a., Kostenschätzungen und Beschäftigungseffekte der Altlastensanierung, in: Information zur Raumentwicklung 8/1986, S. 621 ff.

bis zu 320 bzw. 500 Mrd.DM (vgl. Tab. 3.14). Die von Ifo erarbeiteten bzw. übernommenen Schätzungen gehen hingegen von einem Investitionsbedarf von rd. 211 Mrd.DM bis zum Jahre 2000 aus.

- 141 -

Tabelle: 3.14

Voraussichtlicher Investitionsbedarf im Bereich Umweltschutz
in der ehemaligen DDR bis zum Jahr 2000
- in Mrd.DM -

| Aufgabenbereiche | Gesamtbedarf | | |
| --- | --- | --- | --- |
| | Publizierte Schätzungen von | bis | Ifo-Schätzungen |
| Luftreinhaltung | 5,0 | 35,0 | 22,5 a) |
| Trinkwasserversorgung | 16,8 | 30,0 | 16,9 |
| Abwasserbeseitigung | 53,0 | 150,0 | 125,2 |
| Abfallbeseitigung | 3,0 | 34,3 | 34,3 b) |
| Altlastensanierung | 3,0 | 70,0 | 10,6 |
| Lärmbekämpfung | 2,0 | 2,0 | 2,0 a) |
| Insgesamt - erfaßte Einzelschätzungen | 82,8 | 321,3 | 211,4 |
| - Gesamtschätzungen | 83,0 | 500,0 | . |

a) Übernommene Schätzung
b) inc. Betriebskosten

Quelle: Zusammenstellung und Schätzung des Ifo-Instituts.

Abbildung: 3.1

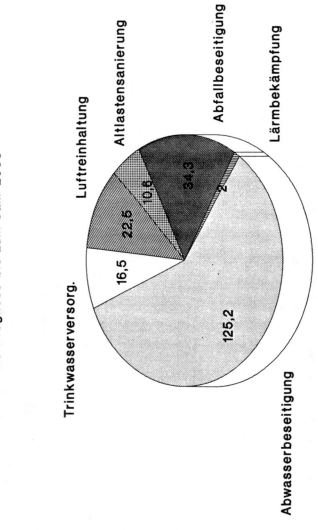

**Investitionsbedarf im Bereich Umwelt-
schutz in Ostdeutschland (in Mrd DM)**
Ifo-Prognose bis zum Jahr 2000

Trinkwasserversorg.

Luftreinhaltung

Altlastensanierung

Abfallbeseitigung

Lärmbekämpfung

16,5

22,5

0,8

34,3

2

125,2

Abwasserbeseitigung

Quelle: Ifo-Institut 1990

Abbildung: 3.2

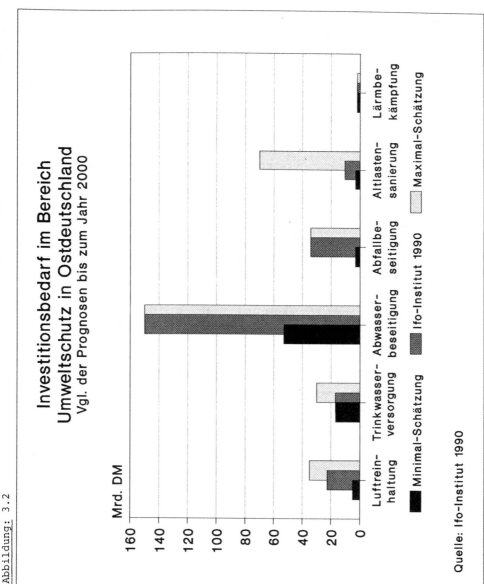

Investitionsbedarf im Bereich
Umweltschutz in Ostdeutschland
Vgl. der Prognosen bis zum Jahr 2000

Quelle: Ifo-Institut 1990

4. Determinanten der künftigen Entwicklung der Nachfrage nach Umwelttechnik bzw. umweltverträglicher Technik in den neuen Bundesländern

## 4.1 Überblick

Für das Marktgeschehen auf dem Gebiet der Umwelttechnik bzw. umweltverträglicher Technik ist letztlich nicht der Bedarf, sondern nur die wirksame Nachfrage bedeutsam. Daher sind die allgemeinen wirtschaftlichen sowie die spezifischen umweltpolitischen Rahmenbedingungen in instrumenteller, rechtlicher, administrativer und finanzwirtschaftlicher Hinsicht für die ökologische Sanierung und Entwicklung der ehemaligen DDR zu diskutieren.

Die Nachfrage nach Gütern und Dienstleistungen für den Umweltschutz in der ehemaligen DDR hängt direkt von der Entwicklung der Neuinvestitionen (Erweiterungs-, Rationalisierungs- und Ersatzinvestitionen) ab, die mit integrierten Umweltschutzinvestitionen (umweltverträglicher Technik) oder nachgeschalteten Umweltschutzinvestitionen technisch verbunden sind. Aber auch für die reine Nachrüstung bestehender und weiterbetriebener Produktionsanlagen mit Umweltschutzanlagen gelten die allgemeinen Rahmenbedingungen für Investitionen in den neuen Bundesländern. Daher interessieren in diesem Zusammenhang die künftige allgemeine Investitionsentwicklung, das Investitionsklima und die wichtigsten Determinanten des Investitionsverhaltens in den neuen Bundesländern.

Mit dem Umweltrahmengesetz und dem Einigungsvertrag wurde festgelegt, daß künftig der umweltpolitische Instrumenten-Mix der Bundesrepublik (Gesetze, Verordnungen, Verwaltungs-

vorschriften) mit Übergangsregelungen und Ausnahmen auch in
der ehemaligen DDR anzuwenden ist.

Eine zentrale Frage für die nachfragewirksame Verwirklichung der neuen umweltpolitischen Rahmenbedingungen stellt
der Aufbau einer wirkungsvollen und effizienten Planungs-,
Verwaltungs- und Vollzugsadministration für den Umweltschutz und einer entsprechenden Umweltgerichtsbarkeit in
den neuen Bundesländern dar.

Neben den Fragen der Instrumentierung und Implementation
ist im Hinblick auf die Auswirkungen für den Umweltschutzmarkt vor allem die Finanzierungsproblematik zu diskutieren.

## 4.2 Determinanten der künftigen Umwelttechniknachfrage in den neuen Bundesländern aus der Sicht der Anbieter

Erste Anhaltspunkte für die vermutliche künftige Entwick-
lung der Nachfrage nach Gütern und Dienstleistungen für den
Umweltschutz in den neuen Bundesländern lassen sich aus der
Emittlung der wichtigsten Nachfragedeterminanten ableiten.
Zu diesem Zweck wurde vom Ifo-Institut eine Reihe von west-
und ostdeutschen Anbietern auf dem Umwelttechnikmarkt nach
ihrer Einschätzung verschiedener Nachfragefaktoren befragt.
Von einer Liste möglicher Determinanten sollten die befragten Unternehmen die aus ihrer Sicht wichtigsten für die
Entwicklung auf dem Umweltschutzmarkt in der ehemaligen DDR
benennen (vgl. Fragebogen im Anhang).

Die neue Umweltschutzgesetzgebung sowie vor allem aber deren Vollzug wurden von den meisten Anbietern als wichtigste
Nachfragedeterminanten gemeldet (vgl. Tab. 4.1).

Tabelle: 4.1

**Nachfragedeterminanten der Anbieter auf dem ostdeutschen Umweltschutzmarkt**

**- Gesamtberichtskreis -**

| Relevanz<br>Nachfragedeterminanten a) | sehr<br>wichtig | | weniger<br>wichtig | | ohne<br>Bedeutung | | Anzahl der<br>Nennungen | | Wert-<br>ziffer<br>b) |
|---|---|---|---|---|---|---|---|---|---|
| | abs. | % | abs. | % | abs. | % | abs. | % | |
| Vollzug der durch das URG eingeführten Auflagen | 58 | 90,6 | 3 | 4,7 | 0 | - | 61 | 95,3 | 0,98 |
| Zukünftige Umweltgesetze | 49 | 76,6 | 9 | 14,1 | 0 | - | 58 | 90,6 | 0,92 |
| Umweltbewußtsein Unternehm. | 34 | 53,1 | 21 | 32,8 | 2 | 3,1 | 57 | 89,1 | 0,78 |
| Umweltbewußtsein Haushalte | 5 | 7,8 | 24 | 37,5 | 19 | 29,7 | 48 | 75,0 | 0,35 |
| Konjunkturentwickl. Ostdtl. | 44 | 68,8 | 13 | 20,3 | 1 | 1,6 | 58 | 90,6 | 0,87 |
| Öffentl. Finanzsituation | 43 | 67,2 | 9 | 14,1 | 2 | 3,1 | 54 | 84,4 | 0,88 |
| Staatliche Finanzhilfen für -private Investitionen | 36 | 56,3 | 16 | 25,0 | 1 | 1,6 | 53 | 82,8 | 0,83 |
| -kommunale Investitionen | 47 | 73,4 | 12 | 18,8 | 0 | - | 59 | 92,2 | 0,90 |
| Sonstige Faktoren | 2 | 3,1 | 0 | - | 1 | 1,6 | 3 | 4,7 | 0,67 |
| Anzahl der Unternehmen | 64 | 100 | 64 | 100 | 64 | 100 | 64 | 100 | 0,52 |

a) Mehrfachnennungen möglich.
b) Wertziffern: sehr wichtig 1; weniger wichtig 0,5; ohne Bedeutung 0.

Quelle: Erhebung des Ifo-Instituts 1990.

Als weiterer wichtiger Nachfragefaktor wurde die Finanzsi-
tuation der Gebietskörperschaften in der ehemaligen DDR angesehen, die sich einmal auf die Investitionstätigkeit der
öffentlichen Hand bei der Entsorgung und bei Zuweisungen
für kommunale Umweltschutzprojekte nachfragefördernd oder
-dämpfend auswirken würde.

Ebenfalls von großer Bedeutung erscheint die allgemeine
konjunkturelle Entwicklung in den neuen Bundesländern, die
das Investitionsverhalten insgesamt und damit auch die
Nachfrage nach integrierter und additiver Umwelttechnik
prägt.

Dagegen wird noch nicht sehr viel Vertrauen in das Umweltbewußtsein und die Investitionsbereitschaft der Unternehmen
in Sachen Umweltschutz gesetzt, selbst wenn diese staatlich
subventioniert würde.

Als völlig unbedeutend für die Nachfrageentwicklung wird
das Umweltbewußtsein der privaten Haushalte eingeschätzt.

Der Vergleich der Befragungsergebnisse zwischen west- und
ostdeutschen Berichtskreisunternehmen läßt keine signifi-
kante Unterschiede in der Beurteilung der wichtigsten Nachfragedeterminanten erkennen (vgl. Abb. 4.1).

Die Befragungsergebnisse legen eine nähere Analyse der voraussichtlichen Entwicklung

- der allgemeinen Konjunktur
- der Instrumentierung und Implementation der neuen umweltrechtlichen Regelungen
- und der Finanzierungsfragen

nahe.

Abbildung: 4.1

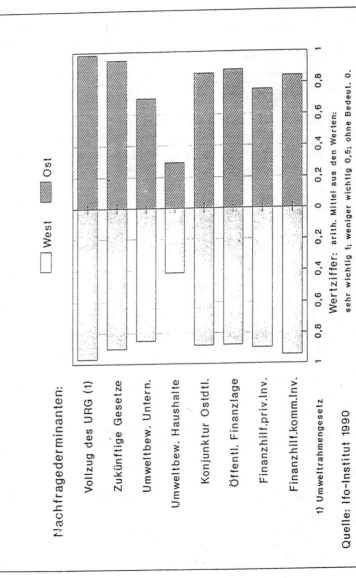

Vergleich der Nachfragedeterminanten
ost- und westdeutscher Anbieter
auf dem ostdeutschen Umweltschutzmarkt

Nachfragedeterminanten:

Vollzug des URG (1)

Zukünftige Gesetze

Umweltbew. Untern.

Umweltbew. Haushalte

Konjunktur Ostdtl.

Öffentl. Finanzlage

Finanzhilf.priv.Inv.

Finanzhilf.komm.Inv.

1) Umweltrahmengesetz

Wertziffer: arith. Mittel aus den Werten:
sehr wichtig 1; weniger wichtig 0,5; ohne Bedeut. 0.

Quelle: Ifo-Institut 1990

## 4.3 Determinanten der allgemeinen Investitionsentwicklung

Für die Markt- und Nachfrageentwicklung im Bereich umweltverträglicher Technik und Umwelttechnik kommt es vor allem auf das Investitionsgeschehen in der ehemaligen DDR an. Denn die Nachfrage nach Gütern und Dienstleistungen für den Umweltschutz hängt direkt von der Entwicklung der Neuinvestitionen (Erweiterungs-, Rationalisierungs- und Ersatzinvestitionen) ab, die mit Investitionen mit integriertem Umweltschutz (umweltverträgliche Technik) oder nachgeschalteten Umweltschutzinvestitionen technisch verbunden sind. Aber auch für die reine Nachrüstung bestehender und weiterbetriebener Produktionsanlagen mit Umweltschutzanlagen gelten die allgemeinen Rahmenbedingungen für Investitionen in den neuen Bundesländern. Daher interessieren in diesem Zusammenhang die künftige Investitionsentwicklung, das Investitionsklima und die wichtigsten Determinanten des Investitionsverhaltens in den neuen Bundesländern.

Angesichts eines völlig veralteten Produktionsapparates, nicht marktgerechter Wirtschaftsstrukturen und der mangelhaften Infrastruktur wird für die ehemalige DDR ein sehr hoher Investitionsbedarf errechnet, dessen Befriedigung auch erhebliche Investitionen "Gebietsfremder" erfordern wird. Um die Dimension der investiven Aufgaben in der ehemaligen DDR zu verdeutlichen, sei auf erste Schätzungen hingewiesen, die für die private Investitionstätigkeit von einem Volumen von Brutto 100-105 Mrd.DM p.a. im Durchschnitt für die Jahre 1991-2000 ausgehen[1].

---

1) Vgl. Daimler-Benz, Perspektiven der neuen Bundesländer aus gesamtdeutscher Sicht, Stuttgart, November 1990, S. 4f.

Das bisherige Engagement von Investoren aus den alten Bundesländern und anderen westlichen Industrieländern wird allerdings häufig - angesichts der hochgesteckten Erwartungen und zahlreichen Absichtserklärungen - in der Umsetzung eher als zögerlich empfunden. Berücksichtigt man jedoch die Kürze der Zeit und die Unsicherheiten, die mit der Umstellung eines gesamten Wirtschaftssystems verbunden sind, so kann bei Evaluierung der sich bislang abzeichnenden Investitionsaktivitäten wohl kaum von einem zögerlichen Engagement westlicher Investoren in der ehemaligen DDR gesprochen werden.

Die Initiativen auf Unternehmensebene zeigen deutlich, daß die neuen Bundesländer als Standort auf breiter Ebene positiv bewertet werden. Allerdings stehen gegenwärtig noch Vertriebsaktivitäten in der ehemaligen DDR im Vordergrund, womit die Firmen im Wettbewerb eine sehr schnelle Marktpräsenz zu erreichen versuchen. Dagegen haben nur wenige Unternehmen bereits die Produktion in der DDR aufgenommen. Dieses Übergewicht des Vertriebs gegenüber dem Aufbau von Produktionsstätten entspricht einem durchaus üblichen Ablaufmuster der Auslandsaktivitäten von Unternehmen: Die zunächst aufgenommenen Lieferbeziehungen verlangen möglicherweise die Einrichtung von Vertriebsniederlassungen, um die Kontakte zu den Abnehmern zu intensivieren. Wenn sich die Geschäftsbeziehungen erfolgreich gestalten, ergibt sich dann die Möglichkeit und Notwendigkeit, zusätzliche Produktionskapazitäten aufzubauen. Die Errichtung von Produktionsstätten erfordert aber allein schon wegen der notwendigen Planungs-, Projektierungs- und Bauarbeiten wesentlich mehr Zeit. Ähnliches würde aber auch gelten, wenn die Investitionen z.B. in einem anderen EG-Staat vorgenommen würden. Nach dem Ausbau des Vertriebsnetzes ist deshalb mit dem Aus- und Aufbau von Fertigungskapazitäten in den neuen Bundesländern zu rechnen.

Folgt man den jüngsten Umfrageergebnissen des Ifo-Instituts[1] zu den Investitionsschwerpunkten, so läßt die Zu-
rückhaltung der Industrie bezüglich eines investiven Engagements in der ehemaligen DDR inzwischen merklich nach
(vgl. Abb. 4.2). Dies gilt vor allem hinsichtlich der Bereitschaft, auch in die Errichtung von Produktionsstätten
zu investieren. Nach Angaben der Unternehmen ist allerdings
auf diesem Gebiet ein deutlicher Umschwung zu erwarten.
Während 1990 von nur 17 % der investierenden Unternehmen
auch Vorhaben im Produktionsbereich gemeldet wurden (bei
70 % Schwerpunkt Vertrieb), wird sich dies in den kommenden
beiden Jahren erheblich ändern. So wollen 1991 immerhin
40 % und 1992 bereits 47 % der befragten Firmen im Produktionsbereich investieren. Rechnet man die Kategorie
"Beides" hinzu, so steigt der Anteil der Unternehmen mit
Investitionen im Fertigungsbereich für die kommenden beiden
Jahre auf weit über die Hälfte (vgl. Tab. 4.2).

Wichtigstes Motiv für die Vornahme von Investitionen in
Ostdeutschland sind Marktüberlegungen (vgl. Abb. 4.3). So
heben sieben von zehn Unternehmen die Nähe zu DDR-Kunden
als wesentlichen Investitionsgrund hervor, immerhin noch
gut ein Drittel (vorwiegend größere Unternehmen) sieht den
DDR-Markt als Brückenkopf für das Osteuropageschäft. Vergleicht man diese Angaben mit den Ergebnissen einer Ifo-Umfrage vom August 1990, so sind - auch wenn die Berichtskreise nicht unbedingt vergleichbar sind - marktstrategische Überlegungen als Investitionsmotiv stark in den Vor-

---

1) Vgl. zum folgenden Ifo-Sonderumfrage vom November
   1990, F. Neumann, Industrie verstärkt Engagement in Ostdeutschland - Ergebnisse einer Sonderumfrage des Ifo-
   Instituts, in: Ifo-Schnelldienst, 43. Jg. (1990), Heft
   34, S. 8 ff sowie A. Weichselberger, P. Jäckel, Investitionsaktivitäten westdeutscher Unternehmen in der ehemaligen DDR, in: Ifo-Schnelldienst, 44. Jg. (1991), Heft
   12, S. 6 ff.

Abbildung: 4.2

# INVESTITIONEN WESTDEUTSCHER UNTER-
# NEHMEN IN DER EX-DDR
– Planungsstand Ende 1990, in Mrd. DM –

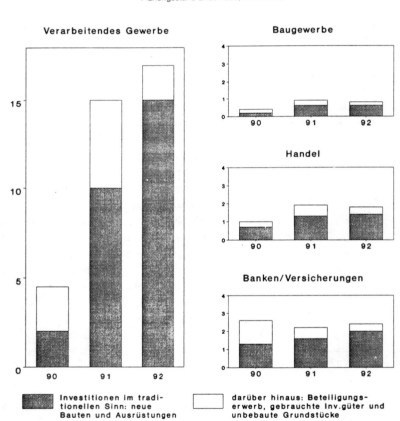

Verarbeitendes Gewerbe

Baugewerbe

Handel

Banken/Versicherungen

Investitionen im tradi-
tionellen Sinn: neue
Bauten und Ausrüstungen

darüber hinaus: Beteiligungs-
erwerb, gebrauchte Inv.güter und
unbebaute Grundstücke

*Quelle:* Ifo-Sondererhebung 1990/91

Tabelle: 4.2

Geplante Investitionen in der ehemaligen DDR
- nach Funktionsbereichen -

| Funktions-bereich | ... % der Unternehmen[a] investieren im Bereich ... | | |
|---|---|---|---|
| | 1990 | 1991 | 1992 |
| Vertrieb | 70,3 | 44,6 | 40,2 |
| Produktion | 17,7 | 40,6 | 47,4 |
| Beides | 12,0 | 14,8 | 12,4 |
| Insgesamt | 100,0 | 100,0 | 100,0 |

a) Ungewichtete Firmenangaben; vorläufige Ergebnisse.

Quelle: Ifo-Befragung bei ca. 2.250 Unternehmen im November 1990.

Abbildung: 4.3

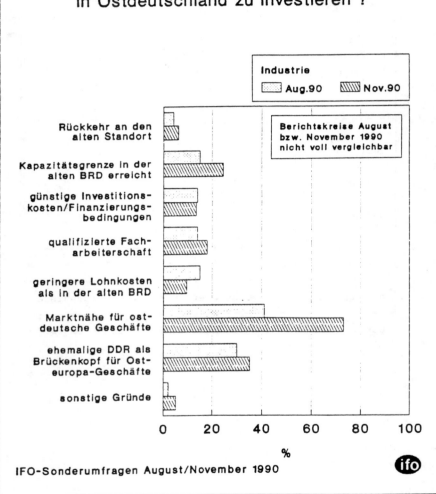

# Was veranlaßt Sie vor allem,
# in Ostdeutschland zu investieren ?

**Industrie**
Aug.90     Nov.90

Rückkehr an den
alten Standort

Kapazitätsgrenze in der
alten BRD erreicht

günstige Investitions-
kosten/Finanzierungs-
bedingungen

qualifizierte Fach-
arbeiterschaft

geringere Lohnkosten
als in der alten BRD

Marktnähe für ost-
deutsche Geschäfte

ehemalige DDR als
Brückenkopf für Ost-
europa-Geschäfte

sonstige Gründe

**Berichtskreise August
bzw. November 1990
nicht voll vergleichbar**

0     20     40     60     80     100

%

IFO-Sonderumfragen August/November 1990

ifo

dergrund gerückt. Dies deutet auf eine zunehmend positive
und damit die Investitionen stimulierende Einschätzung der
Absatzperspektiven auf dem ostdeutschen bzw. osteuropäischen Markt hin. Weiter an Bedeutung gewonnen hat auch der
Aspekt, daß die Kapazitätsgrenze im bisherigen westdeutschen Betrieb erreicht ist und eine Ausweitung in den
neuen Bundesländern angestrebt wird (Meldeanteil 25 %).
Demgegenüber stehen andere Investitionsmotive, wie z.B. das
hohe Angebot an Fachkräften und ein Lohnniveau, das noch
über längere Zeit – trotz hoher Tarifabschlüsse in jüngster
Zeit – unter dem Niveau der alten Bundesländer liegen dürfte, vergleichsweise im Hintergrund.

Staatsvertrag und Einigungsvertrag haben mit der konsequen-
ten Einführung der Marktwirtschaft die wichtigsten Investitionshemmnisse beseitigt. Es gibt allerdings noch immer
Klagen, daß geplante Direktinvestitionen auf rechtliche,
administrative, technische und ökonomische Grenzen stoßen
und dadurch zumindest nur verzögert realisiert werden können. In diesem Zusammenhang werden vor allem folgende Investitionshemmnisse genannt[1]:

---

1) Vgl. zum Folgenden u.a.: F. Schosser, DDR-DIHT moniert zahlreiche Hemmnisse für Investoren, in: Handelsblatt vom 24.8.90; o.V., Investitions- und Kooperationshemmnisse in der DDR, in: FAZ vom 28.8.90; Volkskammer
der DDR, Kurzbericht über die Anhörung zum Umweltrahmengesetz im Ausschuß für Umwelt, Naturschutz, Energie, Reaktorsicherheit am 13. Juni 1990, insbes. die Stellungnahme des BDI (Anlage 1); Verband der Chemischen Industrie, Stellungnahme zum Gesetz der DDR zum Umweltschutz-Entwurf Stand 3. Mai 1990, Frankfurt/M.,
29.5.1990; W.F. Spieth u. F.v. Hammerstein, Altlastenhaftung wird für Investoren zum Problem, in: Handelsblatt vom 23.7.1990; D. Schottelius, Nicht über einen
Kamm scheren, in: Chemische Industrie, Sonderheft DDR
und Osteuropa 1990, S. 23f; R.U. Sprenger, Umweltpolitische Regelungen in der DDR: Ein Investitionshemmnis?,
a.a.O.; o.V., Streit um Umwelt-Altlasten in der DDR, in:
Süddeutsche Zeitung vom 29.7.90.

(1) <u>mangelnde gewerbliche Flächen und Gebäude.</u>
Die Immobilien- und Bodenpreise explodieren. Noch immer
herrscht die Neigung vor, Boden nur zur Nutzung statt
als Eigentum zur überlassen.

(2) <u>ungeklärte Eigentumsfragen</u> beim Grundstückserwerb, z.B.
die Reichweite von Rückübertragungen bei zwischenzeitlich erfolgten Betriebserweiterungen, die Entschädigung
von Nutzungsberechtigten, die per Überlassungsvertrag
als Eigentümer eingesetzt wurden, und die Regelung in
den Fällen, in denen die Verfügungsberechtigung über
das Grundstück und die darauf errichteten Bauwerke aus-
einanderfallen. Die abschließende Klärung dieser Probleme und die Abwicklung von Anträgen auf Rückübertra-
gung werden nur in relativ wenigen Fällen kurzfristig
erfolgen können.

(3) <u>zeitliche Verzögerungen</u> im Grundstücksverkehr und Unsicherheiten in der Kalkulation der Grundstückskosten,
insbesondere aus folgenden Gründen:
- die Intransparenz der Eigentumsverhältnisse aufgrund
teilweise unvollständiger Unterlagen der Grundstücks-
dokumentation,
- Unklarheiten in der Grundstücksbewertung und daraus
resultierende überhöhte Preisvorstellungen der Ver-
käufer einerseits, Revisionsklauseln in Kaufverträgen
und die Furcht der Käufer vor Kaufpreisnachforderun-
gen und
- die Genehmigungspflicht der Kaufverträge durch die
Kreisverwaltungen.

(4) <u>arbeitsmarktpolitische und sozialrechtlichen Unwägbar-</u>
<u>keiten</u> durch kurze Laufzeit der Tarifverträge, nicht
überschaubare Lohn- und Arbeitszeitentwicklung, nicht
produktivitätsorientierte Lohnabschlüsse und erforderliche Mitfinanzierung betrieblicher Sozialleistungen
(z.B. Kindergärten, Ausbildungsstätten, Krankenhäuser).
Daneben werden folgende arbeits- und sozialrechtlichen
Rahmenbedingungen als investitionshemmend bezeichnet:
- teilweise Weitergeltung des Rationalisierungsschutz-
abkommens,
- Einführung der Montanmitbestimmung in verschiedenen
Betrieben,
- Nichtübernahme des Paragraphen 116 Absatz 3 AfG (Neu-
tralität der Arbeitsverwaltung bei Arbeitskämpfen,
- vollständige Übernahme des Paragraphen 613a BGB in
Paragraph 59a ABG (Erschwerung von Kündigungen im
Fall einer Betriebsübernahme,

- erweiterte Kurzarbeiterregelung (Zahlung von Kurzarbeitergeld an Belegschaften von Unternehmen, die nicht mehr überlebensfähig sind,
- vollständige Übernahme des Kündigungsschutzgesetzes,
- vollständige Übernahme des Betriebsverfassunggesetzes einschließlich der Sozialplanregelung; Weitergeltung des Arbeitsgesetzbuches der DDR,
- Mindesturlaub von 20 Arbeitstagen (gegenüber Bundesrepublik 18 Tage),
- besondere Kündigungsvorschriften für Schwangere, stillende Mütter und Alleinerziehende, die erheblich über bundesdeutsches Recht hinausgehen und
- unbegrenzte Freistellung von Arbeitnehmern zur Betreuung kranker Kinder.

(5) betriebswirtschaftliche Ineffizienzen insbesondere durch

- Liquiditätsprobleme, weil Kosten für Löhne und Material kurzfristig anfallen, Erlöse und Forderungseingänge aber in einem vergleichsweise längeren Zeitraum zu erwarten sind,
- Altschuldenprobleme, weil sich die aus planwirtschaftlichen Zeiten stammende Kredit- und Zinsbelastung auf die Liquidität und Bonität der Betriebe auswirke,
- Bilanzprobleme, weil das Anlagevermögen in der Regel drastisch überbewertet ist,
- Produktivitätsprobleme durch aufwendige Produktionsverfahren, ineffiziente Organisation und Materialwirtschaft sowie überhöhte Personalbestände,
- zu hohe Fertigungstiefe, da nicht betriebsnotwendige Hilfsfunktionen zur Materialversorgung oder Instandhaltung sowie soziale Einrichtungen in das Unternehmen mit einbezogen worden sind,
- inhomogene Unternehmensstrukturen, da einzelne Geschäftsbereiche den Kombinaten ohne sinnvollen Bezug zugeschlagen wurden,
- Produktprobleme, da die meisten Güter und Leistungen nach westlichen Standards nicht wettbewerbsfähig sind,
- Vertriebsprobleme, weil die DDR-Betriebe entweder über keinen eigenen schlagkräftigen Vertrieb mit entsprechenden Verkaufs- und Lagerflächen sowie modernen Einrichtungen für den Warenumschlag verfügen oder zumindest keinerlei einschlägige Absatzerfahrung besitzen,
- innerbetriebliche Infrastrukturprobleme, die vom mangelnden Einsatz der Telekommunikation über Umweltla-

sten bis zur Sanierung von Gebäuden und Fabrikgelän-
den führen,
- Managementprobleme, da die DDR-Betriebe zwar viele
exzellente Techniker und Ingenieure, aber so gut wie
keine Manager mit Erfahrungen in Planungs-, Organisa-
tions-, Management- und Marketingtechniken sowie Con-
trollingaufgaben haben und
- Zeitprobleme, da die Überlebenschancen der Unternehmen um so geringer und die sozialen Probleme für die
betroffenen Mitarbeiter um so größer werden, je länger der Umstellungszeitraum auf westliches Niveau
ist.

(6) <u>Schwierigkeiten mit der Bürokratie</u> u.a. aufgrund
- des Vorherrschens der alten Denk- und Entscheidungs-
strukturen,
- der Besetzung von Schlüsselpositionen mit Funktionä-
ren des alten Regimes,
- der undurchsichtigen Verwaltungsstrukturen und noch
fehlender Ansprechpartner in Ministerien, Ländern,
Bezirken und Kommunen. Auch die Treuhandanstalt ar-
beite auf regionaler Ebene viel zu bürokratisch. Beschwerden werden hier laut, daß hier noch die alten
Funktionäre das Sagen haben.

(7) <u>Engpässe in der Infrastruktur</u> in vorhandenen Gewerbege-
bieten sowie fehlende Bereitstellung neuer Gewerbege-
biete mit entsprechender Infrastruktur; hier sei vor
allem auf die Engpässe in der vorhandenen Verkehrs- und
Nachrichteninfrastruktur sowie auf den teilweise katastrophalen Zustand der Entsorgungsinfrastruktur in der
ehemaligen DDR hingewiesen, der eine Bereitstellung
neuer Gewerbeflächen mit einem notwendigen Anschluß an
eine funktionsfähige und ausreichende Abwasser- und Abfallbeseitigung weitgehend ausschließt.

(8) <u>Engpässe bei bestimmten Dienstleistungen</u>
Der Zahlungsverkehr über DDR-Kreditinstitute wird
schleppend abgewickelt. Das behindert die geschäftli-
chen Dispositionen der Unternehmen. Bundesdeutsche Kreditinstitute in der DDR versuchen, die langen Postlauf-
zeiten durch bankeigene Kurierdienste zu umgehen.

Auch der Warentransport in der ehemaligen DDR wird
behindert, weil es kein privatwirtschaftliches Spedi-
teurwesen gab und der Großhandel immer noch zu 95 %
staatlich organisiert ist.

(9) Und schließlich umweltpolitische Regelungen. Dabei werden vor allem ungeklärte Fragen der Begrenzung des Risikos von Investoren in Bezug auf Schäden durch Altanlagen (sog. Altlasten) und verfahrenstechnische Erleichterungen bei der Genehmigung von Neuanlagen bzw. wesentlichen Änderungen bestehender Produktionsanlagen angeführt.

(10) unzureichende Steuerentlastungen für Investitionen in den neuen Bundesländern.

Anhaltspunkte für die tatsächliche Bedeutung der hier angeführten Investitionshemmnisse liefern u.a.

- Angaben einzelner Investoren,
- Stellungnahmen von Industrieverbänden (z.B. des BDI und der DIHT),
- Expertenaussagen (z.B. von Consulting-Firmen)
- und Firmenbefragungen.

Legt man eine Telefonumfrage des Ifo-Instituts bei rd. 500 Unternehmen im August 1990 zugrunde (vgl. Abb. 4.4), so wurden bislang nur 6 % der befragten Unternehmen nicht durch gravierende Schwierigkeiten in der Durchführung ihrer Investitionsvorhaben behindert. Einige Probleme, wie administrative Verzögerungen bei der Erteilung von Genehmigungen (von 17 % genannt) oder Fragen der Finanzierungssicherung (von 13 % genannt), spielen auch bei Projekten in der Bundesrepublik Deutschland oder im westlichen Ausland eine Rolle. Daneben wurden aber auch Hemmnisse genannt, die ganz oder überwiegend typisch für die Situation von Investoren in der ehemaligen DDR sind. Knapp jedes fünfte Unternehmen führte rechtliche Schwierigkeiten beim Grundstückserwerb bzw. Mängel in der Infrastruktur an. Mit 14 % bzw. 13 % standen Schwierigkeiten aufgrund ungeklärter Bewertungsfragen und Unwägbarkeiten in der Kalkulation der Lohnkosten

- 160 -

Abbildung: 4.4

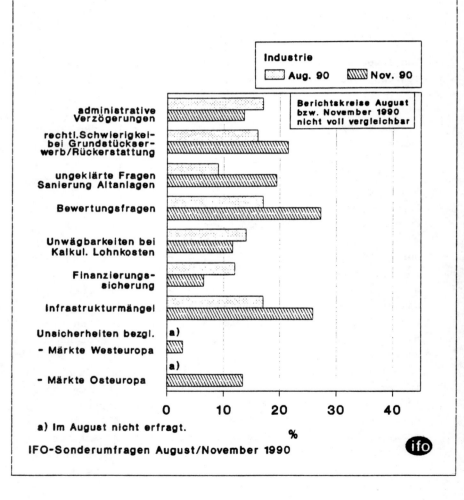

# Hemmnisse bei Investitionsvorhaben in Ostdeutschland

Industrie

☐ Aug. 90    ▨ Nov. 90

Berichtskreise August bzw. November 1990 nicht voll vergleichbar

administrative Verzögerungen

rechtl.Schwierigkei- bei Grundstückser- werb/Rückerstattung

ungeklärte Fragen Sanierung Altanlagen

Bewertungsfragen

Unwägbarkeiten bei Kalkul. Lohnkosten

Finanzierungs- sicherung

Infrastrukturmängel

Unsicherheiten bezgl. a)
- Märkte Westeuropa

a)
- Märkte Osteuropa

0   10   20   30   40
%

a) Im August nicht erfragt.

IFO-Sonderumfragen August/November 1990

ifo

etwa gleichauf. Demgegenüber wurde Unsicherheit über den
Umfang und die Kosten der erforderlichen Altlastensanierung
nur von 8 % der Befragten genannt.

Auch wenn die Berichtskreise nicht unbedingt vergleichbar
sind, lassen neue Ifo-Befragungen bei rd. 2 500 Firmen im
November 1990 doch einige aufschlußreiche Tendenzen erkennen (vgl. Abb. 4.4). Wesentlich an Bedeutung zugenommen haben vor allem die Klagen über Probleme mit Bewertungsfragen
sowie über die vorhandenen Infrastrukturmängel. Hierauf
weisen jeweils rund 25 % der in den ostdeutschen Bundesländern aktiven Unternehmen hin. Nur wenig niedriger (Meldeanteil etwa 20 %) liegen die Beschwerden über rechtliche
Schwierigkeiten beim Grundstückserwerb bzw. bei der Rück-
übertragung sowie über ungeklärte Fragen bei der Sanierung
von Altanlagen und Altlasten. Immerhin reichlich ein Zehn-
tel der Unternehmen heben administrative Verzögerungen bei
der Erteilung von Betriebs- oder Baugenehmigungen, Unwägbarkeiten in der Kalkulation der Lohnkosten sowie Unsicherheiten hinsichtlich der Marktentwicklung in Osteuropa hervor.

Der Einigungsvertrag zwischen den beiden deutschen Staaten
hat inzwischen die Rahmenbedingungen für Investitionen
deutlich verbessert. Besondere Bedeutung kommt dabei der
Möglichkeit zu, Eigentumsübertragungen durch die Einführung
von Kompensationsregelungen beschleunigt abzuwickeln. Außerdem wird die Förderung von Investitionen im Rahmen der
Bund-Länder-Gemeinschaftsaufgabe "Verbesserung der regionalen Wirtschaftsstruktur" mit Zuschüssen bis zu 23 % auf die
ehemalige DDR augedehnt, wobei diese um die Zulage für Investitionen dort - in Höhe von 10 % - aufgestockt werden
können. Damit wurde die Förderpräferenz deutlich zugunsten
der neuen Bundesländer verändert. Der Höchstsatz von 33 %

kann durch den Einsatz weiterer Finanzierungshilfen in Einzelfällen noch erheblich überschritten werden.

Trotz der erfolgten Verbesserung der gesetzlichen Rahmenbedingungen für Investoren wäre es aber unrealistisch, einen schlagartigen Investitionsaufschwung in der ehemaligen DDR zu erwarten. Dagegen spricht zum einen die Komplexität der Aufgabe, die gesamten Strukturen und die wirtschaftlichen Orientierungen der Bevölkerung grundlegend zu verändern, zum anderen sind im Einigungsvertrag noch nicht alle rechtlichen und verwaltungstechnischen Detailfragen geregelt. Schließlich ist zu bedenken, daß Planung und Durchführung von Investitionsvorhaben naturgemäß eine gewisse Vorlaufzeit erfordern.

## 4.4 Implementierung der Umweltpolitik

Für die potentielle Nachfrage nach Umweltgütern und -lei-
stungen spielt es eine entscheidende Rolle, inwieweit die
entsprechenden umweltrechtlichen Regelungen auf den Gebieten von Planung, technischen Genehmigungen und auch Überwachung tatsächlich vollzogen werden. Von den Anbietern auf
dem Umweltschutzmarkt wird dies als erhebliche Nachfragede-
terminante gewertet.

Der Vollzug der umweltrechtlichen Regelungen hat seine institutionellen Voraussetzungen in der Funktionsfähigkeit
der Umweltverwaltung bzw. der Umweltbehörden.

Im folgenden soll kurz geprüft werden, welche Voraussetzungen auf dem Gebiet der fünf neuen Bundesländer bezüglich
des Vollzuges der neuen Umweltschutzanforderungen gegeben
sind bzw. in unmittelbarer Zukunft zu erwarten sind.

Angesprochen werden sollen:
- die Struktur und Organisation der Umweltadministration,
- die vorhandene Informationsbasis der Verwaltungen bzw.
  Behörden,
- die technischen Voraussetzungen für Umweltüberwachung
  und -analytik und
- die personelle Situation von Umweltverwaltungen bzw. -be-
  hörden.

## 4.4.1 Struktur und Organisation der Umweltschutzbehörden

Die strukturell-organisatorische Situation der auf dem Gebiet der ehemaligen DDR bestehenden bzw. entstehenden Umweltbehörden bzw. -verwaltungen muß zur Zeit als außeror-

dentlich prekär eingeschätzt werden[1]. Für diese Einschätzung gibt es mehrere Gründe:

(1) Die bis Mitte des Jahres 1990 bestehenden Umweltverwaltungen bzw. durch Umweltschutz tangierten Verwaltungen der DDR (vgl. Abb. 4.5 und 4.6) existieren in wesentlichen Teilen nicht mehr. Doch selbst mit diesen administrativen Einheiten wären auch die institutionellen Voraussetzungen für die Umsetzung der umweltrechtlichen Regelungen der Bundesrepublik in den neuen Bundesländern

- weder sachlich (d.h. gemessen an den Anforderungen des Umweltrahmengesetzes bzw. des bundesdeutschen Umweltrechts, speziell in den Bereichen Planungs- und Zulassungverfahren bzw. der Anforderungen an ein geschlossenes Überwachungssystem),

- noch im Hinblick auf die föderale Organisation des Umweltschutzes in der Bundesrepublik

gegeben gewesen.

(2) Das wesentliche Problem besteht zunächst darin, daß die adäquaten Verwaltungs- und Behördenstrukturen zur Zeit noch im Aufbau bzw. noch nicht (voll) arbeitsfähig sind: die Umweltministerien auf Länderebene und die nachgeordneten Behörden (z.B. Landesumweltämter, Immissionsämter usw.) befinden sich erst im organisatorischen Aufbau und haben auch noch nicht die vorgesehenen Planstellen besetzt.

---

1) B. Lemser, Umweltschutz unter marktwirtschaftlichen Zwängen in: Stingl/Hoffmann (Hrsg.) Marktwirtschaft in der DDR.

Abbildung: 4.5

**Schema:** Stellung der Umweltbehörde im befehlswirtschaftlichen System der DDR

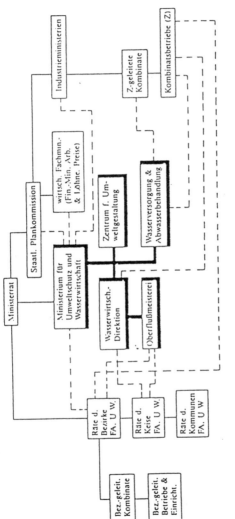

Legende

━━━ Weisungsbefugnis des Ministeriums für Umweltschutz und Wasserwirtschaft im Planungs- und Wirtschaftsprozeß

──── Weisungsbefugnis im Planungs- und Wirtschaftsprozeß

- - - - Informationsbeziehungen des MUW bzw. direkt unterstellter Einrichtungen zu den Beteiligten im Wirtschaftsprozeß

FA. UW. Fachabteilung für Umweltschutz
MUW Ministerium für Umweltschutz & Wasserwirtsch.

Abbildung: 4.6    Vereinfachte Struktur der umweltrelevanten Verwaltung in der DDR

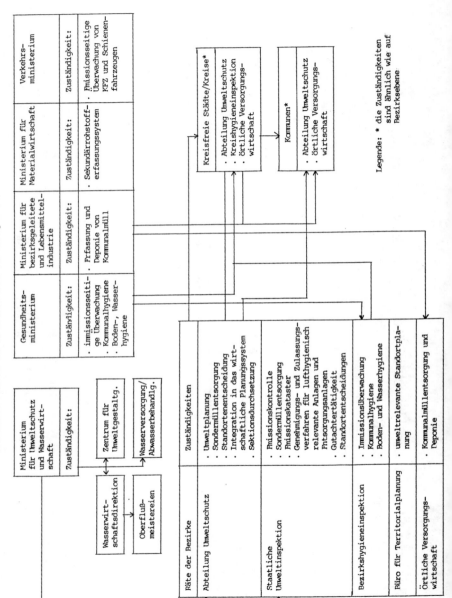

Allerdings kann auf bestimmte Verwaltungseinrichtungen
im Umweltbereich zurückgegriffen werden, die sich durch
Umorganisation relativ schnell erschließen ließen; z.b.
die Bezirkshygieneinspektionen, Staatlichen Umweltinspektionen, Büros für Territorialplanung, Umweltschutz-
abteilungen der Bezirke, das ehemalige Umweltministerium der DDR, Zentrum für Umweltgestaltung, die Wasser-
wirtschaftsdirektionen, die Gewässeraufsichten, Fluß-
meistereien, die abfallwirtschaftlich tätige Struktur-
einheiten der Bezirke und auf ministerieller Ebene.

Grundsätzlich kann davon ausgegangen werden, daß für
alle relevanten Aufgabenfelder ein institutioneller und
personeller "Grundstock" vorhanden ist, der aber hinsichtlich seiner Leistungsfähigkeit sehr unterschiedlich ausgeprägt ist (siehe dazu auch die folgenden
Punkte).

(3) Weitere Probleme für den Vollzug sind dadurch zu befürchten, daß die Verwaltungsorganisation in den neuen
Bundesländern noch nicht abschließend geregelt
ist.[1] Die entsprechenden Landes-Organisationsge-
setze und -zuständigkeitsregelungen fehlen noch weitgehend. Der Föderalismus läßt erwarten, daß die bereits
in der alten Bundesrepublik gegebene Buntscheckigkeit
in der Verwaltungsorganisation sich in den neuen Bundesländern fortsetzt. So ist z.b. noch nicht entschieden, ob alle neuen Bundesländer einen dreistufigen
Verwaltungsaufbau wählen mit Zentral-, Mittel- und

---

1) Im Anschluß an F.J. Dreyhaupt, Umsetzung von Umweltschutzanforderungen in den neuen Bundesländern: Vollzugsprobleme, unveröff. Vortragsmanuskript, Dortmund
15.4.1991, S. 2.

Ortsinstanz, also die Frage etwa, ob in allen neuen Bundesländern Bezirksregierungen als Mittel- und Bündelungsbehörden eingerichtet werden. Diese Entscheidungen sind aber wichtig, um überhaupt Verwaltungsaufgaben zuweisen zu können, also eine bestimmte Fachverwaltung zu strukturieren.

Daraus erklärt sich eine gewisse Zuständigkeits-Konfliktsituation im Bereich des Umweltschutzes, wobei man allerdings weniger an positive oder negative Kompetenzkonflikte denken sollte als an Inkompetenzen, die von vornherein Rechtsunsicherheit beinhalten. Es mag zwar Zuständigkeitsregelungen für den Umweltbereich in den neuen Bundesländern als vorläufige oder Übergangs-Regelungen geben, aber sie sind bisher nicht effektiv. Hinzu kommt, daß in umweltrechtlichen Genehmigungsverfahren oft eine umfangreiche Behördenbeteiligung notwendig ist, die bisher aus den gleichen Gründen nur schwerlich gewährleistet werden kann.

(4) Die Umstrukturierung bzw. Umorganisation der vorhandenen Umweltverwaltung in der ehemaligen DDR wird aber nicht ausreichend sein, um die Vollzugsproblematik entsprechend "in den Griff" zu bekommen. Ganz besonders auf dem Gebiet der

- Zulassungsverfahren für umweltrelevante Anlagen,
- Standortgenehmigungsverfahren,
- emissionsseitigen Kontrolltätigkeit auf lufthygienischem Gebiet,
- der Altlasterfassung und -sanierung,
- der Umweltanalytik,
- der Abfallwirtschaft - speziell hier der Müllentsorgung (Kommunal- wie Sondermüll)

bestanden schon in der ehemaligen DDR massive Vollzugs-
defizite - und dies bei einer wesentlich "zahmeren" Um-
weltgesetzgebung.

Ohne eine personelle und technische "Aufrüstung" der
damit befaßten Behörden in den neuen Bundesländern besteht keine reale Chance für einen nur einigermaßen
vollständigen Vollzug der entsprechenden Regelungen.
Die von Bundesumweltminister Töpfer in Aussicht ge-
stellte Einrichtung von 500 Stellen auf diesem Gebiet[1] weist aber darauf hin, daß dieses Problem von
der Politik erkannt wurde. Die bereits im Umweltrahmengesetz vorgesehenen und inzwischen vertraglich verein-
barten Amtshilfen[2] können die geschilderten Probleme nur sehr partiell entschärfen.

## 4.4.2 Vorhandene Informationsbasis

Die Informationsbasis der existierenden bzw. neu zu bildenden Umweltbehörden auf dem Gebiet der neuen Bundesländer
- über bestehende Umweltprobleme und deren Ausmaß,
- über Verursacher und deren Identifikation,
- über Rechtsnormen und deren Anwendung
sind recht unterschiedlich einzuschätzen:

Als relativ gut ist die Informationsbasis über die allgemeine Immissionssituation und deren wesentliche Ursachen
einzuschätzen. Problematischer dagegen ist die Informationsbasis auf dem Gebiet der Luftreinhaltung bezüglich der
Erfassung von industriellen bzw. gewerblichen Klein- und

1) o.V., Ostdeutschland - Mehr als 500 neue Personalstellen, in: Handelsblatt Nr. 197, 11.10.1990
2) Verwaltungsvereinbarung der Länder der Bundesrepublik
   Deutschland zur Durchführung des Umweltrahmengesetzes,
   Hannover, Juli 1990

Kleinstemittenten in einem Emissionskataster. Im Bereich der Wassernutzung kann die vorhandene informationelle Basis als relativ gut eingeschätzt werden, und zwar sowohl was die Kenntnisse über die Belastungssituation, als auch was die Identifikation der Verursacher angeht. Sowohl im Bereich der Wassernutzung als auch auf dem Gebiet des Immissionsschutzes wird seit Jahren eine systematische Datenerfassungsarbeit geleistet.

Schwerste Informationsdefizite bestehen im Altlastbereich. Sehr marginal ist hier die Informationsbasis auf dem Teilgebiet der industriellen Altstandorte, etwas besser auf dem Gebiet der Altablagerungen bzw. wilder Deponien einzuschätzen.

Generell kann davon ausgegangen werden, daß das Informationsdefizit dort groß ist, wo die Informationen von spezifischen umweltanalytischen Untersuchungen bezüglich bestimmter Schadstoffkomponenten bzw. niedrigster Konzentrationen abhängig sind. Die Rückgriffsmöglichkeiten der Umweltbehörden auf wissenschaftliche Einrichtungen in den neuen Bundesländern, die auf dem Gebiet des Umweltschutzes bzw. auf umweltschutznahen Gebieten tätig sind, sind allerdings als relativ als gut einzuschätzen. Nur einige Beispiele:
- Akademie der Wissenschaften (biologische, chemische, geographische Institute)
- Bauakademie (Bereiche Heizung und Lüftung, Tiefbau)
- Universitäts- und Hochschulbereich:
  . TH Merseburg (Chemische Industrie, Recycling),
  . TU Dresden (Wasserwirtschaft, Waldschäden)
  . TH Zittau (Kraftwerksanlagen, Energieträger)
  . Universität Halle (Ökologie, Landeskultur, Raumplanung, Geoökologie)
  . Universität Greifswald (Geographie, Landeskultur)

- im industrienahen Bereich:

. Institut für Energetik Leipzig (Energieproduktion, Energieanwendung, Rauchgasentschwefelung),

. OGREP-Institut Lübbenau-Vetschau (Rauchgasentschwefelung).

Zu den wichtigen Voraussetzungen für einen effektiven Gesetzvollzug durch die Vollzugsbehörden gehört auch eine gute Kenntnis der zu vollziehenden Rechtsnormen und Erfahrungen in ihrer Anwendung.[1]

Ernste Vollzugsprobleme ergeben sich daraus, daß die Umweltadministration in den neuen Bundesländern ein Umweltrecht anwenden muß, das sie erst mit dem Umweltrahmengesetz Mitte 1990 kennengelernt hat. Von Vertrautheit mit diesen Rechtsnormen kann auch heute noch nicht - trotz aller schon eingeleiteter, angelaufener und durchgeführter Fortbildungsmaßnahmen - gesprochen werden. Das bundesdeutsche Umweltrecht ist zudem nicht einfach; es bedarf schon jahrelanger Erfahrung im verwaltungsvollziehenden Umgang damit, um es einigermaßen zu beherrschen. Dazu kommen noch die in der Bundesrepublik besonders hohen Anforderungen an die Rechtssicherheit von Verwaltungsentscheidungen, die nicht nur durch sorgfältige und kenntnisreiche Rechtsanwendung und -auslegung gewährleistet wird, sondern auch durch verwaltungsjuristischen Beistand, der in den neuen Bundesländern weitgehend fehlt. Es gab dort keine Verwaltungsgerichtsbarkeit, die entsprechende Reflexionen in der Administration ausgelöst hätte.

1) Im Anschluß an F.J. Dreyhaupt, a.a.O.

### 4.4.3 Technische Voraussetzungen für Umweltanalytik und -überwachung

Bezüglich der technischen Voraussetzungen für Umweltanalytik und -überwachung kann im allgemeinen davon ausgegangen werden, daß diese unzureichend sind. Dennoch gibt es hier Unterschiede:

Relativ besser - wenn auch nicht ausreichend - sind diese Voraussetzungen im Bereich der Überwachung der Oberflächengewässer und der kommunalhygienischen und immissionsseitigen Überwachung. Auf den Gebieten der emissionsseitigen Überwachung, Deponiekontrolle, geologischen Untersuchungen und Umweltanalytik bezüglich sehr spezifischer Komponenten und geringster Konzentrationen, sind diese Voraussetzungen als ausgesprochen schlecht einzuschätzen.

Die Möglichkeiten, umweltanalytische Untersuchungen an Dritte (wissenschaftliche Einrichtungen bzw. private Labors), zu vergeben sind zur Zeit noch nicht in dem Maße vorhanden, um in diesen Bereichen bestehende Leistungsdefizite abzubauen. Tendenziell zeichnet sich aber hier durch die Zunahme entsprechender Einrichtungen eine leichte Entspannung ab.

### 4.4.4 Personelle Situation

Grundsätzlich kann die personelle Situation bei den Umweltbehörden in der ehemaligen DDR gemessen an den Anforderungen des bundesdeutschen Umweltrechts nicht befriedigen. Dies ergibt sich schon daraus, daß dieses personelle Defizit schon vor November 1989 bei nicht so "scharfen" Regelungen bestand. Im Hinblick auf die Vollzugsanforderungen zeichnen sich in quantitativer und qualitativer Hinsicht deutliche Probleme ab:

Einmal ist zu beachten, daß in den Umweltbehörden der "neuen" fünf Bundesländer in den nächsten Jahren ein relativ höherer Personalbedarf als in den "alten" Ländern besteht. Dies resultiert aus
- dem notwendigen Abbau der Informationsdefizite,
- der zu erwartenden hohen Zahl an Planungs- und Genehmigungsverfahren und nachträglichen Anordnungen im Zuge der Umstrukturierung der Wirtschaft
- und den gewaltigen Sanierungsaufgaben in den neuen Bundesländern.

Daneben spielt die Qualifikation des Personals in der Umweltadministration eine zentrale Rolle, und zwar in bezug auf
- die berufliche Grundausbildung (Fachrichtung),
- die Ausbildung innerhalb der Administration (Anwärterzeit wie z.B. Referendariat) sowie
- die Berufserfahrung in der Umweltverwaltung..

Was die beruflich-fachliche Qualifikation anbetrifft, so weisen die Umweltbehörden bzw. vom Umweltschutz tangierten Verwaltungen in der ehemaligen DDR eine gut qualifizierte Personalbasis auf, auf die zurückgegriffen werden kann. Durch intensive Personalschulung kann diese recht schnell an das bundesdeutsche Regelwerk herangeführt werden.

Daneben bietet der Arbeitsmarkt zur Zeit in hohem Maße fachlich gut qualifizierte Naturwissenschaftler, Techniker, Ökonomen und Planer an, die durch Qualifizierungsmaßnahmen recht schnell an Tätigkeiten im Umweltschutz herangeführt werden könnten. Zudem wenden sich Universitäten und Hoch-

schulen der ehemaligen DDR sich zur Zeit in ihrer Ausbildung verstärkt Umweltproblemen zu und lassen in absehbarer
Zeit ein entsprechend fachlich ausgebildetes Arbeitskräfte-
angebot erwarten.

Gravierender erscheinen hingegen die Probleme aufgrund man-
gelnder administrativer Erfahrungen.[1] Hier macht sich
bemerkbar, daß frühere Führungskräfte mit Fachwissen und
Erfahrung auf speziellen - meist technischen - Umweltver-
waltungsgebieten aus politischen Gründen nicht mehr in
ihrem eigentlichen Fachgebiet eingesetzt werden. Die Nach-
rücker sind oft ohne Verwaltungserfahrung und ohne spezielle Erfahrung in ihrem neuen Aufgabengebiet. Natürlich ist
das alles nur eine Frage der Zeit, bis Aus- und Fortbildungsmaßnahmen und das Mitarbeiten "am Stück" die Wissens-
und Erfahrungslücken geschlossen haben. Auch könnten durch
Personaltransfer aus den "alten" Bundesländern zumindestens
temporär Engpässe in Führungspositionen, die Erfahrungen in
der "neuen" Umweltadministration voraussetzen, überwunden
werden. Aber gerade in der Phase der erstmaligen Anwendung
eines neuen, bisher unbekannten technischen Rechts und in
der Phase einer schwierigen wirtschaftlichen Umstrukturierung sind diese Mängel besonders beklagenswert. Das gilt
besonders dann, wenn diese Verwaltung in entscheidenden
Gesprächen oder in Genehmigungsverhandlungen erfahrenen
Interessenvertretern westlicher Firmen gegenüberstehen.

### 4.4.5 Perspektiven für den Vollzug

Betrachtet man die neuen rechtlichen und politischen Rahmenbedingungen für den Umweltschutz in den neuen Bundesländern, so ergibt sich ein ungeheurer Maßnahmen- und Zeit-

---

1) Im Anschluß an F.J. Dreyhaupt, a.a.O.

druck. Der Maßnahmendruck resultiert vor allem aus den vielfältigen Sofortprogrammen in bezug auf:

- Sofortmaßnahmen für 196 der 12 250 bisher festgestellten Altlastenflächen

- Untersuchung der 248 000 ha militärisch genutzter Verdachtsflächen

- Bau und/oder Sanierung von 35 kommunalen und 24 industriellen Kläranlagen im Elbe-Einzugsgebiet

- Bau von 27 Kläranlagen an der Ostsee und im Einzugsgebiet von Oder und Neiße

- Altanlagensanierung für 278 erfaßte Großfeuerungsanlagen bis spätestens 1.7.1996
  - 10 Braunkohlegroßkraftwerke
  - 142 Industriekraftwerke
  - 126 Heizkraftwerke

- Sanierung von 6 735 bisher angezeigten luftverunreinigenden Anlagen entsprechend Nr. 4 der TA Luft in einem 4-stufigen Fristenplan.

Der enorme Zeitdruck wird offenbar, wenn man einige wichtige gesetzlich fixierte Termine betrachtet, die sich aus Umweltgesetzen in Verbindung mit Übergangsvorschriften des Einigungsvertrages ergeben (vgl. Tab. 4.3).

Die Bestandsaufnahme und Evaluierung der im Aufbau befindlichen Umweltadministration in den neuen Bundesländern deutet darauf hin, daß bis auf weiteres mit erheblichen Vollzugsdefiziten zu rechnen ist. Die unterschiedlichen Arten

Tabelle: 4.3

### Fristen für den Vollzug wesentlicher umweltpolitischer Neuregelungen in den neuen Bundesländern

| Fristen | Regelungsbereiche |
|---|---|
| Sofort | 1. Anordnungen zur Sanierung von Altanlagen nach Nr. 4.1 TA Luft<br><br>2. Anzeige über beabsichtigte Stillegung ortsfester Abfallentsorgungsanlagen nach § 10a Abs. 1 AbfG<br><br>3. Aufstellung von Emissions- und Immissionskatastern zur Vorbereitung von Luftreinhalteplänen in Untersuchungsgebieten nach § 44 Abs. 1 BImSchG (das sind automatisch Gebiete mit Immissionsgrenzwertüberschreitungen nach TA Luft oder EG-Richtlinien ⇒ Leitwerte!) |
| 31.12.1990 | 1. Anzeige genehmigungsbedürftiger Anlagen nach § 67a Abs. 1 BImSchG<br><br>2. Anzeige ortsfester Abfallentsorgungsanlagen nach § 9a Abs. 2 AbfG<br><br>3. Anzeige von vor dem 1.7.1990 stillgelegten ortsfesten Abfallentsorgungsanlagen nach § 10a Abs. 4 AbfG |
| 3.6.1991 | Anzeige von "Störfall"-Anlagen nach § 12 Abs. 1 Störfall-VO |
| 30.6.1991 | Anordnungen zur Sanierung von Altanlagen nach Nr. 4.2.2 TA Luft |
| 30.6.1992 | Anordnungen zur Sanierung von Altanlagen nach Nr. 4.2.3 TA Luft |
| 1.10.1992 | Anordnungen an Sonderabfall-Entsorgungsanlagen hinsichtlich<br>- Organisation und Personal<br>- Anforderungen an Zwischenlager und Abfallbehandlungsanlagen nach § 8 Abs. 1 Satz 3, § 9 AbfG i.V. mit Nrn. 9 und 10 TA Abfall |
| 31.12.1992 | Vorlage der Sicherheitsanalysen für "Störfall"-Anlagen (Endtermin, im übrigen "unverzüglich") nach § 12 Abs. 2 i.V. mit § 7 Störfall-VO |
| 1.7.1996 | Endtermin für Umrüstung GFA nach § 36 GFAVO |

Quelle: F.J. Dreyhaupt, Umsetzung von Umweltschutzanforderungen in den neuen Bundesländern: Vollzugsprobleme, unveröff. Vortragsmanuskript, Dortmund 15.4.1991.

der Amtshilfe (Personaltransfer und -schulung, organisatorische Unterstützung, Unterstützung bei Zulassungsverfahren, Personalschulung usw.) können die Vollzugsprobleme zwar partiell entschärfen, aber nicht lösen. Solange nicht die notwendigen wirtschaftlichen Entscheidungen auf der Betreiberseite und die notwendigen politischen Entscheidungen für eine effektive Strukturierung der Umweltadministration auf der Anordnungs- und Genehmigungsseite fallen, bestehen keine Chancen für die Realisierung des Zeitplans der deutsch-deutschen Umweltgemeinschaft.

**4.5     Möglichkeiten und Probleme der Finanzierung**

Die ökologische Sanierung und Modernisierung der ehemaligen
DDR bis zum Jahre 2000 ist nicht nur eine Frage der allgemeinen Rahmenbedingungen für Investitionen und Produktion
und des Vollzugs der neuen umweltrechtlichen Rahmenbedingungen durch eine funktionsfähige und effektive Umweltadministration in den neuen Bundesländern. Sie ist angesichts des
hohen Finanzierungsbedarfs im Umweltschutz aber auch des
Nachholbedarfs in anderen Aufgabenfeldern vor allem auch
eine Frage der Finanzierbarkeit.

Im folgenden sollen daher im einzelnen die wichtigsten, gegenwärtig praktizierten oder vorgeschlagenen Finanzierungsinstrumente im Rahmen
- des Verursacherprinzips,
- des Gemeinlastprinzips und
- des Gruppenlastprinzips
diskutiert werden.

**4.5.1    Finanzierung nach dem Verursacherprinzip**

Die Finanzierung des Umweltschutzes ist vorrangig Aufgabe
der Unternehmen, der Kommunen und - soweit diese unmittelbar
betroffen sind - der privaten Haushalte. Nur wenn die Verursacher von Umweltbelastungen die Kosten der Vermeidung
bzw. Beseitigung zu tragen haben, besteht ein wirtschaftlicher Anreiz, mit natürlichen Ressourcen sparsam umzugehen
und die Umwelt zu schonen.[1] Dieser Grundsatz der Umweltpolitik für die Finanzierung von Umweltschutzmaßnahmen gilt
natürlich auch für die neuen Bundesländer. Allerdings stößt
eine sofortige, strikte Anwendung des Verursacherprinzips

---

1) BMUNR, Eckwerte der ökologischen Sanierung und Entwicklung in den neuen Ländern, a.a.O., S. 44

durch Anlastung sämtlicher Kosten der notwendigen Um-
weltschutz- und -sanierungsmaßnahmen noch auf erhebliche
Probleme, da u.a.

- die Verursacher teilweise nicht mehr feststellbar, rechtlich nicht mehr existent oder insolvent sind,

- die Umweltaltlasten der vormals volkseigenen Betriebe auf
  die Treuhandanstalt als Rechtsnachfolgerin übergegangen
  sind und weitgehend eine staatliche Sonderaufgabe darstellen,

- die schnelle Umstellung auf verursachergerechte, kosten-
  deckende Gebühren, Abgaben und Preise im Energie- und
  Entsorgungsbereich die Belastungsfähigkeit der privaten
  Haushalte übersteigen würde oder

- die Finanzschwäche der Gebietskörperschaften in den neuen
  Bundesländern unerläßliche Sofortmaßnahmen zur Gefahrenabwehr hinauszögern würde.

Trotz der genannten Schwierigkeiten, das Verursacherprinzip
konsequent, rasch und in den rechtlich möglichen Fällen anzuwenden, gibt es eine Reihe von Möglichkeiten, die Finanzierung der notwendigen Umweltschutzmaßnahmen im Rahmen des
Verursacherprinzips abzuwickeln. Dies gilt vor allem für die
Finanzierung

- über Preise, Gebühren und Abgaben,
- durch Finanztransaktionen im Zuge sog. Kompensationslösungen und
- durch Mobilisation privaten Kapitals.

## 4.5.1.1 Finanzierung über Preise, Gebühren, Beiträge und Abgaben

Auch wenn die Privatisierung der vormals volkseigenen Industriekombinate nur schleppend vorankommt, hat die Treuhand inzwischen bereits knapp 3.000 von insgesamt ca. 8.000 Industriebetrieben privatisiert.[1] Daneben gibt es eine Vielzahl von Existenzgründungen vor allem bei kleineren Betrieben und nicht zuletzt neue Investoren aus den alten Bundesländern und dem Ausland. Sieht man einmal von der Altlastenfreistellung aufgrund behördlicher Entscheidung oder aufgrund einer vertraglichen Verpflichtung seitens der Treuhand zur (teilweisen) Lastenübernahme ab, so geht mit dem privatwirtschaftlichen Engagement auch die Verpflichtung zur Erfüllung der Umweltschutzanforderungen bei bestehenden bzw. neuen Produktionsanlagen auf den Käufer bzw. Investor über. Damit erfolgt tendenziell und wohl auch größtenteils die Finanzierung nach dem Verursacherprinzip, auch wenn die vorgenommenen oder geplanten Umweltschutzinvestitionen durch staatliche Subventionen mitfinanziert werden.

Die Finanzierung des wohl bedeutendsten Teils der notwendigen privaten Umweltschutzinvestitionen, nämlich die ökologische Sanierung und Modernisierung der Energiewirtschaft in den neuen Bundesländern, bereitet nach Ansicht der beteiligten Energieversorgungsunternehmen (EVU) keine Sorge. Eine Kapitalerhöhung bei den EVU's sei nicht notwendig, allerdings sei mit "saftigen" Strompreiserhöhungen im Rahmen der administrativen Tarifgenehmigung zu rechnen.[2] Aus sozial-

---

1) Vgl. Treuhandanstalt, Privatisierung zum 31.7.91, Berlin August 1991
2) Vgl. o.V., Auf DDR-Bürger wartet höhere Stromrechnung, in: Süddeutsche Zeitung, Nr. 194 vom 24.8.90 u. o.V., Strompreis in der Ex-DDR steigt, in: Süddeutsche Zeitung, Nr. 291 vom 19.12.90.

politischen Gründen gewährt die Bundesregierung für den vorgesehenen Abbau der bisherigen Verbraucherpreis-Subventionen
für Strom und Wärme Ausgleichszahlungen (vgl. weiter unten
Kap. 4.5.2.4).

Auch im Bereich der notwendigen Investitionen im öffentlichen Hoheitsbereich, d.h. bei der Trinkwasserversorgung,
Abwasser- und Abfallbeseitigung, wird es zumindest mittelfristig und tendenziell zu einer verursachergerechten Finanzierung über Gebühren, Beiträge und Abgaben kommen. Zwar
bestehen gegenwärtig noch Übergangsregelungen (z.B. hinsichtlich der Investitionsfinanzierung über Sonderprogramme,
der Aussetzung der Abwasserabgabe und Abfallabgabe und der
Erstattung gestiegener Kommunalabgaben), doch dürften mittelfristig in den neuen Bundesländern die kommunalen Ver-
und Entsorgungsgebühren u.dgl. zu einer ähnlichen Kostendek-
kung wie in den alten Bundesländern beitragen.

**4.5.1.2 Finanztransaktionen im Rahmen von Kompensationslö-
sungen**

Eine mögliche Finanzierungsquelle für die Durchführung not-
wendiger Nachrüstungsmaßnahmen in den neuen Bundesländern
könnten West-Ost-Finanztransaktionen sein, die im Zuge von
sog. Kompensationslösungen zustande kommen. Grundgedanke
dieser Finanzierungsoption ist, daß mit den erforderlichen
finanziellen Mitteln zur Erfüllung nachträglicher Anforderungen an einer Anlage oder in einem Gebiet (d.h. in den
alten Bundesländern) an anderer Stelle (d.h. in den neuen
Bundesländern) ein erheblich höherer Beitrag zur Umweltent-
lastung erzielt werden könnte.

Einen Anreiz, auf diese Weise die neuen Umweltschutzanforderungen kostengünstig und mithin mit geringerem eigenem Fi-
nanzmitteleinsatz zu erfüllen, bieten Ansätze zur Flexibi-

lisierung des umweltpolitischen Ordnungsrechts. Die sog.
Kompensationsregelung im Bundesimmissionsschutzgesetz sieht
beispielsweise vor, daß in näher bestimmten Gebieten Altanlagen für einen bestimmten Zeitraum von den ordnungsrecht-
lichen Anforderungen abweichen dürfen, wenn an anderen in
diesem Gebiet liegenden Anlagen weitergehende Maßnahmen ergriffen werden und so insgesamt ein Mehr an Immissionsschutz
erreicht wird. Auf diese Weise kann der Finanzierungsaufwand
für die Adressaten der Umweltpolitik minimiert werden.

Kompensationslösungen könnten auch für die Gewässer-
schutzpolitik, insbesondere im Indirekteinleiterbereich,
interessante Ansätze bieten. Ähnliche Überlegungen werden im
Hinblick auf die notwendigen $CO_2$-Emissionsminderungen angestellt.

Bei Erfüllung der Voraussetzungen für ökologisch und ökonomisch sinnvolle Kompensationslösungen, könnten die dabei
ausgelösten Finanztransaktionen im Einzelfall zur Mitfinanzierung von Umweltschutzmaßnahmen in den neuen Bundesländern
beitragen. Im übrigen würde es sich dabei um eine Finanzierung im Rahmen des Verursacherprinzips handeln.

### 4.5.1.3 Mobilisierung privaten Kapitals[1]

Der erhebliche Sanierungs- und Ausbaubedarf der gesamten
Ver- und Entsorgungsinfrastruktur in den neuen Bundesländern
kann über öffentliche Investitionsprogramme wohl kaum allein
finanziert werden, zumal auch der Verkehrsbereich und die
Stadtsanierung in erheblichem Umfang öffentliche Mittel bin-
den werden. Für den Bereich der Wasser- und Abfallwirtschaft
werden daher neue Wege der Finanzierung mit dem Ziel disku-

---

1) Im Anschluß an BMUNR, Eckwerte der ökologischen Sanierung
   und Entwicklung ..., a.a.O., S. 44 f.

tiert, die notwendigen Sanierungs- und Entwicklungsmaßnahmen
in vertretbarer Zeit durchführen zu können. Es wird u.a.
vorgeschlagen, privates Kapital auf folgendem Wege zu mobi-
lisieren:

- private Besitz- und Betreibergesellschaften
- kommunale Immobilienfonds
- Kapitalgesellschaften für Umweltschutzprojekte
- Vergabe von Konzessionen.

- Private Besitz- und Betreibergesellschaften

Ein bereits erprobtes Modell stellen die privaten Besitz-
und Betreibergesellschaften dar. Dieses Modell setzt in den
Ländern die notwendigen rechtlichen Möglichkeiten und auf
Seiten der Städte, Gemeinden und Kreise die Bereitschaft
voraus, kommunale Entsorgungsaufgaben, für die sie nach den
geltenden Gesetzen als entsorgungspflichtige Körperschaften
verantwortlich sind, ganz oder teilweise auf private Gesell-
schaften zu übertragen. Neben der rechtlichen Zulassung des
privaten Baus und Betriebes von Entsorgungseinrichtungen
kommt es darauf an, die Einflußmöglichkeiten der Kommunen
vertraglich entsprechend abzusichern.

Eine weitere wichtige Voraussetzung ist, daß bei der Aufle-
gung von Förderprogrammen der privatwirtschaftlich organi-
sierte Bau und Betrieb von Entsorgungseinrichtungen den Investitionen der Gebietskörperschaften gleichgestellt wird
(wie z.B. im Kommunalkreditprogramm; vgl. Kap. 4.5.2.1).

- Kommunale Immobilienfonds

Eine weitere Möglichkeit zur Mobilisierung privaten Kapitals
bietet die Einrichtung kommunaler Immobilienfonds, durch die
insbesondere kommunale Umweltschutzinvestitionen finanziert
werden könnten. Vorteile solcher Immobilienfonds, die mit

dem Konzept des Betreibermodells verknüpft werden können,
liegen insbesondere darin, daß
- in einem solchen Fonds viele kleinere Anlagebeträge ge-
  bündelt werden können,
- die Fondsmittel bei der Projektfinanzierung wie Eigenkapital eingebracht werden können,
- durch steuerliche Vorteile für die Anleger Finanzierungs-
  kosten gesenkt werden können.

- Kapitalgesellschaften für Umweltschutzprojekte

Ein drittes Modell für die Mobilisierung privaten Kapitals
stellt die Gründung von speziell auf die Durchführung von
Umweltschutzinvestitionen ausgerichteten Aktiengesellschaf-
ten oder GmbH's dar. Auch auf diesem Wege wäre es möglich,
viele - auch kleinere - Anlagebeträge zu bündeln und durch
Eigenkapital in die Finanzierung konkreter Projekte einzubringen.

- Vergabe von Konzessionen

Privates Kapital dürfte sich insbesondere im Bereich der
Wasserversorgung und Abfallbeseitigung aktivieren lassen.
Hier kann die Vergabe von Konzessionen zur Errichtung und
zum Betrieb von Wasserwerken und Leitungssystemen bzw. Entsorgungseinrichtungen mit der Maßgabe verknüpft werden, daß
der Konzessionär die erforderlichen Investitionen in eigener
Planungs- und Finanzierungsverantwortung übernimmt und für
die Unterhaltung und den Betrieb der eigenen Versorgungs-
bzw. Entsorgungseinrichtungen verantwortlich ist. Leistungsentgelte gehen an den Konzessionär. Die Aufgabe der Gebiets-
körperschaft beschränkt sich auf die Kontrolle der Einhaltung der Vertragsbedingungen, die laufende Qualitätsüberwa-
chung und gegebenfalls die Mitsprache bei der Festsetzung

der Leistungsentgelte. Aus den Konzessionseinnahmen könnten
zusätzliche Aufgaben finanziert werden.

Die Mobilisierung privaten Kapitals im Bereich der Trinkwas-
ser- und Abwasserentsorgung ist inzwischen erklärtes Ziel
der Treuhandanstalt bei der Neuordnung der Wasserwirtschaft
in den neuen Bundesländern.[1]

Auch die Bundesregierung befürwortet inzwischen eine
stärkere Prüfung der Optionen einer privaten Finanzierung
und Unterhaltung auch im Bereich der Umweltinfrastruktur.[2]
Auf der Grundlage des Berichts einer Arbeitsgruppe "Private
Finanzierung öffentlicher Infrastruktur" unter Federführung
des Bundesfinanzministeriums soll der BMUNR weitere Prüfun-
gen vornehmen, die notwendigen Maßnahmen einleiten und bis
Mitte kommenden Jahres über die Ergebnisse berichten.

Zur weiteren Verstärkung eines privatwirtschaftlichen Engagements im Umweltbereich empfiehlt die Bundesregierung, in
Anlehnung an die entsprechende Regelung in den Abfallgeset-
zen der alten Länder ausdrücklich die Möglichkeit der Ein-
schaltung privater Dritter in die noch zu verabschiedenden
Landeswasser- und Landesabfallgesetze in den neuen Ländern
aufzunehmen.[3]

In dieselbe Richtung wirken bereits einige unternehmerische
Entscheidungen im Bereich der Trinkwasserversorgung, der
Abfallwirtschaft und Abwasserbeseitigung:

---

1) Vgl. o.V., Privatwirtschaft für Wasserversorgung gewinnen, in: VWD-Spezial vom 15.5.91
2) Vgl. o.V., Öffentliche Aufgaben in den neuen Ländern sollen in vielen Bereichen privatisiert werden, in: Süddeutsche Zeitung, Nr. 165 vom 19.7.91
3) Vgl. auch o.V., Infrastruktur soll privat finanziert werden, in: VWD-Spezial vom 11.7.91.

- So hat die Treuhandanstalt von den ehemals 15 volkseigenen Unternehmen für Sekundärrohstoffe (SERO) 14 Betriebe in private Hände gegeben.[1]

- RWE und Stadtwerke Düsseldorf beteiligen sich an der Energie- und Wasserversorgung der Stadtwerke Chemnitz.[2]

- Das Entsorgungsunternehmen Edelhoff ist gegenwärtig bereits mit 16 Gemeinschaftsunternehmen vorwiegend im Bereich der Abfallbeseitigung in den neuen Bundesländern vertreten.[3]

- 17 Unternehmen aus Sachsen-Anhalt, Sachsen und Thüringen bilden den Kern der "Ostdeutschen Verwertungs-, Entsorgungs- und Sanierungsgesellschaft", die auf Anregung des Verbandes der Chemischen Industrie (VCI) entsteht.[4] Der GmbH i.G. gehören Großunternehmen wie die Chemie AG, Bitterfeld, die Sächsische Olefinwerke AG, Böhlen, die Leuna Werke AG, Leuna-Merseburg, die Buna AG, Buna, und die Chemiewerk Nünchritz GmbH, Nünchritz, an. Weiter wirken die Großdeponie Lochau und künftige Untertagedeponien im Wirtschaftsraum Halle-Merseburg-Bitterfeld mit.

Die Gesellschaft soll finanzschwachen Unternehmen helfen, ihre Abfälle kostengünstig zu entsorgen. Dabei werden sowohl vorhandene Anlagen genutzt als auch neue errichtet.

---

1) Vgl. o.V., Neue Bundesländer: Abfallentsorgung privatisiert, in: IWL-Umweltbrief 7/91, S. 8
2) o.V., Stadtwerke Chemnitz: RWE und Düsseldorf Partner, in: VWD-Spezial vom 28.3.91
3) o.V., Edelhoff investiert 20 Mio DM in Ex-DDR, in: VWD-Spezial vom 8.2.91.
4) Vgl. o.V., Ostdeutsche Verwertungs- und Sanierungsgesellschaft, in: VWD-Spezial vom 3.4.91

## 4.5.2 Finanzierung nach dem Gemeinlastprinzip

Die Umsetzung des Verursacherprinzips, d.h. eine vollständige, verursachergerechte Belastung von Unternehmen,
privaten Haushalten und Kommunen mit den Kosten der notwendigen Umweltschutzmaßnahmen, wird zwar in der Bundesrepublik
politisch angestrebt, gelang bzw. gelingt aber auch in den
alten Bundesländern nur selten. So erfolgt zwar in der Praxis die Finanzierung von privaten Umweltschutzinvestitionen
in der Regel über die Preispolitik der betroffenen Unternehmen und die Finanzierung von öffentlichen Umweltschutzeinrichtungen über Gebühren, Beiträge, Abgaben und dergleichen.
Aber sowohl bei den privaten Umweltschutzmaßnahmen als auch
bei den öffentlichen Gebührenhaushalten spielen Instrumente
des Gemeinlastprinzips eine teilweise nicht unerhebliche
Rolle, sei es, daß private Investitionen subventioniert werden oder Errichtung und Betrieb von öffentlichen Umweltschutzeinrichtungen teilweise aus allgemeinen Steuermitteln
(mit-)finanziert werden.

Vor diesem Hintergrund kann es kaum überraschen, daß nach
Auffassung der Bundesregierung "die sofortige Umstellung auf
das Verursacherprinzip ... nicht zu empfehlen (ist), da dies
zu unkalkulierbaren wirtschafts-, arbeitsmarkt- und sozialpolitischen Risiken führen würde. Die Entwicklungschancen
der neu geschaffenen kommunalen Selbstverwaltungskörper-
schaften wären dadurch gefährdet. Bis zu dem Zeitpunkt, zu
dem Unternehmen, Kommunen und private Haushalte ihre volle
wirtschaftliche Leistungsfähigkeit erreicht haben, kann daher auf eine staatliche Unterstützung nicht verzichtet werden. Der Staat muß zur Unterstützung der privaten Initiative

ein flexibles Förderinstrumentarium entwickeln, das Fördervolumen und -konditionen flexibel dem Bedarf anpaßt".[1]

Inzwischen werden Umweltschutzmaßnahmen in den neuen Bundesländern durch ein breites Spektrum

- allgemeiner und damit auch Umweltschutzaktivitäten begün-
  stigender Fördermaßnahmen,
- ausschließlich oder schwerpunktmäßig umweltschutzbezogener Fördermaßnahmen und
- durch Inanspruchnahme allgemeiner Haushaltsmittel der
  Gebietskörperschaften

unterstützt. Für die Finanzierung der künftig erforderlichen
Umweltschutzmaßnahmen in den neuen Bundesländern kommen vor
allem folgende Förderungsmaßnahmen in Betracht:

- zinsverbilligte Kredite
- Bürgschaftsprogramme
- Steuererleichterungen
- Zuschüsse und Zuwendungen
- Finanzierung aus allgemeinen Haushaltsmitteln
- Förderung aus Mitteln öffentlicher Sondervermögen
- Förderung aus Mitteln der EG.

### 4.5.2.1 Zinsverbilligte Kredite

In der Bundesrepublik werden Umweltschutzinvestitionen in
erster Linie durch zinsverbilligte Darlehen gefördert. Dabei
handelt es sich in der Regel um langfristige Festzinsdarle-
hen zu günstigen Zinskonditionen, die im wesentlichen aus

---

1) BMUNR (Hrsg.), Orientierungshilfen für den ökologischen
   Aufbau in den neuen Bundesländern: Wichtige Informations-
   quellen und Starthilfen des Bundes, Bonn Februar 1991,
   S.11

Mitteln des sog. ERP-Sondervermögens, aus Eigenmitteln der
beiden Förderbanken des Bundes (Kreditanstalt für Wiederaufbau und Deutsche Ausgleichsbank) oder der entsprechenden
Banken der Bundesländer vergeben werden. Aufgrund der Übertragung der bestehenden Kreditprogramme auf die neuen Bundesländer sind vor allem folgende Kredithilfen hervorzuhe-
ben:[1]

- ERP-Kredite

ERP-Kredite können zur Finanzierung von Umweltschutzmaßnahmen herangezogen werden, soweit sie der

- Reinhaltung der Luft sowie der Vermeidung von Lärm, Ge-
  ruch und Erschütterungen,
- Abwasserreinigung,
- Abfallbeseitigung, -verwertung und -vermeidung sowie der
- Energieeinsparung und rationellen Energieerzeugung
dienen.

Für Umweltschutzvorhaben in den alten Bundesländern beträgt
der Finanzierungsanteil in den beiden ERP-Programmen "Luftreinhaltung" bzw. "Abwasserreinigung" z.Zt. 30%. Soweit der
Finanzierungsbedarf über den im Einzelfall möglichen ERP-
Kredit hinausgeht, kann zusätzlich ein Kredit von maximal
20% des zu fördernden Investitionsbetrages aus dem KfW-Um-
weltprogramm beantragt werden; ein darüber hinausgehender
Finanzierungsbedarf schließlich kann aus dem KfW-Mittel-
standsprogramm abgedeckt werden (bis max. 75% der Investi-
tionsaufwendungen).

---

1) Vgl. zum Folgenden u.a. BMUNR, Aktueller Bericht des Bundes 1991/I zur 36. UMK, Bonn 12.4.91, S. 62 ff sowie R.H.
   Gebauer, Geld für die Umwelt - Finanzierungshilfen für
   die Umweltsanierung in der ehemaligen DDR, in: Umweltmagazin, Heft Okt. 1990, S. 30 ff.

Für Umweltschutzinvestitionen auf dem Gebiet der ehemaligen DDR werden ERP-Umweltkredite zu günstigeren Konditionen vergeben: Zum einen ist der Zinssatz z.Zt. um einen halben Prozentpunkt niedriger, zum anderen liegen die Finanzierungsanteile für Antragsteller aus dem bisherigen DDR-Gebiet höher (bis zu 50%). Bei den ERP-Kreditprogrammen für die ehemalige DDR ist aber der Kreis der antragsberechtigten Unternehmen auf kleine und mittlere Unternehmen mit einem Jahresumsatz von weniger als 50 Mill.DM beschränkt worden (vgl. Tab. 4.4).

In den neuen Bundesländern stehen für 1991 ERP-Umweltschutzkredite in Höhe von rd. 2 Mrd.DM zur Verfügung[1].

- **Umweltprogramme der Kreditanstalt für Wiederaufbau und der Deutschen Ausgleichsbank**

Ergänzend zu den ERP-Umweltschutzkrediten bieten die Kreditanstalt für Wiederaufbau und die Deutsche Ausgleichsbank eigene Darlehen für Umweltschutzinvestitionen zu Konditionen an, die am unteren Rand des Kapitalmarktzinsniveaus liegen.

Diese Darlehen sind medienübergreifend, also nicht gebunden an Vorhaben zur Verbesserung der Umwelt in einem bestimmten Umweltbereich (z.B. der Abwasserreinigung), und können in bestimmten Fällen auch in Kombination mit den obigen ERP-Programmen eingesetzt werden.

Voraussetzung für eine Förderung von Umweltschutzvorhaben aus diesen Programmen ist eine deutliche Emissionsminderung sowie eine Verbesserung der Umweltbilanz nach Durchführung der Maßnahmen. Der umweltverbessernde Effekt kann sowohl

---

1) Vgl. BMUNR, Aktueller Bericht des Bundes 1991/I, a.a.O., S. 63.

Tabelle: 4.4

## ERP-Umweltschutzkreditprogramme

### ERP-Abwasserreinigungsprogramm DDR

| Verwendungszweck | Antragsberechtigte | Darlehenskonditonen | Antragsverfahren |
|---|---|---|---|
| Aus Mitteln des ERP-Sondervermögens können Darlehen für die Finanzierung von Investitionen in der DDR, die der Abwasserreingung dienen, gewährt werden. Insbesondere werden auch solche Investitionen gefördert, mit denen bereits die Entstehung von Abwasser vermieden oder wesentlich vermindert wird. | Private gewerbliche Unternehmen. Kleine und mittlere Unternehmen werden bevorzugt berücksichtigt. | a) Zinssatz zur Zeit: 7,5% p.a. b) Laufzeit: bis zu 15. Jahre, bis zu 20 Jahre für Bauvorhaben, davon jeweils tilgungsfrei höchstens 5 Jahre. c) Auszahlung: 100% | Anträge können bei jedem Kreditinstitut gestellt werden. Die ERP-Darlehen werden von der Kreditanstalt für Wiederaufbau, Palmengartenstr. 5–9, 6000 Frankfurt a. M. 1, zur Verfügung gestellt. |

### ERP-Abfallwirtschaftsprogramm DDR

| | | | |
|---|---|---|---|
| Aus Mitteln des ERP-Sondervermögens können Darlehen für die Finanzierung von Investitionen in der DDR, die der Abfallverwertung und Abfallbeseitigung dienen, gewährt werden. Insbesondere werden auch solche Investitionen gefördert, mit denen bereits die Entstehung von Abfall vermieden oder wesentlich vermindert wird. | Private gewerbliche Unternehmen. Kleine und mittlere Unternehmen werden bevorzugt berücksichtigt. | a) Zinssatz zur Zeit: 7,5% p.a. b) Laufzeit: bis zu 15. Jahre, bis zu 20 Jahre für Bauvorhaben, davon jeweils tilgungsfrei höchstens 5 Jahre. c) Auszahlung: 100% | Anträge können bei jedem Kreditinstitut gestellt werden. Die ERP-Darlehen werden von der Deutschen Ausgleichsbank, Wielandstr. 4, 5300 Bonn 2, zur Verfügung gestellt. |

### ERP-Luftreinhaltungsprogramm DDR

| | | | |
|---|---|---|---|
| Aus Mitteln des ERP-Sondervermögens können Darlehen für die Finanzierung von Investitionen in der DDR gewährt werden, die der Luftreinhaltung (einschließlich Maßnahmen zur Reduzierung von Lärm, Geruch und Erschütterungen) dienen. Insbesondere werden auch solche Investitionen gefördert, mit denen bereits die Entstehung von Emissionen vermieden oder wesentlich vermindert wird. | Private gewerbliche Unternehmen. Kleine und mittlere Unternehmen werden bevorzugt berücksichtigt. | a) Zinssatz zur Zeit: 7,5% p.a. b) Laufzeit: bis zu 15. Jahre, bis zu 20 Jahre für Bauvorhaben, davon jeweils tilgungsfrei höchstens 5 Jahre. c) Auszahlung: 100% | Anträge können bei jedem Kreditinstitut gestellt werden. Die ERP-Darlehen werden von der Kreditanstalt für Wiederaufbau, Palmengartenstr. 5–9, 6000 Frankfurt a. M. 1, zur Verfügung gestellt. |

### ERP-Energiesparprogramm DDR

| | | | |
|---|---|---|---|
| Aus Mitteln des ERP-Sondervermögens können Darlehen für die Finanzierung von Investitionen in der DDR gewährt werden, die der Energieeinsparung sowie der Nutzung erneuerbarer Energien dienen. | Private gewerbliche Unternehmen. Kleine und mittlere Unternehmen werden bevorzugt berücksichtigt. | a) Zinssatz zur Zeit: 7,5% p.a. b) Laufzeit: bis zu 15. Jahre, bis zu 20 Jahre für Bauvorhaben, davon jeweils tilgungsfrei höchstens 5 Jahre c) Auszahlung: 100% | Anträge können bei jedem Kreditinstitut gestellt werden. Die ERP-Darlehen werden von der Deutschen Ausgleichsbank, Wielandstr. 4, 5300 Bonn 2, zur Verfügung gestellt. |

Quelle: IWL

durch additive, dem eigentlichen Produktionsverfahren nachgeschaltete Techniken, als auch durch umweltfreundliche,
d.h. emissionsfreie oder emissionsarme Produktionsanlagen
und -verfahren (integrierte Umweltschutztechniken) erzielt
werden.

Das Volumen der Kredite der Kreditanstalt für Wiederaufbau
wird 1991 voraussichtlich bei rund 1 Mrd.DM liegen und das
der Deutschen Ausgleichsbank bei über 300 Mill.DM.

- **Kommunalkreditprogramm der KfW und Deutschen Ausgleichsbank**

Zur Förderung kommunaler Infrastrukturinvestitionen in den
neuen Bundesländern hat die Bundesregierung bei ihren Förderbanken ein Kreditprogramm aufgelegt, das für 1991 bis
1993 ein Volumen von 15 Mrd.DM aufweist und mit Bundesmit-
teln zinsverbilligt wird (Zinssatz 3 Prozentpunkte unter Ka-
pitalmarktzins). Finanziert werden maximal zwei Drittel der
Investitionssumme u.a. von kommunalen Umweltschutzvorhaben,
Energieeinsparungsmaßnahmen und Maßnahmen der Stadt- und
Dorferneuerung.

Förderungsberechtigt sind ostdeutsche Gemeinden, Kreise,
Gemeindeverbände, Zweckverbände, sonstige Körperschaften des
öffentlichen Rechts sowie Eigengesellschaften kommunaler
Gebietskörperschaften mit überwiegend kommunaler Trägerschaft. Bei bestimmten Umweltschutzvorhaben sind nicht-kommunale Investoren, etwa private Entsorgungsunternehmen,
ebenfalls antragsberechtigt.

- **KfW-Wohnungsmodernisierungs- und -instandsetzungsprogramm**

Um dem weiteren Verfall der Gebäudesubstanz vor allem in den
Stadtzentren zu begegnen, um Instandhaltungs- und Moderni-

sierungsmaßnahmen realisieren und finanzieren zu können, hat
die Bundesregierung ein Sonderprogramm zur Förderung der
Modernisierung und Instandsetzung von Wohnraum im Gebiet der
bisherigen DDR und Ostberlins mit einem Volumen von zehn
Milliarden D-Mark aufgelegt und die KfW mit der Abwicklung
beauftragt.[1]

Das Programm stellt zinsverbilligte Kredite für die Finanzierung von Baumaßnahmen und zum Schallschutz u.a. zur Energieeinsparung (Heizungsanlagen, Wärmedämmung, Fensteraus-
tausch und zum Schallschutz) sowohl in vermietetem als auch
in eigengenutztem Wohnraum bereit.

- Kredite der Landwirtschaftlichen Rentenbank für räumliche
  Strukturmaßnahmen[2]

Mit Wirkung vom 1.7.1990 werden von der Landwirtschaftlichen
Rentenbank in Frankfurt im Rahmen von Sonderkreditprogrammen
auch agrarbezogene Vorhaben aller Art in den neuen Bundes-
ländern finanziert. Hierbei handelt es sich um zinsgünstige
Kredite, deren Konditionen aus den laufenden Erträgen der
Rentenbank verbilligt werden.

Das Sonderkreditprogramm "Räumliche Strukturmaßnahmen" ist
auf die Verbesserung des gesamten wirtschaftlichen und kommunalen Umfelds landwirtschaftlicher Betriebe ausgerichtet.
Die Darlehen können von Gemeinden und Zweckverbänden, in
Ausnahmefällen auch von Privatleuten zur Finanzierung von
Einrichtungen zur Trinkwasserversorgung sowie für Projekte
zur Verbesserung des Erholungswertes ländlich geprägter Regionen nachgefragt werden. Zur Finanzierung räumlicher

---

1) Vgl. H.K. v. Schönfels, Billigkredite von der KfW, in:
   Süddeutsche Zeitung, Nr. 230 vom 6./7.10.90
2) Vgl. M. Marx; Bonn weist Wege aus der landwirtschaftlichen Misere; in: Süddeutsche Zeitung, Nr. 87 vom 15.4.91.

Strukturmaßnahmen in den neuen Bundesländern stellte die Landwirtschaftliche Rentenbank 1990 insgesamt 127,8 Mill.DM bereit.

- Umweltschutzkreditprogramme der Bundesländer

Zinsverbilligte Kredite für Umweltschutzmaßnahmen zählen inzwischen zu den Säulen der Förderprogramme der meisten alten Bundesländer bzw. ihrer Förderbanken. Einige Bundesländer - wie z.b. Nordrhein-Westfalen und Bayern über die Landesanstalt für Aufbaufinanzierung - beteiligen sich am (ökologischen) Wiederaufbau der neuen Bundesländer mit zinsverbilligten Darlehen.[1]

### 4.5.2.2 Bürgschaftsprogramme

Soweit Darlehen von privaten Kreditinstituten gewährt werden, kann gerade für Unternehmen in den neuen Bundesländern das Problem der Kreditsicherung auftreten. Eine sinnvolle Ergänzung können hier Umweltschutz-Bürgschaftsprogramme darstellen, die eine Hilfestellung bei der Absicherung von Investitionskrediten bieten.

- BMU-Bürgschaftsprogramm[2]

Im Rahmen des Umweltschutz-Bürgschaftsprogramms des BMU übernehmen die Deutsche Ausgleichsbank und der Bund das Ausfallrisiko für zinsgünstige Investitionskredite, die die Deutsche Ausgleichsbank vergibt. Die Höhe des Kreditbetrags ist auf max. 1 Mill.DM bzw. 80% der Investitionssumme begrenzt. Allein für 1991 wird beispielsweise von einem förde-

---

1) Vgl. u.a. o.V., Zinsgünstige LfA-Mittel auch für die neuen Länder, in: Süddeutsche Zeitung, Nr. 166 vom 21./22.7.91
2) Vgl. BMUNR, Aktueller Bericht ..., a.a.O., S. 64

rungsfähigen Investitionsvolumen von ca. 100 Mill.DM und einem Bürgschaftsvolumen von 20 Mill.DM ausgegangen.

- **Bürgschaftsbanken in den neuen Bundesländern**

Nach dem Vorbild der in den alten Bundesländern seit mehr als 35 Jahren erfolgreich tätigen Kreditgarantiegemeinschaften wurden nunmehr auch in den östlichen Bundesländern entsprechende Bürgschaftseinrichtungen gegründet.

Der mit dem Aufbau eines leistungsfähigen gewerblichen Mittelstands verbundene hohe Investitionsbedarf verlangt eine reibungslose Finanzierung. Mit dem Fehlen von erstrangigen Sicherheiten ist jedoch für viele Betriebe eine wichtige Voraussetzung für die Aufnahme finanzieller Mittel nicht gegeben. Nur selten sind diese in der Lage, die zur Erlangung von Fremd- und Eigenkapital erforderlichen Sicherheiten zu stellen. Nicht zuletzt die desolate Situation der Grundbuchämter und die damit verbundene eigentumsrechtliche "Grauzone" erweist sich als Hemmschuh für die Modernisierung des Produktionsapparats und die Neugründung von Betrieben.

Die neuen, branchenübergreifend organisierten Bürgschaftsbanken in den östlichen Bundesländern übernehmen Ausfallbürgschaften. Gründer und Träger sind die Selbstverwaltungsorganisationen der Wirtschaft, d.h. Kammern und Verbände, Innungen, Institute des Kreditgewerbes und Versicherungsunternehmen.

Zur Risikoentlastung erhalten die neuen Bürgschaftsbanken staatliche Rückbürgschaften in Höhe von 80 Prozent sowie zinsgünstige Haftungsfondsdarlehen aus dem ERP-Sondervermögen.

Die von den Bürgschaftsbanken übernommene Ausfallbürgschaft
deckt maximal 80 Prozent des Kreditbetrages ab. Ihr Höchstbetrag beläuft sich auf 1 Mill.DM; die Laufzeit ist auf 15
Jahre bzw. bei Bauvorhaben auf 23 Jahre begrenzt.

- Bundesbürgschaften[1]

Hilfestellung bei der Absicherung von Krediten bietet auch
das Bürgschaftsprogramm für Investitionskredite (von 1 bis
20 Mill.DM) an private mittelständische Unternehmen und Bundesbürgschaften für Kredite ab etwa 20 Mill.DM an größere
Unternehmen.

- Landesbürgschaften

Neben der Bundesregierung haben auch manche Landesregierun-
gen Bürgschaftsprogramme aufgelegt. So hat z.B. NRW zur Förderung von Investitionen in den neuen Bundesländern ein
Bürgschaftsprogramm von 1 Mrd.DM bereitgestellt.[2] Dadurch
sollen Bürgschaften für Einzelkredite bis zur Höhe von 90%
des Ausfalls übernommen werden.

- Bürgschaften der Treuhandanstalt

Mitunter werden auch für Kredite für Umweltschutzinvestitionen ostdeutscher Betriebe Bürgschaften der Treuhandanstalt
bereitgestellt.[3]

---

1) Vgl. T. Waigel, Finanzpolitik - Den neuen Bundesländern
   wird geholfen werden, in: Handelsblatt, Nr. 34 vom
   18.2.91
2) Vgl. o.V., NRW-Bürgschaftsprogramm für DDR, in: Süddeutsche Zeitung vom 4.9.90
3) Vgl. o.V., Sanierungskredit über 355 Mio DM für Mansfeld,
   in: VWD-Spezial vom 4.6.91.

**4.5.2.3 Steuerliche Förderungsmaßnahmen**

Steuerliche Förderungsmaßnahmen zählen zum traditionellen Instrumentarium der Umweltschutzfinanzierung. Wichtigste Steuervergünstigungen für den Umweltschutz in den neuen Bundesländern sind Investitionszulagen, Sonderabschreibungen und Steuersatzermäßigungen:

- <u>Investitionszulagen</u>

Für Umweltschutzinvestitionen in den neuen Bundenländern können steuerliche Hilfen in Form von Investitionszulagen in Anspruch genommen werden. Diese Zulagen, die direkt von den Finanzämtern und unabhängig von der Ertragssituation und Steuerlast des einzelnen Unternehmens ausgezahlt oder mit der Steuerschuld verrechnet werden, betragen 12% bis Ende 1991 bzw. 8% für die begünstigten Investitionen im Jahre 1992.

Aus den Investitionszulagen insgesamt resultieren Steuermindereinnahmen für den Bund in Höhe von 400 Mill.DM und 650 Mill.DM in 1991 bzw. 1992.

- <u>Sonderabschreibungen</u>

Private Umweltschutzinvestitionen in den neuen Bundesländern werden wie andere Investitionen über Sonderabschreibungen im Rahmen der bisherigen Zonenrandförderung steuerlich begünstigt. Dabei können 50% der Anschaffungs- oder Herstellungskosten über die normalen Abschreibungssätze hinaus abgesetzt werden. Ferner können die Investoren die 12- oder 8-prozentige Investitionszulage mit den Sonderabschreibungen kumulieren.

Daneben ist die steuerliche Förderung von Umweltschutzinvestitionen nach § 7d Einkommensteuergesetz (EStG) zu beachten. Sie ist wegen Auslaufens dieser Regelung auf Investitionen begrenzt, die vor dem 1. Januar 1991 vorgenommen wurden.

Im politischen Raum wird jedoch eine Verlängerung der Gel-
tungsdauer zumindest für die neuen Bundesländer und eine
Umstrukturierung der Regelung im Sinne einer Einbeziehung
und Konzentration auf die Förderung umweltfreundlicher Produktionsanlagen ("integrierter" Umweltschutz) gefordert.
Daneben soll "eine verbesserte Nachfolgeregelung ... vor
allem die steuerliche Förderung privatwirtschaftlicher Mo-
delle für Bau und Betrieb von Kläranlagen, Wasserversor-
gungseinrichtungen und Abfallanlagen (vorsehen)".[1] Entsprechende Vorlagen stehen im Bundesrat zur Entscheidung
an.[2]

Bei Sonderabschreibungen auf Umweltschutzinvestitionen profitieren vor allem ertragsstarke Unternehmen. Sonderabschreibungen führen in der Regel nicht zu einer endgültigen
Steuerersparnis, vielmehr zu einer zeitlichen Verschiebung
der Steuerlast; so bewirken sie einen Liquiditätsvorteil,
der mit einem zinslosen Darlehen zu vergleichen ist.

- <u>Kfz-Steuerbefreiung bzw. -ermäßigung für schadstoffarme
Pkw</u>

Steuervergünstigungen in Form niedrigerer Steuersätze bei
Erfüllung umweltschutzbezogener Voraussetzungen stellen die
nunmehr auch in den neuen Bundesländern geltenden Kfz-Steu-

---

1) Bundesregierung, Aktionsprogramm Ökologischer Aufbau ...,
   a.a.O., S. 134
2) Vgl. BMUNR, Aktueller Bericht ..., a.a.O., S. 65

- 199 -

erbefreiungen bzw. -ermäßigungen für bestimmte "schadstoffarme" Pkw dar.[1]

Im Rahmen des Steueränderungsgesetzes 1991 bleiben Steuerbe-
freiungen für schadstoffarme Pkw, die vor dem 1. Januar 1991
in den alten Bundesländern gewährt wurden, für die Restlauf-
zeit ab 1. Januar 1991 auch dann bestehen, wenn das Fahrzeug
in Ostdeutschland zugelassen wurde oder wird. Außerdem gilt
in den neuen Ländern rückwirkend ab 1. Januar 1991 der ermä-
ßigte Steuersatz von 13,20 DM (bisher 18,00 DM) pro 100 ccm
Hubraum für alle benzinbetriebenen "schadstoffarmen" oder
"bedingt schadstoffarmen" Pkw der "Stufe C" sowie Pkw, die
die zeitlichen Voraussetzungen für eine Anerkennung als "bedingt schadstoffarm" der "Stufe A" bauartbedingt oder durch
Nachrüstung erfüllen.

**4.5.2.4 Direkte Finanzhilfen**

Zu den direkten Finanzhilfen zählen in erster Linie zweckgebundene Investitionszuschüsse und sonstige Zuwendungen. Die
wichtigsten Förderungsprogramme, die von privaten und öffentlichen Investoren (auch für Umweltschutzmaßnahmen) genutzt werden können, sind in diesem Bereich:[2]

- Förderung im Rahmen der "Gemeinschaftsaufgabe (GA) Verbesserung der regionalen Wirtschaftsstruktur"

Durch Investitionszuschüsse aus den Haushaltsmitteln der GA
können auch Umweltschutzinvestitionen von Unternehmen mit
überwiegend überregionaler Absatzproduktion (Höchstsätze in

1) Vgl. o.V., Günstige Steuerregelung für Ost-Pkw, in: VWD-
   Spezial vom 3.4.91
2) Vgl. zum Folgenden u.a. BMUNR, Aktueller Bericht ...,
   a.a.O., S. 60 ff. Bundesregierung, Aktionsprogramm Ökologischer Aufbau in den neuen Bundesländern, a.a.O.

den neuen Bundesländern: 23% der Investitionssumme; zuzüglich Investitionsbeihilfen ohne regionale Zielsetzung bis zu 10%) gefördert werden. Daneben können Gebietskörperschaften (Gemeinden) Zuschüsse für Investitionsvorhaben zum Ausbau wirtschaftsnaher Infrastruktur (u.a. für Wasserversorgung, Abwasser- und Abfallentsorgung) beanspruchen. Die Investitionszuschüsse können bis zu 90% der Investitionssumme betragen (der durchschnittliche Fördersatz in den alten Bundesländern liegt derzeit bei 50%).

Insgesamt sind für die Regionalförderung auf dem Gebiet der ehemaligen DDR in den nächsten 5 Jahren Mittel in Höhe von jährlich 3 Mrd.DM vorgesehen, von denen jeweils Bund und neue Bundesländer jeweils die Hälfte tragen.

Im Rahmen des Gemeinschaftswerks Aufschwung-Ost wurden die Förderungsmittel für Problemregionen um je 600 Mill.DM für 1991 und 1992 aufgestockt. Der Bundesanteil beträgt dabei 50%.

- **Förderung im Rahmen der Gemeinschaftsaufgabe "Verbesserung der Agrarstruktur und des Küstenschutzes"**

Seit 1991 werden im Rahmen dieser GA auch Maßnahmen der Dorferneuerung und wasserwirtschaftliche Maßnahmen in den neuen Bundesländern gefördert. Die Konditionen sind dabei zum Teil wesentlich günstiger als im früheren Bundesgebiet. So werden im Beitrittsgebiet bei der Dorferneuerung bis zu 80 Prozent der Aufwendungen (allgemein 60 v.H.) und für die Förderung von Wasserversorgungs- und Abwasseranlagen ebenfalls bis zu 80 Prozent der Aufwendungen (allgemein 70 v.H.) von Bund und Ländern übernommen.

Das Finanzvolumen für die neuen Bundesländer im Rahmen dieser GA beläuft sich auf 4,5 Mrd.DM, davon 800 Mill.DM in 1991, die inzwischen um 150 Mill.DM aufgestockt wurden.[1]

- Soforthilfen für Umweltschutzmaßnahmen im Rahmen des "Gemeinschaftswerks Aufschwung-Ost"[2]

Zur Abwehr von akuten Gesundheits- und Umweltgefährdungen wurde im Rahmen des Gemeinschaftswerks Aufschwung-Ost ein Umweltschutzprogramm für die neuen Bundesländer aufgelegt. Die Zuwendungen werden vorrangig an Kommunen für Abwasserentsorgungs- und Wasserversorgungsanlagen, dringende Maßnahmen zur Deponiesicherung und für Sicherungsmaßnahmen bei gesundheitsgefährdenden Industrieanlagen vergeben. Für 1991 und 1992 werden dafür vom Bund jeweils 400 Mill.DM zur Verfügung gestellt (vgl. Abb. 4.7).

- Zuschüsse für Wohnungsmodernisierung, Stadt- und Dorfsanierung und Denkmalschutz[3]

Im Rahmen des Gemeinschaftswerks Aufschwung-Ost werden ergänzend zum KfW-Programm zur Wohnungsmodernisierung zusätzliche Mittel des Bundes u.a. für Energieeinsparungs- und Schallschutzmaßnahmen bereitgestellt. Für die 20-prozentigen Investitionszuschüsse an private, genossenschaftliche oder kommunale Wohnungseigentümer stehen 1991 und 1992 jeweils 700 Mill.DM zur Verfügung.

---

1) Vgl. o.V., Gemeinschaftsaufgabe um 150 Mio DM aufgestockt, in: VWD-Spezial vom 24.4.91
2) Vgl. auch Bundesregierung, Gemeinschaftswerk Aufschwung-Ost, in: Presse- u. Informationsamt der Bundesregierung (Hrsg.), Bulletin Nr. 25 vom 12.3.91, S. 178 ff.
3) Ebenda, S. 179 f.

Abbildung: 4.7

Soforthilfen für Umweltschutzmaßnahmen
im Rahmen des "Gemeinschaftswerkes Aufschwung-Ost"

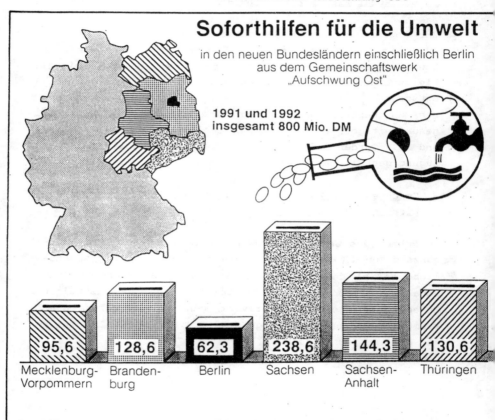

**Soforthilfen für die Umwelt**
in den neuen Bundesländern einschließlich Berlin
aus dem Gemeinschaftswerk
„Aufschwung Ost"

1991 und 1992
insgesamt 800 Mio. DM

95,6 — Mecklenburg-Vorpommern
128,6 — Brandenburg
62,3 — Berlin
238,6 — Sachsen
144,3 — Sachsen-Anhalt
130,6 — Thüringen

Quelle: BMUNR

Für den städtebaulichen Denkmalschutz und zusätzliche Mo-
dellprojekte der Stadt- und Dorferneuerung wurde ein Sonderprogramm in Höhe von jeweils 200 Mill.DM für 1991 und 1992
aufgelegt.

- Zuschüsse zum Ausgleich gestiegener Kommunalabgaben[1)]

Als Ausgleich für gestiegene Bewirtschaftungkosten werden
von der Bundesregierung kurzfristig 1,2 Mrd.DM Zuschüsse an
private und gewerbliche Vermieter von rd. 5 Mill. ostdeutschen Wohnungen vergeben.

Als einmalige Pauschale werden für den Zeitraum von sechs
Monaten 180 Mark pro Wohnung insbesondere zur Abgeltung höherer Kommunalabgaben wie Grundsteuern, Abwasser- und Müll-
abfuhrgebühren sowie für gestiegene Wasser- und Strompreise
oder Instandhaltungskosten gewährt. Zusätzlich gibt es 135
Mark für jede vermietete Wohnung, die auf Kosten des Vermie-
ters mit Zentralheizung bzw. über Fernwärme beheizt wird.

- Zuwendungen für umweltfreundliche Landbewirtschaftung

Eine weitere Form der direkten Finanzhilfen stellen die sog.
Grünlandprogramme in den neuen Bundesländern dar, die aus
Landesmitteln und EG-Hilfen finanziert werden.

So sieht beispielsweise das Grünlandprogramm des sächsischen
Landwirtschaftsministeriums Entschädigungen für die umweltfreundliche Bewirtschaftung der Gebirgsregionen Sachsens
vor.[2)] Die förderungswürdigen Gebiete umfassen über 40.000

---

1) Vgl. o.V., Für ostdeutsche Wohnungen - Bonn verteilt 1,2
   Milliarden an Vermieter, in: Süddeutsche Zeitung, Nr. 270
   vom 24./25.11.90
2) Vgl. o.V., Entschädigung für Umweltschutz in Bergregionen, in: VWD-Spezial vom 1.8.91

ha und liegen in den Regionen Vogtland, Zittauer- und Erzge-
birge, Sächsische Schweiz, Oberlausitzer Bergland, Dahlener
Heide und Oberlausitzer/Muskauer Heide. Förderungskriterien
sind u.a. Höhenlagen über 600 m; erosionsgefährdete Gebiete
mit über 14 Prozent Hangneigung sowie nasses und staunasses
Auegrasland. Bei Verzicht auf mineralische Düngung werden
250 DM je ha gezahlt, bei Flächenstillegungen könne die Zuwendung bis zu 500 DM je ha betragen. Für dieses Programm
stellen das Land Sachsen und die EG 11 Mill.DM zur Verfügung.

- <u>BMU-Förderung von Umweltschutzprojekten mit Pilotcharak-
  ter</u>[1]

Im Rahmen des BMU-Programms zur "Förderung von Investitionen
zur Verminderung von Umweltbelastungen" werden großtechni-
sche Demonstrationsvorhaben gefördert. Förderungsfähig sind
- Umweltschutzanlagen
- Umweltschonende Produktionsverfahren
- Anlagen zur Herstellung oder zum Einsatz umweltverträglicher Produkte oder umweltschonender Substitu-
  tionsstoffe, soweit durch deren Einsatz Emissionen bzw.
  Abfälle und deren Umweltfolgen erheblich vermindert werden bzw. eine Anpassung an den Stand der Technik ermöglicht wird.

Insgesamt sind für Pilotprojekte im Beitrittsgebiet Fördermittel von rund 900 Mill.DM veranschlagt, die sich auf mehrere Haushaltsjahre verteilen (vgl. auch Abb. 4.8).

---

1) Vgl. BMNUR, Aktueller Bericht ..., a.a.O., S. 60 f.

Abbildung: 4.8

## Standorte der vom Bundesumweltminister geförderten Umweltschutzpilotprojekte in den neuen Bundesländern
- Stand: September 1990 -

Quelle: BMUNR, in: Umwelt, Nr. 10/1990, S. 476.

- **BMU-Förderung von Umweltschutzberatungen**[1)]

Aus Haushaltsmitteln des BMUNR wurden im 2. Halbjahr 1990 Orientierungsberatungen mit einem Höchstbetrag von 3.000 DM für Kommunen und 2.400 DM für Unternehmen in den neuen Bundesländern gefördert. Insgesamt erhielten 613 Kommunen und 68 Unternehmen Zuschüsse in Höhe von rd. 1,7 Mill.DM. Ferner wurden Umweltschutzberatungsstellen in 8 Industrie- und Handelskammern und 5 Handwerkskammern (3 weitere Handwerkskammern nahmen die zugesagte Förderung nicht in Anspruch) in den neuen Bundesländern mit rd. 160.000 DM gefördert. Begleitend zu diesen Maßnahmen wurde von den Handwerkskammern Düsseldorf und Leipzig ein dreimonatiges Projekt "Notwendige Umweltschutzmaßnahmen im Handwerk" (flächendeckende Befragung der Handwerksbetriebe, Kammerbezirk Leipzig) durchgeführt (Förderbetrag 130.000 DM).

Die für 1991 geplante Fortführung des Programms soll im Rahmen der Deutschen Bundesstiftung Umwelt erfolgen.

- **Finanzmittel zum Ausgleich unterschiedlicher Wirtschaftskraft in den Bundesländern**

Zum Ausgleich unterschiedlicher Wirtschaftskraft gewährt der Bund den alten Bundesländern (mit Ausnahme von Baden-Württemberg und Hessen) bis 1998 Finanzmittel für besonders bedeutsame Investitionen der Länder, Gemeinden und Gemeindeverbände in Höhe von jährlich insgesamt 2,45 Mrd.DM (umweltbezogener Anteil 1990: rd. 42%). Die Finanzschwäche der neuen Länder wird auch deren Einbeziehung in die Strukturförderung des Bundes nach § 104a Abs. 4 GG erforderlich machen.

---

1) Vgl. BMUNR, Aktueller Bericht ..., a.a.O., S. 70 f.

**4.5.2.5 Finanzierung aus allgemeinen Haushaltsmitteln**

Die Finanzierung des Umweltschutzes in den neuen Bundesländern durch Inanspruchnahme allgemeiner Haushaltsmittel sollte grundsätzlich nur dann erfolgen, wenn Umweltschäden allein auf der Grundlage des Verursacherprinzips nicht oder
nicht schnell genug behoben bzw. vermieden werden können. Da
in den neuen Bundesländern eine strikte Anwendung des Verursacherprinzips zumeist wegen fehlender oder insolventer
Verursacher nicht erfolgen kann oder aus beschäftigungs-
bzw. sozialpolitischen Erwägungen noch nicht durchsetzbar
erscheint, wird es auf absehbare Zeit zu einer Inanspruchnahme allgemeiner Haushaltsmittel für Umweltschutzmaßnahmen
außerhalb der genannten Förderprogramme kommen.

In diesem Zusammenhang ist vor allem
- die (Mit-)Finanzierung investiver und konsumtiver öffentlicher Umweltschutzausgaben aus allgemeinen Haushaltsmitteln,
- die Subventionierung öffentlicher Entsorgungseinrichtungen über nicht-kostendeckende Gebühren und
- die Altlastenfreistellung mit der Folge einer Verschiebung der finanziellen Belastungen auf die öffentlichen Haushalte und spätere Generationen
anzuführen.

- "Fonds Deutsche Einheit"[1]

Eine Finanzierungsquelle für die Mitfinanzierung vor allem
der nicht durch Gebühren und Abgaben gedeckten investiven
und konsumtiven Umweltschutzausgaben stellt der sog. "Fonds
Deutsche Einheit" dar. Er dient der Mitfinanzierung der De-

---

1) Vgl. T. Waigel, Finanzpolitik - Den neuen Bundesländern
   wird geholfen werden, a.a.O.

fizite im Haushalt der neuen Bundesländer in den nächsten
Jahren. Bund und alte Bundesländer werden bis einschließlich
1994 diese Defizite durch "Festzuweisungen" zu zwei Dritteln
decken; das restliche Drittel sollen die neuen Bundesländer
durch eigene Kreditaufnahme finanzieren. Für den "Fonds
Deutsche Einheit" werden 95 Mrd.DM auf dem Kapitalmarkt aufgenommen. Die restlichen 20 Mrd.DM bringt der Bund durch
Haushaltseinsparungen auf (z.B. durch den Wegfall der Tran-
sitpauschale, die Minderung der Berlin-Hilfe und Zonenrandförderung). Den Schuldendienst des Fonds übernehmen Bund und
alte Länder je zur Hälfte.

- Zusätzliche Finanzierung aus dem Bundeshaushalt

Über den Bundeshaushalt werden neben den angeführten umweltschutzbezogenen Förderprogrammen und dem Fonds Deutsche Einheit weitere Umweltschutzmaßnahmen in den neuen Bundesländern (mit-)finanziert.

Das betrifft einmal die Finanzierung von zusätzlichen 500
Stellen im Umweltbereich im Nachtragshaushalt der BMUNR für
1990.[1] Diese Personalstellen wurden zunächst für die Berliner Außenstelle des BMUNR mit anschließender Weiterbe-
schäftigung in den Umweltverwaltungen der neuen Bundesländer
vorgesehen.
Daneben sind die finanziellen Maßnahmen zur Verbesserung der
Verwaltungsstrukturen in den neuen Bundesländern anzuführen.[2] Die Umweltbehörden in den neuen Ländern erhalten
hierfür 50 Mill.DM. Das Geld soll vor allem für Personal
ausgegeben werden. Zunächst sollen Gehaltsunterschiede zwischen West- und Ostgehältern ausgeglichen werden, um Umwelt-

---

1) Vgl. o.V., Ostdeutschland - Mehr als 500 neue Personalstellen, a.a.O.
2) Vgl. o.V., 50 Mio DM für Umweltbehörden in neuen Ländern,
   in: VWD-Spezial vom 9.4.91.

fachleuten aus den alten Bundesländern einen Anreiz zur Arbeit in den neuen Ländern zu bieten. Außerdem sollen Aufwendungen für Sachverständige und Projektmanagement geleistet sowie die Ausbildung junger Umweltexperten finanziert werden.

- Zusätzliche Finanzierung aus Landesmitteln

Im Bereich der Umweltschutzinvestitionen von Kommunen und Zweckverbänden spielen zweckgebundene Finanzzuweisungen eine bedeutende Rolle. Diese Praxis in den alten Bundesländern wird auch in den neuen Bundesländern angesichts der desolaten Finanzlage der Kommunen von entscheidender Bedeutung sein.

Neben diesem Finanztransfer innerhalb der neuen Bundesländer (u.a. auch durch den "Fonds Deutsche Einheit" mitfinanziert), sind aber auch finanzielle und personelle Hilfeleistungen der alten für die neuen Bundesländer zu beachten.[1]

Am deutlichsten wird dies z.B. beim Ökologischen Sanierungsprogramm für (Ost-)Berlin.[2] Dieses Programm, das mehr als 200 Vorhaben, ein Gesamtvolumen von 2,3 Mrd.DM und in seinen investiven Teilen (1,1 Mrd.DM) eine Laufzeit bis 1997 aufweist, wird teilweise auch aus Mitteln des Landes Berlin finanziert. Dies dürfte im wesentlichen aus Mitteln des früheren West-Berlins erfolgen.

Bayern hat im Haushalt für die Jahre 1990 bis 1992 15 Mill.DM für Luftreinhaltemaßnahmen in Thüringen vorgesehen;

---

1) Vgl. Jahresgutachten 1990/91 des Sachverständigenrats, BT-Drs. 11/8472, S. 304 f.
2) Vgl. o.V., Senat: Ökologisches Sanierungsprogramm, in: Umwelttechnik Berlin, Nr. 27/Juni 1991, S. 2

darüber hinaus wird Bayern für den Aufbau der Umweltverwaltung in Thüringen Planstellen finanzieren.[1]

In die gleiche Richtung zielt beispielsweise das von Hessen
finanzierte Aktionsprogramm Hessen-Thüringen, das bis 1994
läuft und insgesamt ein Volumen von 250 Mill.DM, darunter
allein 3,4 Mill.DM für die Abwasserreinigung, bereit-
stellt.[2]

In einem Staatsvertrag haben Nordrhein-Westfalen und Brandenburg die Zusammenarbeit beider Partnerländer geregelt. Er
sieht unter anderem personelle und finanzielle Hilfeleistungen aus NRW in den Bereichen Kommunalverwaltung, Arbeitsmarkt, Wirtschaft und Soziales vor. Im NRW-Haushalt sind
allein 164,3 Mill.DM für derartige Verwaltungshilfen veranschlagt.[3]

Einen Überblick über die von den einzelnen Bundesländern
übernommenen, mit Personal- und Sachaufwand verbundenen
Amtshilfen für den Vollzug des Bundes-Immissionsschutzgesetzes vermittelt Tab. 4.5.

- Indirekte Subventionen über nicht-kostendeckende Gebühren

Als wohl verbreitetste und bedeutendste Quelle indirekter,
versteckter Subventionen sind nicht-kostendeckende Gebühren
der Kommunen für die von ihnen wahrgenommenen Aufgaben der
Abwasser- und Abfallbeseitigung und Straßenreinigung anzuse-

---

1) Vgl. o.V., Bayern zahlt für bessere Luft in Thüringen,
   in: Süddeutsche Zeitung, Nr. 39 vom 15.2.91
2) Vgl. o.V., Wallmann hält an der Thüringer-Hilfe fest, in:
   VWD-Spezial vom 9.10.90 sowie o.V., Hessen-Thüringen-Aktionsprogramm, in: ENTSORGA-MAGAZIN, Juli 1990, S. 10
3) Vgl. o.V., Länderchefs Rau und Stolpe unterzeichnen
   Staatsvertrag, in: Süddeutsche Zeitung, Nr. 101 vom
   2.5.91.

Tabelle: 4.5

Regionale Zuständigkeit für Amtshilfen
im förmlichen Verfahren nach Bundes-Immissionsschutzgesetz

| Anlagen mit Standort in der Region ... | Zuständig für Amtshilfe |
|---|---|
| Magdeburg<br>Halle<br>Erfurt<br>Gera, Suhl | Niedersachsen<br>Bayern<br>Rheinland-Pfalz<br>Hessen |
| Potsdam<br>Frankfurt/Oder<br>Leipzig, Cottbus | Nordrhein-Westfalen mit einer<br>Sonderarbeitsgruppe beim<br>Staatlichen Gewerbeaufsichtsamt<br>Düsseldorf |
| Berlin (Ost)<br>Dresden, Chemnitz<br>Rostock, Schwerin<br>Neubrandenburg<br>Verbrennungsanlagen | Berlin<br>Baden-Württemberg<br>Schleswig-Holstein, Bremen<br>Hamburg<br>Saarland |

Quelle: IWL-Umweltbrief

hen. Obgleich es praktisch relativ schwierig ist, den tatsächlichen Kostendeckungsgrad bei öffentlichen Entsorgungseinrichtungen zu ermitteln, zeigen verschiedene Untersuchungen, daß bei den Gebietskörperschaften für die Entsorgungs-
leistungen keine ausreichende Deckung auf der Einnahmenseite
besteht. Die Kommunen müssen demnach letztendlich ihre Ent-
sorgungsleistungen teilweise aus allgemeinen (Steuer-)Mit-
teln subventionieren. Dies dürfte künftig in den neuen Bundesländern noch weitaus stärker der Fall sein als bisher in
den alten Bundesländern.

- Altlastenfreistellung

Die im Einigungsvertrag enthaltene "Altlastenfreistellungs-
klausel" gibt den zuständigen Behörden in den neuen Bundesländern zeitlich befristet die Möglichkeit, die Erwerber von
Anlagen von der öffentlich-rechtlichen Verantwortlichkeit
für die von den Altlasten ausgehenden Schäden freizustellen.[1] Dabei handelt es sich grundsätzlich nicht um eine
generelle Freistellung des Anlagenerwerbers von seiner Haftung für Altlasten. Vielmehr eröffnet die Norm die Möglichkeit, im Einzelfall unter Abwägung der Interessen des Erwerbers, der Allgemeinheit und des Umweltschutzes, einen Anla-
genbewerber von der Inanspruchnahme zur Beseitigung von
Schäden, die von einem eine Gefahr für die öffentliche Sicherheit und Ordnung darstellenden Zustand der Anlage ausgehen, freizustellen. Die Freistellungsklausel soll die Übernahme der bisher staatlichen Anlagen durch private Investoren erleichtern, indem die Erwerber von weitreichenden Ko-
stenbelastungen durch von ihnen nicht verursachte Umweltbe-
einträchtigungen befreit werden können.

---

1) Vgl. hierzu BMUNR, Freistellungsklausel für Altlasten,
   in: Umwelt, Nr. 1/1991, S. 11 ff.

Da die Freistellungsklausel inzwischen fast durchgängig genutzt wird, wird die künftige Altlastenfinanzierung wohl
weitgehend über Haushaltmittel erfolgen, da die Treuhandanstalt als Rechtsnachfolgerin vermutlich als Finanzierungsquelle ausfallen wird bzw. die vorgesehene Verwendung von
Teilen der geplanten Abfall- bzw. $CO_2$-Abgabe zur Finanzierung
nicht ausreichen wird.[1]

### 4.5.2.6 Finanzierungsmittel aus Sondervermögen

Neben den Finanzmitteln aus dem ERP-Sondervermögen können
auch weitere Institutionen oder Sondervermögen, wie z.B. die
Treuhandanstalt, die Bundesanstalt für Arbeit und die Deutsche Bundesstiftung Umwelt, für die Finanzierung von Umweltschutzmaßnahmen in den neuen Bundesländern in Betracht kommen.

- <u>Finanzmittel der Treuhandanstalt</u>

Die Treuhandanstalt, eine dem Bundesminister der Finanzen
unmittelbar unterstellte Anstalt öffentlichen Rechts, ist
Rechtsnachfolgerin des "Volkseigentums" der ehemaligen DDR
geworden. Dazu zählten rd. 8000 volkseigene Betriebe, sowie
bebaute und unbebaute Grundstücke und landwirtschaftliche
Flächen. Mit dem rechtlichen Übergang vormals volkseigener
Betriebe auf die Treuhandanstalt sind auch die Altlastensa-
nierungsaufgaben auf die Treuhand übergegangen. Soweit eine
Sanierung vor der Veräußerung von Betrieben erfolgt oder der
Erwerber von einer Haftung freigestellt wird, sind die Sa-
nierungsmaßnahmen aus dem Budget der Treuhand zu finanzieren. Davon abgesehen, ist auch bei einer Übertragung der
Sanierungsaufgaben auf die Investoren eine finanzielle Bela-

---

1) Vgl. o.V., Freistellung von Umweltlasten in neuen Ländern, in: VWD-Spezial vom 18.3.91.

stung der Treuhandanstalt zu erwarten. Potentielle Investoren werden die zu erwartenden Sanierungskosten antizipieren und kapitalisieren und bei den Privatisierungsverhandlungen versuchen, einen dementsprechenden Abschlag am Kaufpreis des Unternehmens durchzusetzen. Die Kosten der Altlastensanierung belasten damit im Endeffekt das Budget der Treuhandanstalt.[1]

Sollte die Treuhand aus der Privatisierung der Betriebe letztlich Gewinne erzielen, so könnte und müßte sie auch die Finanzierung der von ihr zumeist vertraglich übernommenen (Altlasten-)Sanierung tragen.

- ABM-Mittel der Bundesanstalt für Arbeit

Für mehr Beschäftigung und Investitionen in den neuen Bundesländern werden von der Bundesanstalt für Arbeit Arbeitsbeschaffungsmaßnahmen (ABM) u.a. auch im Umweltschutz finanziert.[2] Das ABM-Volumen beläuft sich für 1991 auf ca. 12 Mrd.DM.

Durch Schaffung von Aufbau- und Sanierungsgesellschaften wird die Belegschaft der Betriebe, die von Stillegungen bedroht sind, für die dringend notwendigen Sanierungsarbeiten auf ihrem Betriebsgelände und die Erschließung neuer Gewerbeflächen eingesetzt. Dabei werden über die Personalkostenzuschüsse hinaus auch die Sachkosten für Geräte und Material finanziert.

---

1) Vgl. o.V., Treuhand hat billiger verkauft als geplant, in: Süddeutsche Zeitung, Nr. 215 vom 17.9.91
2) Vgl. hierzu u.a.: H. Franke, Milliarden für den Ost-Arbeitsmarkt, in: Süddeutsche Zeitung, Nr. 65 vom 18.3.91; Bundesregierung, Gemeinschaftswerk Aufschwung Ost, a.a.O. sowie BMUNR, Aktueller Bericht ..., a.a.O., S. 67 f.

Mit den ABM-Mitteln werden zudem kommunale Umweltschutzmaßnahmen durchgeführt, wie z.B. Landschaftspflege und Deponiesicherung.

- Deutsche Bundesstiftung Umwelt[1]

Die mit rund 2,5 Mrd.DM Kapital aus der Privatisierung der
früheren bundeseigenen Salzgitter AG ausgestattete Stiftung
wird in den nächsten Jahren schwerpunktmäßig bei Umweltschutzvorhaben im Gebiet der bisherigen DDR tätig werden.
Aus der Verzinsung des Stiftungskapitals stehen jährlich
rund 200 Mill.DM für Umweltaufgaben zur Verfügung.

### 4.5.2.7 Förderungsmaßnahmen der EG

Neben den nationalen Finanzierungshilfen für den Umweltschutz sind auch Förderungsmaßnahmen aus Mitteln der EG und
ihrer Förderbank, der Europäischen Investitionsbank, zu beachten.[2] So können Umweltschutzmaßnahmen u.a.

- im Programm Gemeinschaftliche Umweltaktionen (GUA) in bezug auf Demonstrationsvorhaben
- im NORSPA-Programm bei Demonstrationsprojekten im Küsten-
  bereich von Nord- und Ostsee
- im Rahmen verschiedener Forschungs- und Technologiepro-
  gramme, wie z.B. STEP, EPOCH, MAST,
- im Rohstoff- und Rückführungsprogramm

---

1) Vgl. Bundesregierung, Entwurf eines Gesetzes zur Errichtung einer Stiftung "Deutsche Stiftung Umwelt", in: BR-
   Drs. 213/90 vom 30.3.90 und den entsprechenden Gesetzesbeschluß des Bundestages, BR-Drs. 435/90 vom 22.6.90.
2) Vgl. hierzu u.a. Kommission der EG, EG hilft beim Aufbau
   der Marktwirtschaft in den neuen Ländern, in: EG-Informationen Nr. 4/1991, und dies., Vorschlag für eine Verordnung des Rates zur Schaffung eines Finanzierungsinstruments für die Umwelt (LIFE), KOM (91) 28 endg., Brüssel
   31.1.91, S. 37 ff.

- im EKGS-Forschungsprogramm
- im Rahmen der Strukturfonds und des 1990 angelaufenen EN-
  VIREG-Programms

gefördert werden. Daneben ist auf die Kredithilfen für Umweltschutzprojekte seitens der Europäischen Investitionsbank
(EIB) zu verweisen.

Das von der EG-Kommission verabschiedete Gemeinschaftliche
Förderkonzept sieht für die neuen Bundesländer für 1991 bis
1993 die Bereitstellung von ca. 6 Mrd.DM aus den drei EG-
Strukturfonds für Regionalpolitik, Sozialpolitik und Land-
wirtschft vor. Zu den Förderschwerpunkten zählen dabei auch
Maßnahmen zur Umweltverbesserung und zum Aufbau der Basis-
infrastruktur. Darüber hinaus sollen auch Darlehen aus Mitteln der EIB und der Europäischen Gemeinschaft für Kohle und
Stahl (EGKS) in Höhe von ca. 5,2 Mrd.DM (1991-1993) die um-
fangreichen Fördermaßnahmen flankieren.

### 4.5.3    Finanzierung nach dem Gruppenlastprinzip

### 4.5.3.1    Finanzierung aus Abgabenfonds

Neben den Finanzierungsoptionen, die dem Verursacherprinzip
und dem Gemeinlastprinzip zuzuordnen sind, werden gegenwärtig einige Finanzierungsquellen diskutiert, die eher dem
sog. Gruppenlastprinzip zuzurechnen sind. Dabei werden in
der Regel weder dem einzelnen Verursacher noch der Allgemeinheit der Steuerzahler, sondern einem bestimmten Kollek-
tiv von Emittenten bzw. Verursachern von (früheren, laufenden bzw. künftigen) Umweltbelastungen Finanzierungslasten
aufgebürdet. In diesem Zusammenhang ist auf verschiedene
(Umwelt-)Abgaben hinzuweisen, deren Aufkommen zweckgebunden
zur Verstärkung der Lenkungseffekte und/oder auch für me-

dienspezifische Finanzierungsaufgaben in den neuen Bundesländern eingesetzt werden sollen bzw. können; z.B.

- die geplante Abfallabgabe,
- die geplante $CO_2$-Abgabe,
- die novellierte Abwasserabgabe und
- das vorgeschlagene Post-"Notopfer Natur- und Umweltschutz-
  Ost".

- Einsatz des Aufkommens der geplanten Abfallabgabe[1]

Der vom Bundesumweltminister vorgelegte Entwurf eines Ab-
fallabgabengesetzes sieht einen Sockelbetrag, Schadstoffzu-
schlag bzw. Deponiezuschlag für verschiedene Kategorien von
Abfällen vor. Das erwartete Abgabenaufkommen, das zu 60% den
Ländern zusteht, ist zweckgebunden
- für Behandlungs- und Verwertungsmaßnahmen
- für F+E-Projekte und Pilotvorhaben vor allem bei der Vermeidung und Verwertung
- für Beratungsmaßnahmen und
- für eine umweltverträgliche Entsorgung
zu verwenden.

Aus dem erwarteten Gesamtaufkommen von 5 Mrd.DM im Jahr will
der Bund im Rahmen der nationalen Solidaritätsaktion "Ökologischer Aufbau" 2 Mrd.DM für die Altlastensanierung in den
neuen Bundesländern einsetzen.[2]

1) Vgl. Bundesregierung, Aktionsprogramm Ökologischer Aufbau, a.a.O., S. 184.
2) Vgl. ebenda.

## - Einsatz des Aufkommens der geplanten $CO_2$-Abgabe[1]

Das Aufkommen von ca. 5 Mrd.DM aus der von der Bundesregierung beschlossenen $CO_2$-Abgabe soll ebenfalls für Sanierungsmaßnahmen in den neuen Ländern eingesetzt werden, da gerade
dort gewaltige Mengen von $CO_2$ emittiert werden. Diese Mittel
sollen für Energiesparmaßnahmen und zur Erhöhung der Ener-
gieeffizienz sowie zur Förderung erneuerbarer Energien einschließlich der Geothermie eingesetzt werden. Einen Entwurf
für diese $CO_2$-Abgabe wird der Bundesumweltminister bis zum
Sommer vorlegen.

## - Einsatz des Aufkommens aus der Abwasserabgabe

Das Aufkommen aus der Abwasserabgabe wird von den Bundesländern nach Abzug des Verwaltungsaufwands zweckgebunden für
Maßnahmen der Erhaltung oder Verbesserung der Gewässergüte
eingesetzt (gegenwärtig rd. 460 Mill.DM jährlich). Nach einem Vorschlag Hamburgs sollten 40% des Abgabenaufkommens
nach Abzug der Verwaltungskosten für Gewässerschutzmaßnahmen
in den neuen Bundesländern zur Verfügung gestellt werden.[2]
Der Gesetzentwurf geht davon aus, daß innerhalb eines 10-
Jahres-Zeitraums insgesamt eine Summe von 1,6 Mrd.DM für den
Gewässerschutz in den neuen Bundesländern mobilisiert werden
könnten.

## - Vorschlag "Notopfer Natur- und Umweltschutz-Ost"

Zur Finanzierung des Natur- und Umweltschutzes in Ostdeutschland haben die Umweltminister des Bundes und der Länder einen Aufschlag von fünf Pfennig auf das Briefporto für

---

1) Vgl. ebenda.
2) Vgl. Freie und Hansestadt Hamburg, Entwurf zur Änderung
   des Abwasserabgabengesetzes, BR-Drs. 85/90 vom 5.2.90

die Dauer von 5 Jahren vorgeschlagen.[1] Mit dem "Notopfer
Natur- und Umweltschutz-Ost" könnten schätzungsweise 3,5
Mrd.DM für den Erhalt und die Entwicklung der Ökosysteme in
der ehemaligen DDR gewonnen werden.

## 4.5.4 Perspektiven der Finanzierung

Vor dem Hintergrund der im einzelnen dargestellten Finanzierungsinstrumente für die ökologische Sanierung und Modernisierung in den neuen Bundesländern stellt sich abschließend
die Frage nach den Perspektiven der finanziellen Realisierbarkeit des voraussichtlichen Investitions- bzw. Ausgabenbedarfs.

### 4.5.4.1 Bewertung der Finanzierungsinstrumente des Verur-
sacherprinzips

Was die Ergiebigkeit der einzelnen Finanzierungsquellen anbetrifft, so zeichnet sich bei den Finanzierunsinstrumenten,
die dem Verursacherprinzip zuzuordnen sind, folgendes Bild
ab:

- Mit der zunehmenden Privatisierung der ehemals volkseige-
  nen Betriebe wird die für die Privatwirtschaft übliche
  Form der Finanzierung über Preise und Gewinne zunehmend an
  Bedeutung gewinnen. Allerdings werden in jüngster Zeit von
  Seiten der EVU's Befürchtungen geäußert, daß die von der
  Bundesregierung geplante $CO_2$-Abgabe ihnen die notwendigen
  Mittel für die Nachrüstung alter und den Bau neuer Kraft-
  werke in Ostdeutschland entziehe.[2] Darüber hinaus lähmt
  der Streit um die Rechte der Kommunen gemäß Kommunalver-

---

1) Vgl. o.V., Umweltminister wollen Steuer auf Briefe, in:
   Süddeutsche Zeitung, Nr. 183 vom 9.8.91.
2) Vgl. o.V., $CO_2$-Abgabe behindert Investitionen, in: VWD-
   Spezial vom 25.4.91

mögensgesetz der DDR die Investitionsbereitschaft der EVU's.[1]

- Die Finanzierung kommunaler Umweltschutzinvestitionen über
Gebühren, Beiträge, Abgaben und dergleichen wird in den
neuen Ländern während der Aufbauphase nur langsam zum Tragen kommen. Gemessen an den in den westlichen Bundesländern üblichen Kostendeckungsgraden bestehen ohne Zweifel
bei der Energie- und Wasserversorgung sowie sowie bei der
Abwasserbeseitigung, Müllabfuhr und Straßenreinigung noch
erhebliche Spielräume für Gebührenerhöhungen[2]. In diesen
Bereichen wurde bisher entweder auf die Erhebung kostendeckender Gebühren oder auf die Weiterwälzung auf die
Haushalte und Mieter verzichtet. Doch die Erhebung und
Überwälzung kostendeckender Gebühren auf die Endverbrau-
cher dürfte zur Zeit noch an kaum überwindbare (sozial-
)politische Schranken stoßen, weil sie im Verhältnis zur
Einkommensentwicklung mit weit überproportional zunehmenden Gebührenbelastungen der Bürger verbunden wäre.[3]

- Die (erweiterte) Anwendung von Kompensationslösungen mit
West-Ost-Finanztransaktionen erscheint nur in Einzelfällen
ökologisch und ökonomisch sinnvoll. "Nur in wenigen Fällen
wird sich die Option stellen, Geld im Osten statt im Westen einzusetzen, weil man damit mehr Umweltschutz 'kau-
fen' kann."[4]

---

1) Vgl. T. Fröhlich, Streit um Stadtwerke lähmt Energie-Investitionen, in: Süddeutsche Zeitung, Nr. 193 vom 22.8.91
2) Vgl. hierzu R. Krähmer, Administrative und finanzielle
Probleme der Kommunen in den neuen ostdeutschen Bundesländern, in: WSI-Mitteilungen, 43. Jg. (1990), S. 729 f.
3) Vgl. Ebenda.
4) Jahresgutachten 1990/91 des Sachverständigenrats, a.a.O.,
Ziffer 335.

- Die Mobilisierung privaten Kapitals durch stärkere Privatisierung öffentlicher Ver- und Entsorgungsaufgaben ist
  ohne Zweifel eine wichtige Finanzierungsalternative, die
  einmal die Unterstützung der Bundesregierung erfährt[1]
  und auch auf starkes Interesse seitens der einschlägigen
  Anbieter aus dem In- und Ausland stößt. Auf der anderen
  Seite ist nach den Konflikten im Bereich der Stromversorgung, wo viele Kommunen nicht auf ihre Rechte gemäß Kommunalvermögensgesetz sowie auf Einfluß und Einnahmen ver-
  zichten wollen[2], zu vermuten, daß sich die Kommunen aus
  den verbleibenden Ver- und Entsorgungsaufgaben nicht auch
  noch verdrängen lassen wollen. Dafür spricht auch die Tatsache, daß inzwischen die Treuhandanstalt in Thüringen die
  einstigen volkseigenen Wasser- und Abwasserbehandlungsbe-
  triebe in das Eigentum der Kommunen übergeben hat. Dabei
  wurden die früheren Bezirksversorgungbetriebe in eine
  Nord-, Süd- und Ostthüringische Wasserversorgungs- und
  Abwasserbehandlungs-Gesellschaft mbH umgewandelt, die
  künftig als kommunale Eigenbetriebe über ihren Zuschnitt
  in Zweckverbände selbständig entscheiden können.[3] Es
  wird davon ausgegangen, daß die in Thüringen gefundene
  Lösung auch für die anderen neuen Bundesländer Gültigkeit
  bekommen wird.[4]

### 4.5.4.2 Bewertung der Finanzierungsinstrumente des Gemein- lastprinzips

Betrachtet man die Finanzierungsinstrumente, die auf das
Gemeinlastprinzip abstellen, so ist inzwischen eine beacht-

---

1) Vgl. o.V., Öffentliche Aufgaben in den neuen Ländern sollen in vielen Bereichen privatisiert werden, a.a.O.
2) Vgl. T. Fröhlich, Streit um Stadtwerke lähmt Energie-Investitionen, a.a.O.
3) Vgl. o.V., Treuhand übergibt Wasserbetriebe an Kommunen,
   in: VWD-Spezial vom 25.4.91
4) Vgl. ebenda.

liche "Förderkulisse" zu beobachten (vgl. auch Tab. 4.6 und
4.7).

- Die für die Finanzierung öffentlicher und privater Umweltschutzmaßnahmen bereitgestellten Mittel sind - gemessen an
  den insgesamt verfügbaren Förderbeträgen - beeindruckend.
  Allein für 1991 dürften für Umweltschutzprojekte und -maß-
  nahmen i.w.S. mindestens rd. 15 Mrd.DM an Fördermitteln
  zur Verfügung stehen. Damit dürfte eine wirksame Anschubfinanzierung hinreichend gesichert sein.

- Für eine kontinuierliche Sanierung auch in den Folgejahren
  ist allerdings eine gleichbleibende Finanzausstattung erforderlich, die zumindest gegenwärtig noch nicht gewährleistet ist. Denn die meisten Förderprogramme sind befristet und/oder weisen hinsichtlich der vorgesehenen Förderung einen degressiven Verlauf auf. Dies gilt insbesondere
  für die Mittel aus dem kurzfristigen Gemeinschaftswerk
  Aufschwung-Ost und die abnehmenden Leistungen aus dem
  "Fonds Deutsche Einheit".

Inwieweit das gegenwärtige Förderungsniveau vor allem ab
1994 aufrechterhalten wird, ist eine offene Frage. Angesichts der warnenden Stimmen maßgeblicher Institutionen
(so z.B. der Industrieverbände[1], der Bundesbank[2] und
des Sachverständigenrats[3]) bezüglich der Fortsetzung der
gegenwärtigen Förderpraxis erscheint Skepsis hinsichtlich
eines gleichbleibend hohen Förderungsvolumens (auch für
Umweltschutzmaßnahmen) angebracht. Auch die EG-Kommission

---

1) Vgl. o.V., DIHT-Kongreß will schnellen Abbau der Förderkulisse, in: VWD-Spezial vom 26.10.90
2) Vgl. o.V., Pöhl warnt vor Dauer-Alimentation der neuen
   Länder, in: VWD-Spezial vom 15.4.91
3) Vgl. o.V., Fünf Weise warnen vor Dauersubventionen, in:
   VWD-Spezial vom 16.4.91

Tabelle: 4.6

**Ausgewählte Förderprogramme in den neuen Bundesländern mit Umweltschutzbezug Umweltschutzprogramme**

| Maßnahme | Zielgruppe | Schwerpunkte | Fördervolumen | Konditionen |
|---|---|---|---|---|
| Umweltschutzprogramm aus dem ERP-Sondervermögen | Unternehmen mit bis zu 50 Mill. DM Jahresumsatz, Umweltschutzprojekte mit Modellcharakter auch darüber | Abwasserreinigung Abfallwirtschaft, Luftreinhaltung Lärmschutz Energieeinsparung Nutzung erneuerbarer Energien Integrierte Umwelttechnologien | 6 Mrd. DM für alle ERP-Programme in 1991 (Existenzgründung, Modernisierung, Umweltschutz) | bis zu 1 Mill. DM für Antragsteller aus den neuen Ländern, Finanzierungsanteil maximal 50% Zinssatz z. Z. 7,5% |
| Förderung von Umweltschutzpilotprojekten durch das Bundesumweltministerium | | Umweltschutzpilotprojekte | 670 Mill. DM 1990-1994 | |
| Umwelt-Sofortprogramm im Rahmen des »Gemeinschaftswerks Aufschwung Ost« | Öffentliche Hand und gewerbliche Unternehmen | Wasserversorgung Abwasseranlagen Mülldeponien Industrieanlagen | 400 Mill. in 1991 300 Mill. in 1992 | |
| Deutsche Bundesstiftung Umwelt: Sofortprogramm Neue Bundesländer | | 16 Umweltschutzprojekte in den neuen Ländern Orientierungsberatung in den Betrieben Förderung des Umweltzentrums Dresden | 43 Mill. DM | |

*Quellen:* BMWi, Wirtschaftliche Hilfen für die bisherige DDR (Stand 3. Oktober 1990); Deutsche Bundesbank, Monatsberichte, März 1991; Umwelt Nr. 10/1990; o. V. Mehr Geld für Aufschwung Ost, in: Süddeutsche Zeitung vom 24. April 1991; Zusammenstellung des Ifo-Instituts.

Tabelle: 4.7

**Ausgewählte Förderprogramme in den neuen Bundesländern mit Umweltschutzbezug**

Programme, die u. a. für Umweltschutzzwecke eingesetzt werden können

| Maßnahme | Zielgruppe | Schwerpunkte | Fördervolumen | Konditionen |
|---|---|---|---|---|
| Abschreibungsvergünstigungen | | Sonderabschreibungen im Rahmen der bisherigen Zonenrandförderung, u. a. auch für Umweltschutzzwecke | | Zusätzliche Absetzung von 50 % der Anschaffungs- oder Herstellungskosten über die normalen Sätze hinaus. Gleichzeitig kann die Investitionszulage in Anspruch genommen werden |
| Investitionszulage für neue Ausrüstungsinvestitionen | Investoren mit Unternehmenssitz in den neuen Bundesländern | u. a. Modernisierungsmaßnahmen, also auch integrierter Umweltschutz | | bis 31.12.1991:12 %, 1.1.1992–31.12.1992: 8 % der Anschaffungs- und Herstellungskosten |
| Investitionskredite der Kreditanstalt für Wiederaufbau | Unternehmen mit weniger als 500 Mill. DM Jahresumsatz. Kredite für Umweltschutzmaßnahmen auch für größere Unternehmen | Errichtung, Sicherung und Erweiterung von Unternehmen; Maßnahmen zur Verbesserung der Umweltsituation | 10 Mrd. DM | i.d.R. 10 Mill. DM je Projekt, bis zu 75 % des Investitionsbetrags; Zinssatz z. Z. 8,25 % |
| Investitionskredite der Deutschen Ausgleichsbank | Kleine und mittlere Unternehmen | u. a. Verfahrensinnovationen, also auch integrierter Umweltschutz | | bis zu 1,5 Mill. DM je Vorhaben Zinssatz z. Z. 8,25 % |
| Kommunalkreditprogramm | Gemeinden, Kreise, Gemeindeverbände, sonstige Körperschaften und Anstalten des öffentlichen Rechts | Finanzierung kommunaler Sachinvestitionen zur Verbesserung der Wirtschaftsstruktur, kommunale Umweltschutzmaßnahmen inkl. Wasserbau und Kanalisation | 15 Mrd. DM für 1990–1993 | Zinsverbilligung von maximal 3 Prozentpunkten, Zinssatz z. Z. 6,5 %, Finanzierungsanteil bis zu zwei Dritteln des Investitionsbetrags |
| Gemeinschaftsaufgabe »Verbesserung der regionalen Wirtschaftsstruktur« | Gemeinden, Kreise, Kammern, Verbände | wirtschaftsnahe Infrastrukturmaßnahmen | siehe Übersicht 2 | Investitionszuschüsse bis zu 90 % der Investitionssumme bei angemessener Eigenbeteiligung des Trägers |

*Quellen:* BMWi, Wirtschaftliche Hilfen für die bisherige DDR (Stand 3. Oktober 1990); Deutsche Bundesbank, Monatsberichte, März 1991; Umwelt Nr. 10/1990); o. V., Mehr Geld für Aufschwung Ost, in: Süddeutsche Zeitung vom 24. April 1991; Zusammenstellung des Ifo-Instituts.

hat ihren festen Willen unterstrichen, Umfang und Dauer
der Beihilfen für die neuen Bundesländer auf das unbedingt
erforderliche Mindestmaß zu begrenzen.[1]

Auch der (spätere) Rückgriff auf andere öffentliche Finanzierungsquellen erscheint wenig aussichtsreich. Die Erwartungen, die Treuhand könne bei der Privatisierung Milliar-
dengewinne erzielen und damit einen Beitrag zur Altlastensanierung leisten, erscheinen wenig realistisch.[2] Angesichts der von der Treuhand zu tragenden hohen Altschulden, Liquiditätshilfen und sonstigen Transferzahlungen an
noch nicht privatisierte Betriebe sowie der Haftungsüber-
nahme für Altlasten bzw. der notwendigen Inkaufnahme von
Preisabschlägen für Altlasten bei Privatisierungen ist
statt mit Nettoerlösen eher mit Defiziten und einer weiteren Ausweitung der im Einigungsvertrag vorgesehenen Kre-
ditermächtigungen für die Treuhand zu rechnen.[3]

Auch die Finanzierung umweltrelevanter ABM-Programme in
den neuen Bundesländern dürfte rasch die Möglichkeiten der
Bundesanstalt für Arbeit überfordern, denn die entsprechenden Ausgaben sind an die rasch steigenden Lohntarife
in der ehemaligen DDR gekoppelt und die Beitragseinnahmen
der Bundesanstalt aus dem Osten sind angesichts hoher Arbeitslosigkeit vergleichsweise bescheiden.[4]

- So beeindruckend die gegenwärtigen umweltschutzbezogenen
  Förderprogramme in der Summe auch sein mögen, sie weisen
  leider einige konzeptionelle Schwachstellen auf, die die

---

1) Vgl. o.V., Beihilfen in Ex-DDR auf Mindestmaß beschränken, in: VWD-Spezial vom 25.6.91
2) Vgl. o.V., Zur Treuhand befragt: Birgit Breuel, in: Süddeutsche Zeitung, Nr. 65 vom 18.3.91
3) Vgl. VWD-Spezial vom 25.6.91.
4) Vgl. o.V., Aufschwung Ost: Die große Bescherung, in:
   Wirtschaftswoche, Nr. 13 vom 22.3.91, S. 17.

rasche ökologische Sanierung in den neuen Bundesländern gefährden:

- So ist beispielsweise die <u>Altlastensanierung</u> in den Förderprogrammen nicht explizit vorgesehen.[1] Allenfalls bei Umweltschutzpilotprojekten ist es vorstellbar, daß Altlastensanierungszentren als Demonstrationsobjekte gefördert werden. Auch die Treuhandanstalt, die sich bei den meisten Privatisierungsaktionen vertraglich zur Übernahme der Altlasten verpflichtet (hat), dürfte aufgrund der bisher prognostizierten Defizite nicht für eine (rasche) Altlastensanierung in Betracht kommen.[2]

- Neben der weitgehenden Ausklammerung bestimmter Aufgabenbereiche erscheint auch die <u>Beschränkung</u> mancher Förderprogramme <u>auf bestimmte Zielgruppen</u> wenig zieladäquat. So bringt es die Verknüpfung der Umweltschutz- mit der Mittelstandsförderung mit sich, daß die Zielgruppe der Förderprogramme nicht unbedingt dem Kreis derjenigen Unternehmen entspricht, die auch die größten Umweltverschmutzungen verursacht haben und mithin den höchsten Sanierungs- und Mittelbedarf aufweisen. Das ERP-Umweltschutzprogramm beispielsweise wendet sich vornehmlich an kleine und mittlere Unternehmen der gewerblichen Wirtschaft und freiberuflich Tätige. Nur für den Fall von Umweltschutzprojekten mit Modellcharakter wurde die Grenze für den Jahresumsatz von 50 Mill.DM aufgehoben.

---

1) Vgl. hierzu J. Wackerbauer, Förderung von Umweltschutzmaßnahmen in den neuen Bundesländern - Umweltpolitische Implikationen und ökonomische Effekte, in: Ifo-Schnelldienst, 44. Jg. (1991) Heft 16/17/91, S. 55
2) Vgl. K. Töpfer, Beitrag zur "Umweltunion in Deutschland", in: AGU (Hrsg.), Presse Forum '90, S. 34 f.

Ähnlich verhält es sich mit dem Investitionskreditprogramm der Kreditanstalt für Wiederaufbau, welches sich bevorzugt an Unternehmen mit einem Jahresumsatz unter 500 Mill.DM wendet.

Ebensowenig wird die weitgehende Ausklammerung privater Investoren bei Förderungsprogrammen zum Auf- und Ausbau der kommunalen Ver- und Entsorgungsinfrastruktur den gestellten Finanzierungsaufgaben gerecht. Sieht man einmal vom Kommunalkreditprogramm ab, so bleiben privaten Entsorgungsunternehmen die Fördermittel versagt, die den Gebietskörperschaften für vergleichbare Investitionsprojekte bewilligt werden.

. Auch die zeitliche Befristung kann sich bei Vorliegen von Investitionshemmnissen in anderen Bereichen (z.B. langwierige Genehmigungsverfahren und Ausschreibungsprobleme bzw. Mangel an Angebotskapazitäten) rasch als eine konzeptionelle Schwachstelle der Förderungsprogramme entpuppen. Kritiker halten den bislang festgelegten Förderzeitraum vor allem für Investitionshilfen für zu knapp bemessen, weil das dem notwendigen Planungszeitraum der Wirtschaft unter den erschwerten Bedingungen in Ostdeutschland nicht angemessen sei.[1]

. Außerdem bieten die Vergabekriterien offensichtlich nicht hinreichend Gewähr, daß die Förderungsbeiträge auch tatsächlich investiv genutzt werden. Es gibt Fälle, wo Kommunen die Zuweisung oder Zuwendung zur Kapi-

---

1) Vgl. D. Fockenbrock, Meisner kritisiert die Förderkonzeption der Bundesregierung für die neuen Länder, in: Handelsblatt, Nr. 40 vom 26.2.91

talanlage mit Zinserträgen genutzt haben oder Perso-
nalkosten damit decken.[1]

. Schließlich besteht bei der Projektförderung die Gefahr, daß Sanierungsprojekte gefördert werden, bei denen eher Stillegungen angebracht wären[2], oder aber
Investitionen in neue, ökologisch problematische Produktionsverfahren (z.B. im Bereich der Chlorchemie)
subventioniert werden.[3]

- Für die Wirksamkeit der angebotenen Förderungsmaßnahmen
ist auch ein ausreichender Informationsgrad bei den Adressaten erforderlich. Hier ist nach wie vor eine gewisse Un-
überschaubarkeit der verschiedenen Förderprogramme festzustellen. Eine Ifo-Telefonumfrage vom Dezember 1990 ergab
z.B., daß nur rund ein Drittel der Befragten sich ausreichend informiert fühlte(vgl. Abb. 4.9).[4]

- Hemmend könnte sich für die Inanspruchnahme von Investitionshilfen auch die sog. Antragsförderung auswirken. "Vor
allem kleinere Investoren scheiterten aber erfahrungsgemäß
an diesem aufwendigen und langwierigen Weg der Wirtschaftsförderung."[5]

---

1) Vgl. o.V., Industrie fordert Erhöhung der Investitionszulagen, in: VWD-Spezial vom 12.9.91
2) Vgl. o.V., Auf dem Basar - Die Bonner Umwelthilfe für die
   DDR ist ins Stocken geraten, in: DER SPIEGEL, Nr.
   15/1990, S. 32
3) Vgl. o.V., Im Staatsvertrag zwischen der DDR und der BRD
   ist das Branntweinmonopol wichtiger als die Umweltunion,
   in: Ökologische Briefe, Nr. 22-23/1990, S. 7.
4) Vgl. G. Nerb, A. Städtler, Infrastrukturengpässe in den
   neuen Bundesländern, in: Ifo-Schnelldienst 44. Jg.
   (1991), Heft 6, S. 3.
5) D. Fockenbrock, Meisner kritisiert Förderkonzeption ...,
   a.a.O.

Abbildung: 4.9

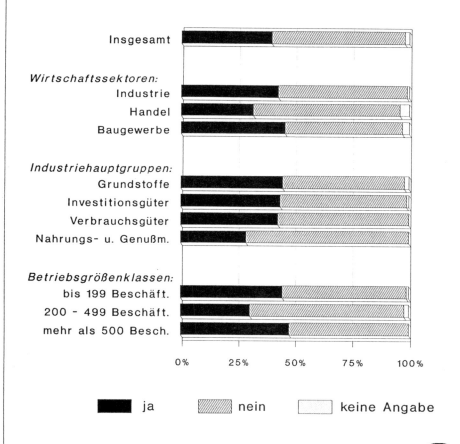

# Ausreichende Informationen über die Fördermaßnahmen für Investitionen in den neuen Bundesländern?

Quelle: Ifo-Telefonumfrage, Dezember 1990

- Weitere Erschwernisse für das Wirksamwerden der verschiedenen Förderprogramme resultieren aus der noch mangelnden Funktionsfähigkeit der Administration in den neuen Bundesländern. Dies gilt vor allem für

  · die kommunalen und sonstigen Projektträger und Beschaffungsstellen, bei denen Planungskapazitäten zur Erstellung der Projektplanung und von Kostenvoranschlägen fehlen[1], Schwierigkeiten bei den Ausschreibungsverfahren auftreten[2] bzw. keine regelmäßigen Publikationen zur Veröffentlichung von Ausschreibungen existieren[3];

  · die Umweltbehörden, bei denen die für die Bewilligung der Förderanträge erforderlichen (Bau-)Genehmigungen oder Bescheinigungen bislang nur mit Verzögerungen ausgestellt werden;

  · die Landesministerien, die Programmittel verwalten und bei denen die Haushaltsstellen Probleme bei der Projektevaluierung und der Zuteilung der Finanzzuweisungen haben[4] und

  · die Finanzämter, die mehr als ausgelastet und bisher nur teilweise in der Lage sind, steuerliche Förderungsmaßnahmen (wie etwa die Kfz-Steuerermäßigung für abgasarme Pkw) sicherzustellen, zumal die erforderliche Un-

---

1) Vgl. H. Siebert, Ein Geldstrom, der viele Wellen schlägt in: Bonner Energie-Report, 11. Jg. (1991), Heft 9, S. 29.
2) Vgl. o.V., Brandenburg kann EG-Umweltnormen nicht erfüllen, in: VWD-Spezial vom 19.7.91.
3) Vgl. o.V., Relativ wenig Mittel für kommunalen Straßenbau, in: VWD-Spezial vom 17.4.91.
4) Vgl. B. Brückner, Aufschwung Ost: Von 803 Mio. bisher nur 195 ausgegeben in: Berliner Morgenpost vom 5.10.91.

terstützung durch Zulassungsstellen und Automation noch
nicht gewährleistet ist.[1]

- Schließlich wird die Inanspruchnahme einzelner Fördermaßnahmen auch dadurch erschwert oder sogar unmöglich gemacht, daß diese

  · eine anteilige Mitfinanzierung seitens der neuen Länder
  bzw. ihrer Kommunen vorsehen, was entsprechende Eigen-
  mittel voraussetzt,

  · eine gleichzeitige Inanspruchnahme von anderen Fördermaßnahmen ausschließen;

  · die Adressaten bzw. Kreditnehmer nicht immer Kreditsicherheiten vorlegen können bzw. über eine ausreichende
  Bonität verfügen,

  · nur dann genutzt werden können, wenn die Adressaten
  nachhaltig Gewinne erzielen, um von den möglichen Sonderabschreibungen profitieren zu können.

Kommunale Umweltschutzinvestitionen werden massiv über Zuschüsse und zinsverbilligte Kredite und besondere Kumula-
tionsmöglichkeiten gefördert, so daß eine Gemeinde im gün-
stigsten Fall nur 10% an Eigenmitteln beisteuern muß. Lediglich bei Inanspruchnahme von Mitteln aus den EG-Struktur-
fonds müssen die Kommunen mindestens 30% der Projektkosten
selbst finanzieren.

---

1) Vgl. o.V., Waigel kündigt Neuregelungen an, in: Süddeutsche Zeitung, Nr. 101 vom 2.5.91, sowie Presse- und Informationsamt der Bundesregierung, Deutsche Einheit ...,
   in: Aktuelle Beiträge zur Wirtschafts- und Finanzpolitik,
   Nr. 44 vom 5.11.90, S. 61.

Die insgesamt vergleichsweise geringe Selbstbeteiligung kann
sich dennoch als ein Hemmnis für die Inanspruchnahme der
Förderprogramme für die Kommunen erweisen. Zwar hat sich die
zunächst äußerst angespannte Finanzlage der Kommunen durch
einige finanzpolitische Entscheidungen (u.a. volle Beteiligung der neuen Bundesländer am Umsatzsteueraufkommen,
Verzicht des Bundes auf seinen Anteil am "Fonds Deutsche
Einheit", Gemeinschaftswerk Aufschwung Ost, Moratorium für
Verpflichtungen aus Altschulden) für 1991 und 1992 ent-
schärft, doch gilt dies nicht auf mittlere Sicht. Aufgrund
der auch mittelfristig wohl nur bescheidenen eigenen Steuer-
und Gebühreneinnahmen der Kommunen[1] sind Hemmnisse in bezug auf die kommunale Verschuldungsbereitschaft zu vermuten.

Ungewiß ist auch, ob alle bislang zugesagten Fördermittel
von den Kommunen auch in Anspruch genommen werden, denn die
Länder haben für die Gemeinden in sogenannten "Haushaltsführungserlassen" faktisch Verschuldungsobergrenzen festgelegt,
die dazu führen können, daß einzelne Projekte zeitlich gestreckt oder verschoben werden müssen.[2]

Unklar ist auch, wie die Fördermaßnahmen der EG - insgesamt
sind es 6 Mrd.DM - wirken.[3] Aus wettbewerbsrechtlichen
Gründen darf der Gesamtanteil der Förderung ein Drittel der
Projektkosten nicht übersteigen. Diese Quote wird aber durch
Investitionszulage und -zuschuß ausgeschöpft, und die Qualifizierung von Arbeitskräften durch Mittel der Bundesanstalt
für Arbeit hat bereits auf breiter Basis begonnen. Teilweise
dienen die Mittel der EG zur Aufstockung der Förderprogramme

---

1) Vgl. DIW, Eine Infrastrukturoffensive für Ostdeutschland:
   Finanzierungsaspekte und gesamtwirtschaftliche Wirkungen,
   in: DIW-Wochenbericht, 58. Jg. (1991), S. 92 f.
2) Vgl. DIW und IfW, Gesamtwirtschaftliche und unternehmerische Anpassungsprozesse in Ostdeutschland, 2. Bericht,
   in: DIW-Wochenbericht, 58. Jg. (1991), S. 346.
3) Vgl. zum Folgenden ebenda, S. 345.

des Bundes und kommen erst dann zum Tragen, wenn diese ausgeschöpft sind.

Ein Hindernis für Unternehmen, die angebotenen Kredithilfen
in Anspruch zu nehmen, ist häufig das Fehlen bankmäßiger
Kreditsicherheiten. Hier wiederum mangelt es einerseits an
solchen Werten, die den Kreditinstituten als Kreditsicher-
heit geeignet erscheinen. Zum anderen sind die Rechtsver-
hältnisse und die Möglichkeiten, Sicherheiten nach westdeutschen Vorstellungen einwandfrei zu bestellen, noch sehr erschwert. Allerdings dürften inzwischen die neugegründeten
Bürgschaftsbanken und die diversen Bürgschaftsprogramme Abhilfe schaffen.

Für die Wirksamkeit der zulässigen Sonderabschreibungen, die
zusätzlich zu den steuerfreien Investitionszulagen in Anspruch genommen werden dürfen, ist eine nachhaltige Gewinn-
erzielung Voraussetzung. Ob dies in den ersten fünf Jahren,
in denen 50% zusätzlich zur normalen Abschreibung abgesetzt
werden dürfen, von den meisten ostdeutschen Investoren bereits erwartet werden kann, erscheint jedoch mehr als fraglich.

Trotz der angeführten Informationsprobleme, Schwierigkeiten
in der Administration und Probleme bei der finanziellen Ei-
genbeteiligung ist für die Jahre 1990 und 1991 eine teilweise beachtliche Anschubfinanzierung für Umweltschutzmaßnahmen
in den neuen Bundesländern erfolgt.

Als besonders erfolgreich im Sinne einer Inanspruchnahme
erwiesen sich bislang

- die Fördermittel des BMUNR für Sofortmaßnahmen, bei denen
  "noch 1990" alle verfügbaren Mittel in Höhe von 500

Mill.DM bis auf die letzte Mark ... bei über 600 Projekten in den neuen Ländern ausgezahlt wurden."[1]

- Auch die vom BMUNR verwalteten Fördermittel in Höhe von 800 Mill.DM, die im Rahmen des Gemeinschaftswerkes Aufschwung-Ost für 1991 und 1992 für Umweltprojekte reserviert waren, sind inzwischen vergeben.[2]

- Von den z.Zt. rd. 350 Tsd. in den neuen Bundesländern besetzten ABM-Stellen dürfte schätzungsweise jede dritte ABM-Stelle umweltrelevant sein, etwa bei Abriß und der Sanierung der Leuna AG oder im Stahlwerk Riesa, wo altlastenfreie Gewerbeflächen entstehen, in den Braunkohletagebauen in der Lausitz und bei den MIBRAG oder bei den vielen kleinen Maßnahmen im Kanalisations- und Wegebau oder der Landschaftsplege.[3]

- Auch die Investitionspauschalen von insgesamt 5 Mrd.DM für die ostdeutschen Kommunen waren nach Angaben des BMF bis Ende August 91 zu 80% mit Aufträgen (u.a. auch im Bereich der Entsorgungsinfrastruktur) belegt.[4]

- Als sehr wirksam erweist sich auch das Kommunalkreditprogramm der KfW und der Deutschen Ausgleichsbank, das bis 1993 mit 15 Mrd.DM ausgestattet ist und bei dem bis Mai 1991 bereits 3.600 Anträge mit einem Antragsvolumen von

---

1) Vgl. Bundesregierung, Aktionsprogramm ökologischer Aufbau, a.a.O., S. 133.
2) Vgl. H. Siebert, Ein Geldstrom, der viele Wellen schlägt, a.a.O., S. 29 ff.
3) Vgl. ebenda, S. 32.
4) Vgl. o.V., Investitionsmittel für Ostdeutschland verplant, in: Süddeutsche Zeitung vom 2./3. November 1991.

knapp 11 Mrd.DM (davon rd. 4,3 Mrd. für Umweltschutzprojekte) vorlagen (vgl. Tab. 4.8).[1]

Für die Umweltschutzprojekte gab es die mit Abstand höchste Bewilligungsquote, nämlich Zusagen in Höhe von rd. 3,2
Mrd.DM. Ungewiß ist allerdings, ob alle zugesagten Mittel
von den Kommunen auch in Anspruch genommen werden, nachdem
- wie erwähnt - die Länder für die Gemeinden in sogenannten "Haushaltsführungserlassen" faktisch Verschuldungsobergrenzen festgelegt haben, die dazu führen können, daß
Projekte zeitlich gestreckt oder verschoben werden müssen.
Auch dürfte die vom Bund gewährte Investitionspauschale
den kommunalen Kreditbedarf reduzieren.[2]

- Das Kernstück der Regionalförderung in den neuen Bundesländern, die Gemeinschaftsaufgabe "Verbesserung der regionalen Wirtschaftsstruktur" läuft ebenfalls erfolgreich.[3]
  Die Zahl der Anträge, das geplante Investitionsvolumen und
  die bewilligten Fördermittel haben im Verlauf des Jahres
  1991 stark zugenommen (vgl. Tab. 4.9). Bis Ende Juni 1991
  haben Gemeinden für über 1.200 Maßnahmen Zuschüsse zu Investitionen im Bereich der wirtschaftsnahen Infrastruktur
  mit einem Investitionsvolumen von gut 11 Mrd.DM beantragt.
  Insgesamt wurden bisher Bewilligungen für Investitionszuschüsse an Gemeinden in Höhe von rd. 1,1 Mrd.DM ausgesprochen.

Die Bedeutung der Gemeinschaftsaufgabe für Umweltschutzinvestitionen von gewerblichen Unternehmen muß hingegen

1) Vgl. DIW und IfW, Gesamtwirtschaftliche und unternehmerische Anpassungsprozesse in Ostdeutschland, 2. Bericht,
   in: DIW-Wochenbericht, 58. Jg. (1991), S. 346.
2) Vgl. DIW und IfW, Gesamtwirtschaftliche und unternehmerische Anpassungsprozesse in Ostdeutschland, 2. Bericht,
   in: DIW-Wochenbericht, 58. Jg. (1991), S. 346.
3) Vgl. BMWi-Tagesnachrichten, Nr. 9743 vom 15.7.91.

Tabelle: 4.8

## Inanspruchnahme des Gemeindekreditprogramms, Stand 10.5.1991

|  | Anträge | Zusagen |
|---|---|---|
|  | Mill. DM | |
| Gewerbeflächen | 2 927 | 1 856 |
| Abfall | 492 | 389 |
| Energie | 432 | 388 |
| Lärmschutz, Luft, Abwasser, Wasser | 3 828 | 2 795 |
| Verkehr | 1 269 | 1 147 |
| Stadtentwicklung | 947 | 485 |
| Krankenhäuser, Pflege | 830 | 528 |
| Insgesamt | 10 727 | 7 555 |

*Quelle:* Bundesministerium für Wirtschaft.

mit Skepsis beurteilt werden. Der Zuschuß im Rahmen der Gemeinschaftsaufgabe beträgt höchstens 23%, zusammen mit der Zulage werden maximal 33% der Investitionskosten vom Staat erstattet - zweifellos ein stattlicher Förderbetrag. Ob er allein allerdings die Investitionsneigung der Unternehmen für Umweltschutzzwecke heben wird, ist zweifelhaft.

Tabelle: 4.9

**Mittel der Gemeinschaftsaufgabe (GA)**
**"Verbesserung der regionalen Wirtschaftsstruktur"**
**für die neuen Bundesländer**
Stand 30.9.1991 - in Mill.DM

| | Neue Bundesländer insgesamt | | | | |
|---|---|---|---|---|---|
| | 1991 | 1992 | 1993 | 1994 | 1991-1994 |
| verfügbar | 5 200 | 5 200 | 4 000 | 3 000 | 17 400 |
| davon<br>- GA-Mittel | 3 000 | 3 000 | 3 000 | 3 000 | 12 000 |
| - Sonderprogrammmittel | 1 200 | 1 200 | | | 2 400 |
| - EFRE-Mittel | 1 000 | 1 000 | 1 000 | | 3 000 |
| bewilligt | 4 216 | 2 949 | 1 494 | 322 | 8 981 |
| abgeflossen | 999 | | | | 999 |
| Quoten (in v.H.)<br>- bewilligt/verfügbar | 81,1 | 56,7 | 37,4 | 10,7 | 51,6 |
| - abgeflossen/verfügbar | 19,2 | | | | |
| - abgeflossen/bewilligt | 23,7 | | | | |

Quelle: Bundesministerium für Wirtschaft.

- 238 -

Ist die Motivation zu investieren gering, können staatliche
Förderprogramme nur geringe Wirkung entfalten.[1]

- Nur schwach wurden bislang auch die ERP-Umweltschutzpro-
  gramme von gewerblichen Unternehmen in Anspruch genommen,
  obwohl insgesamt eine rege Nachfrage nach ERP-Krediten zu
  beobachten ist (vgl. Tab. 4.10). Dies mag einmal mit dem
  Zuschnitt dieser Programme auf kleinere und mittlere Unternehmen bzw. Freiberufler und der in diesem Kreis generell relativ geringen Investitionsneigung in Sachen
  Umweltschutz zusammenhängen. Zum anderen sind die ERP-Kon-
  ditionen in bezug auf Kredithöchstbetrag, Finanzierungsanteil des ERP-Darlehen, Zins- und Laufzeitkonditionen
  möglicherweise nicht attraktiv genug für (einzelwirt-
  schaftlich unrentierliche) Umweltschutzinvestitionen. Ferner ist zu beachten, daß bei Krediten für Modernisierungs-
  maßnahmen z.T. auch umweltentlastende Investitionen (mit-
  )gefördert werden.

### 4.5.4.3 Bewertung der Finanzierungsinstrumente des Grup-
penlastprinzips

Was die Finanzierung über Instrumente des Gruppenlastprinzips anbetrifft, so dürfte die von der Bundesregierung geplante Einführung einer Abfallabgabe wohl nur mit Einschränkungen zu Einnahmen führen, die u.a. auch für Umweltschutzaufgaben in den neuen Bundesländern verwendet werden
könnten. "Der Bund hatte auf Basis seines Referentenentwurfs
zur Abfallabgabe ermittelt, daß die Abfallabgabe jährlich
ca. 5 Mrd.DM pro Jahr betragen würde und daß davon 40%, d.h.
ca. 2 Mrd.DM, den neuen Bundesländern zur Verfügung gestellt

---

1) Vgl. DIW und IfW, a.a.O., S. 344.

**Tabelle: 4.10**

ERP-Kredite

Beantragte und zugesagte ERP-Kredite, Stand 10.5.1991

| Förderprogramme | Anträge Anzahl | Zusagen Anzahl | Auftragsvolumen Mill. DM | Zusagevolumen Mill. DM |
|---|---|---|---|---|
| Modernisierung | 27274 | 25571 | 5060 | 3396 |
| Existenzgründung | 57431 | 46501 | 5334 | 4046 |
| Tourismus | 8079 | 7478 | 1061 | 741 |
| Umweltschutz | 571 | 433 | 499 | 244 |
| Insgesamt | 93355 | 79983 | 11954 | 8427 |

Zeitliche Verteilung der beantragten ERP-Kredite, März 1990–Januar 1991

| Förderprogramme | Anzahl der Anträge | | | |
|---|---|---|---|---|
| | März bis Juni 1990 | Juli bis Sept. 1990 | Okt. bis Dez. 1990 | Januar bis April 1991 |
| Modernisierung | 14671 | 4008 | 3071 | 5524 |
| Existenzgründung | 12841 | 11363 | 9627 | 23600 |
| Tourismus | 2914 | 1449 | 1209 | 2507 |
| Umweltschutz | 192 | 74 | 62 | 243 |
| Insgesamt | 30618 | 16894 | 13969 | 31874 |

Quelle: Bundesministerium für Wirtschaft.

werden könnten. Dies dürfte kaum realistisch sein: Zum einen
wegen der Tatsache, daß gegen die Einbeziehung der
Haushaltsabfälle erhebliche Bedenken bestehen (auch die neu-
en Bundesländer, obwohl derzeit noch gar nicht von der Ab-
gabepflicht betroffen, opponieren gegen eine Abfallabgabe
auf Hausmüll). Außerdem bestehen Vorbehalte wichtiger Länder
gegen die volle Abführung von 40% des Abfallabgabenaufkom-
mens an die neuen Bundesländer. Deshalb dürfte, sofern das
Abfallabgabengesetz überhaupt in dieser Legislaturperiode
realisiert werden wird, der Betrag, der den neuen Bundesländern aus der Abfallabgabe zukommen wird, wesentlich unter
einer Milliarde DM liegen. Angesichts der geschätzten Zahl
der Altlastensanierungskosten zwischen 30 und 100 Mrd.DM
würden die neuen Bundesländer aus der Abfallabgabe nur einen
vergleichsweise sehr geringen Anteil aus der Abfallabgabe
zum Zweck der Altlastensanierung erhalten. Realistisch betrachtet - Zeitdauer bis zur Realisierung dieses Abfallabga-
bengesetzes - bedeutet dies, daß die neuen Bundesländer bis
Ende 1994 kaum eine effektive Hilfestellung aus der Abfallabgabe vom Bund und den alten Bundesländern zu erwarten haben."[1]

Ähnliche Skepsis erscheint im Hinblick auf die Verwendung
des Aufkommens der geplanten CO$_2$-Abgabe angebracht, deren
Verwirklichung sich auch vor dem Hintergrund der geplanten
Energie- und Klimasteuer der EG weiter verzögern dürfte.

Die Aussichten für eine Neuverteilung des Aufkommens aus der
Abwasserabgabe sowie für die Einführung eines postalischen
Notopfers Natur- und Umweltschutz-Ost sind derzeit ebenfalls
als gering einzuschätzen.

---

1) L. Wicke, Neue Wege und Prioritäten zur Altlastensanierung in Deutschland, in: Handbuch Umwelt und Energie,
   Heft Nr. 4 vom 16.8.91, S. 209.

Das eigene Aufkommen der neuen Bundesländer bei den Abwasserabgaben und den geplanten Abfall- bzw. $CO_2$-Abgaben dürfte wegen der reduzierten Abgabentarife im Beitrittsgebiet kaum für die Finanzierung der anstehenden Umweltschutzaufgaben ins Gewicht fallen.

5. **Umwelttechnologien in Ostdeutschland und mögliche Lösungsbeiträge durch Anbieter aus Nordrhein-Westfalen**

5.1 **Möglichkeiten endogener Entwicklungen in den neuen Bundesländern**

Die Frage nach endogenen Entwicklungspotentialen zielt darauf ab, ob in der Region Ostdeutschland die Herausbildung eines Angebotes von Umwelttechnik mit den dort vorhandenen Ressourcen möglich ist. Der Unternehmensbestand und die Verteilung der vorhandenen Produktionsanlagen und Arbeitskräfte auf die verschiedenen Branchen geben einen Anhaltspunkt dafür, ob die strukturellen Voraussetzungen für die Produktion von Umweltschutzgütern gegeben sind. Dabei soll nicht vergessen werden, daß sich die gegebene Wirtschaftsstruktur gerade in Ostdeutschland aufgrund von notwendigen Neuinvestitionen und Umschulungsmaßnahmen relativ schnell verändern läßt. Deshalb wird auch untersucht, welche Branchen als zukünftig wettbewerbsfähig erscheinen, und ob dies Branchen sind, die für die Herausbildung eines umwelttechnologischen Angebotes geeignet sind.

Daneben wird überprüft, wie hoch das Nachfragepotential für die ostdeutschen Anbieter von Umwelttechnik ist und ob für die bestehenden Kapazitäten in den entsprechenden Branchen eine Verwendungskonkurrenz zwischen der Produktion von Umweltschutzgütern und anderen Produkten besteht.

5.1.1 **Der Umweltschutzsektor in der ehemaligen DDR**

In den folgenden Abschnitten soll untersucht werden, wie hoch in den neuen Bundesländern das Angebotspotential an Anbietern von Umwelttechnologien ist. In der historischen

Entwicklung lassen sich drei Arten von Anbietern unter-
scheiden:

- Kombinate, die schon seit längerer Zeit im Bereich Umweltschutz tätig sind.

- Aus Kombinaten hervorgegangene Unternehmen, die im Verlauf der wirtschaftlichen Umstrukturierung in den Markt
für Umweltschutz hineindiversifizieren und

- Neugründungen von Anbietern umweltschutzbezogener Güter
und Dienstleistungen.

### 5.1.1.1 Aktivitäten der Industriekombinate im Bereich Um-
welttechnik

Angesichts des niedrigen Stellenwerts, der dem Umweltschutz
in der praktischen Politik der DDR zugemessen wurde, bildete sich nur in geringem Maß inländische Nachfrage nach
Umwelttechnologien heraus (vgl. Abb. 5.1). Diese Nachfrage
wurde zudem teilweise durch Importe gedeckt, so daß nur
wenige Industriekombinate Umwelttechnik herstellten. Im Bereich Luftreinhaltung sind die Kombinate aus den Branchen
"Allgemeine Lufttechnik" sowie "Entstaubungs-, Entschwefe-
lungs- und Entstickungstechnik" anzuführen.[1]

Die Branche "Allgemeine Lufttechnik (ohne Entstaubungstechnik)" wurde früher im wesentlichen durch die Betriebe des
ehemaligen Kombinates ILKA Luft- und Kältetechnik Dresden
repräsentiert. Diese Betriebe realisierten etwa 80 bis 90 %

---

[1] Die folgenden Ausführungen im Anschluß an eine Untersuchung des früheren DDR-Wirtschaftsministeriums über
die Umweltschutzindustrie in den neuen Bundesländern.
Zitiert in: iwl Umweltbrief 12/90, S. 14 f.

Abbildung: 5.1

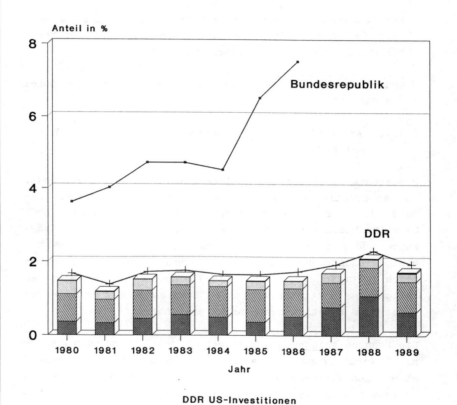

# Anteil der Umweltschutzinvestitionen
## an den Gesamtinvestitionen
### Vergleich DDR - BRD

DDR US-Investitionen

- Luftreinhaltung
- Abfallwirtschaft
- Gewässerschutz
- Lärmschutz

DDR: gesamte Volkswirtschaft
BRD: nur produzierendes Gewerbe
Quelle: Sta BA, Stat. Amt DDR, Ifo 1990

des jährlichen Umsatzes an Maschinen und Anlagen der Lüf-
tungs-, Klima- und industriellen Kältetechnik. Der übrige
Anteil am jährlichen Umsatz wurde durch die Klein- und
Mittelstandsbetriebe der ehemaligen bezirksgeleiteten Indu-
strie, des örtlich geleiteten Bauwesens, insbesondere der
Bereiche der technischen Gebäudeausrüstung im Wohnungs- und
Gesellschaftsbau sowie als Nebenproduktion der zentralge-
leiteten Produktionsmittel herstellenden Industrie anderer
Branchen realisiert. Eine entsprechende Branchenübersicht
ergab insgesamt 15 Betriebe.

Auf dem Gebiet der Entstaubungstechnik gab bzw. gibt es
eine Vielzahl von Anbietern und Produzenten von kompletten
oder Teilanlagen, niveaubestimmenden Ausrüstungen und Komponenten. Als wichtigste Anbieter sind das Kombnat Luft-
und Kältetechnik Leipzig, mit dem Bereich Luftfiltertechnik
und die VEB Entstaubungsanlagenbau Leipzig zu nennen. Diese
einzelnen Betriebe waren dezentral organisiert und unter-
standen früher verschiedenen Kombinaten der Kohle- und
Energiewirtschaft, der Metallugie, des Maschinen- und Anlagenbaues sowie der bezirksgeleiteten Industrie. Obgleich
aus der Anpassung branchenverwandter Unternehmen an die
neuen Bedingungen der Marktwirtschaft keine neuen Produzenten der Entstaubungstechnik hervorgegangen sind, wurde der
Kreis der Anbieter auf dem Inlandsmarkt gegenüber früher
größer, in dem insbesondere Ingenieurbetriebe des Maschi-
nen- und Anlagenbaues, insbesondere der Branchenchemie-,
Kraftwerks- und Wärmeanlagenbau, die Vermarktung von aus-
ländischem Know-how in Verbindung mit eigenen Ingenieur-
Leistungen in ihr Leistungsprofil aufgenommen haben. Dabei
wurde zunehmend die Verbindung zur Rauchgasentschwefelung
oder -entstickung sowie Wertstoffrückgewinnung gesucht. Die
wichtigsten Unternehmen der Branche haben sich in einer
Interessengemeinschaft "Umwelttechnik" mit dem Ziel zusam-

mengefunden, die erforderlichen Maßnahmen zur Strukturan-
passung zu koordinieren und die gegenseitigen und gemeinsamen Interessen gegenüber den gesetzgeberischen Körperschaften, der öffentlichen Hand sowie den neu zu bildenden Län-
derregierungen zu vertreten.

Auf dem Gebiet der Entschwefelungstechnik gab es in der
Vergangenheit zahlreiche Aktivitäten. Über eine Reihe von
Pilotprojekten, z.B. mit Beteiligung der VEB Kraftwerksanlagenbau Vetschau ist man aber nicht hinausgekommen, so daß
sich keine Anbieter und Produzenten herausbilden konnten,
die als General- bzw. Hauptauftragnehmer diese spezifische
Technik standardgerecht und serienmäßig anbieten.

Das Gebiet der Entstickungstechnik hatte früher keine Rolle
gespielt, da man sich auf die Verminderung der Umweltbelastung infolge der Verbrennung von Braunkohle konzentriert
hatte.

Für den Bereich der Wasserversorgung und Abwasserbeseitigung war früher die Branche "Anlagen, Maschinen und Apparate für die Trink-, Brauch- und Abwasseraufbereitung" zu-
ständig, die im wesentlichen durch die Betriebe der ehemaligen Kombinate Kraftwerksanlagenbau Berlin, sowie Wasser-
technik und Projektierung Wasserwirtschaft Halle repräsentiert wurde. Diese Betriebe realisierten etwa 80 bis 90 %
des jährlichen Umsatzes an Maschinen, Apparaten und Anlagen
der Wasseraufbereitung, Abwasser- und Schlammbehandlung.
Der übrige Anteil am jährlichen Umsatz wurde durch Betriebe
der ehemaligen bezirksgeleiteten Industrie und als Nebenproduktion der zentralgeleiteten produktionsherstellenden
Industrie und der SDAG Wismut erbracht. Ausgehend von dem
vorhandenen konkreten Nachholbedarf auf ökologischem Gebiet
haben weitere Unternehmen, insbesondere aus dem ehemaligen

Schwermaschinenbaukombinat TAKRAF Leipzig und dem ehemaligen Chemieanlagenbaukombinat Leipzig/Grimma, ihr Erzeugnis-
profil um Maschinen, Apparate und Anlagen der Wasseraufbereitung, Abwasser- und Schlammbehandlung erweitert. In einer entsprechenden Branchenübersicht wurden 25 Unternehmen
erfaßt, davon 20 Unternehmen mit einer branchentypischen
Hauptproduktion.

Technologien für Abfallbeseitigung und Wertstoffrückgewin-
nung wurden im Bereich der Branche "Abbauproduktenwirt-
schaft" erstellt. Diesbezügliche Erzeugnisse wurden in der
Vergangenheit durch die VEB's Kombinatkraftwerksanlagenbau,
Betriebsteil Radebeul, Schwermaschinenbaukombinat TAKRAF,
Leipzig, Chemie- und Tankanlagenbau, Fürstenwalde, sowie
Wärmeanlagenbau, Berlin, realisiert. Die Leistungen dieser
Betriebe bei der Errichtung von Anlagen der Abbauprodukt-
wirtschaft begründeten sich im wesentlichen auf die Vermarktung von importierten Ausrüstungen. Mit dem Übergang
zur Marktwirtschaft haben sich eine Reihe von Unternehmen
die Aufgabe gestellt, schrittweise ab zweites Halbjahr 1990
Kapazitäten zur Entwicklung und Produktion entsprechende
Ausrüstungen und Anlagen aufzubauen. Besondere Aufmerksam-
keit wurde dabei Ausrüstungen zur Verwertung oder sicheren
Deponie von Problemabfällen wie Kautschuk und Plastik, Mi-
kroelektronikschrott, Altbatterien, Fluorkohlenwasserstof-
fen aus Kühlaggregaten, Fett- und Lackschlämmen, Lösungsmitteln, Abfallsäuren, -laugen und -salzen, Rückständen aus
Rauchgasreinigungsanlagen, Altkatalysatoren, kontaminierten
Schlämmen und metallsalzhaltigen Rückständen gewidmet.

Weitere Leistungen für den Umweltschutz erbrachten u.a. die
Verkehrs- und Tiefbaukombinate in den einzelnen Bezirken
sowie die VEB Wasserversorgung und Abwasserbehandlung in
den einzelnen Bezirken.

Die vorliegenden Erhebungen lassen insgesamt erkennen, daß den Umwelttechnologien in der ehemaligen DDR nur geringfügige Bedeutung zugemessen wurde.

In der Bundesrepublik spielt neben der Vielzahl von industriellen Anbietern auch die Bauwirtschaft als Anbieter komplementärer Leistungen eine wichige Rolle im Umweltschutzmarkt. Für Aktivitäten der DDR-Bauindustrie auf dem Umweltschutzgebiet lassen sich kaum Anzeichen finden. Schon in den klassischen baurelevanten Entsorgungsbereichen lassen Anschlußgrade (73 % an Kanalisation, 58 % an Klärwerke)[1] die weit unter mitteleuropäischen Standards liegen, vermuten, daß Umweltschutz kein zentraler Bereich der Bautätigkeit war.

Die DDR-Bauindustrie wies ein beträchtliches Defizit an hochwertigen Baumaterialien und eine einseitige Orientierung auf den Betonbau auf. Strukturell wurde die Bauwirtschaft durch ein rundes Dutzend zentral geleiteter Kombinate geprägt, die 250.000 von insgesamt 645.000 Beschäftigten der Bauwirtschaft auf sich vereinigten. Die einseitige Ausrichtung auf die Plattenbauweise im Wohnungsbau ist ein Zeichen für eine geringe Angebotsflexibilität der DDR-Bauwirtschaft.[2]

Die zweite Gruppe von Anbietern, die seit Ende 1989 in den Umweltschutzmarkt hineindiversifizieren, fällt dagegen stärker ins Gewicht. Eine Auswertung des IFU-Katalogs "Umweltschutztechnik in der DDR" erbrachte 110 Anbieter in

---

1) Vgl. U. Adler, Umweltschutz in der DDR: Ökologische Modernisierung und Entsorgung unerläßlich, in: Ifo-Schnelldienst 16/17 vom 18. Juni 1990, S. 45.
2) Vgl. J. Zimmermann, Wohnungsmarkt und Städtebau in der DDR: Ausgangslage-Probleme-Konzepte, in: Ifo-Schnelldienst 15 vom 21. Mai 1990.

diesem Bereich. Hierunter befinden sich allerdings eine
ganze Reihe von Forschungsinstituten der Akademie der Wissenschaften oder der Akademie der Landwirtschaftswissenschaften der DDR sowie verschiedener Hochschulen. Eine Se-
lektion nach gewerblichen Anbietern führt zu der Zahl von
57 Umweltschutz-Unternehmen, von denen vor der Vereinigung
beider deutschen Staaten noch etwa die Hälfte als VEB fir-
mierte.

Nennenswerte Beispiele für eine Diversifizierungs-Strategie
sind die aus dem Schwermaschinenbau-Kombinat Ernst Thälmann
hervorgegangene SKET Maschinen- und Anlagenbau Aktiengesellschaft, Magdeburg, die u.a. Umwelttechnik anbietet,
oder der Maschinen- und Mühlenbau Wittenberg, der seine
schon vor Jahren beim Mühlenbau entwickelte Entstaubungstechnik auch branchenfremd anbieten will.[1] Aus dem
Schwermaschinenbaukombinat TAKRAF Leipzig hervorgegangene
Unternehmen bieten Maschinen, Apparate und Anlagen zur Wasseraufbereitung, Abwasser- und Schlammbehandlung an.[2]
Daneben sehen auch Rüstungsunternehmen, die auf Zivilgüter-
produktion umstellen müssen, eine Alternative in der Umwelttechnik, wie das VEB Kombinat Spezialtechnik. Einzelne
Kombinatsbetriebe mit Erfahrungen in der Herstellung von
Geräten zur Umweltanalytik sollen gemeinsam mit der For-
schungsabteilung des Kombinates Gerätesysteme für die
Grundwasserüberwachung entwickeln.[3]

Die Neugründungen von Umweltschutzfirmen sind derzeit in
vollem Gange und können daher noch nicht quantifiziert

---

1) Vgl. o.v., DDR-Umweltindustrie - Marktwirtschaft und
   westliches Know-How sollen Umwelt-Engagement ermöglichen, in: Handelsblatt vom 21.5.1990
2) Vgl. iwl Umweltbrief 12/90, S. 14
3) Vgl. F.M. Drost, DDR-Rüstungsunternehmen setzt auf
   Konversion, in: Handelsblatt vom 30.4.1990

werden. Ihre relative Bedeutung wurde im Rahmen einer Befragung untersucht, deren Ergebnisse im nächsten Abschnitt dargestellt werden.

### 5.1.1.2 Eine exemplarische Befragung von ostdeutschen Anbietern auf dem Umweltschutz-Markt in Markkleeberg

Eine schlaglichtartige Darstellung aktueller Tendenzen bot der deutsch-deutsche Umweltschutzmarkt in Markkleeberg vom 26. bis 29. September 1990. Kurz vor der Vereinigung beider deutscher Staaten präsentierten hier 224 Aussteller ihr Angebot im Bereich Umwelttechnologien. Die DDR war darunter mit 31 Firmen vertreten[1].

Das Ifo-Institut führte unter den Ausstellern eine Umfrage durch, die zwar keine Repräsentativität beanspruchen kann, an deren Ergebnissen sich aber gewisse Tendenzen ablesen lassen (vgl. Fragebogen im Anhang). Zusätzlich wurden die gewerblichen Anbieter aus dem IFU-Katalog in die Umfrage einbezogen. An der Befragung beteiligten sich 31 ostdeutsche Anbieter sowie 33 Firmen aus Westdeutschland, darunter 9 aus NRW (vgl. Abb. 5.2). Unter den DDR-Firmen waren 14 Industrieunternehmen, jeweils zwei Forschungs-, Handels- und Bauunternehmen sowie 10 Anbieter aus dem Bereich sonstiger Dienstleistungen. Unter den westdeutschen Berichtskreisunternehmen überwogen die industriellen Anbieter (26) gegenüber einem Handelsbetrieb und 6 sonstigen Dienstleistern (vgl. Abb. 5.3).

Von der Unternehmensgrößenstruktur her überwiegen bei den ostdeutschen Anbietern, soweit sie durch diese Umfrage repräsentiert werden, eher die größeren Einheiten. Während

---

1) Vgl. o.V., Umweltschutz-Markt präsentiert in DDR Umwelttechnik, in: VWD-DDR Spezial vom 27.9.1990

Abbildung: 5.2

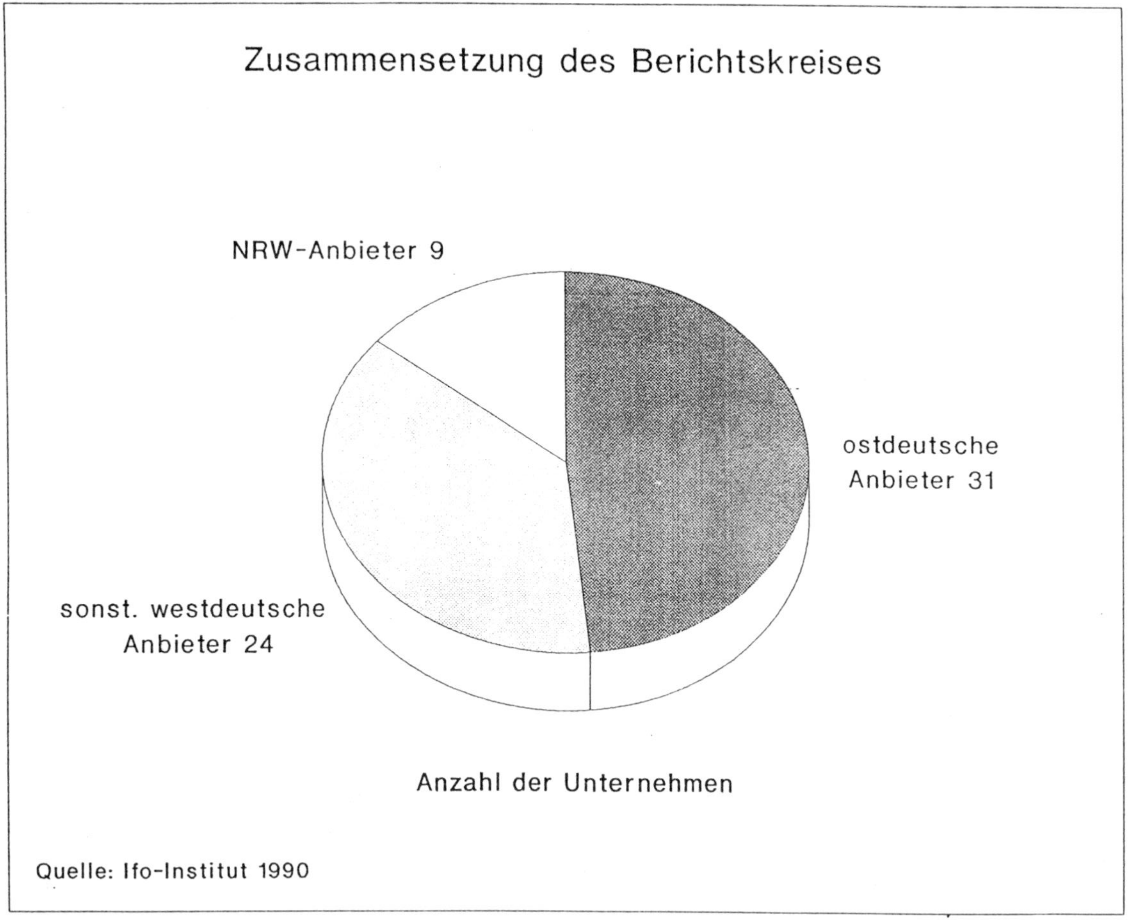

Zusammensetzung des Berichtskreises

ostdeutsche
Anbieter 31

NRW-Anbieter 9

sonst. westdeutsche
Anbieter 24

Anzahl der Unternehmen

Quelle: Ifo-Institut 1990

Abbildung: 5.3

Sektorale Zugehörigkeit der Anbieter
auf dem ostdeutschen Umweltmarkt
– Berichtskreisunternehmen –

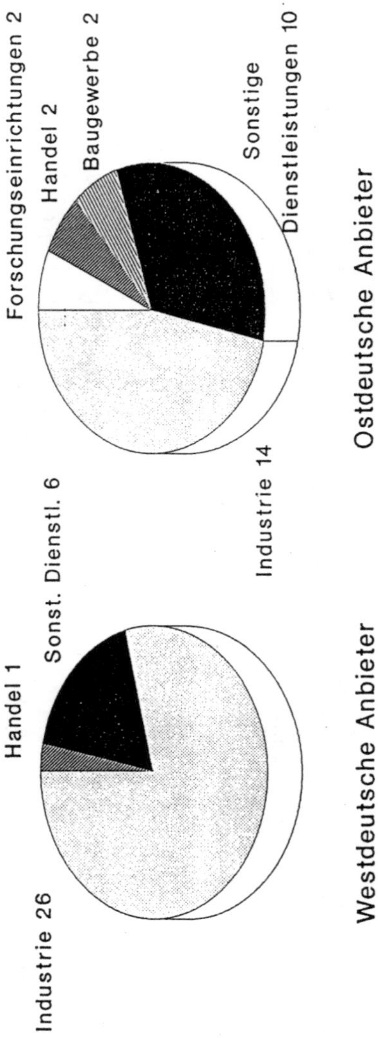

Industrie 26

Handel 1

Sonst. Dienstl. 6

Forschungseinrichtungen 2

Handel 2

Baugewerbe 2

Sonstige
Dienstleistungen 10

Industrie 14

Westdeutsche Anbieter

Ostdeutsche Anbieter

Quelle: Ifo-Institut 1990

bei den westdeutschen Berichtskreisunternehmen über 45 % in
der Größenklasse bis zu 100 Beschäftigten liegen, sind dies
bei den ostdeutschen Berichtskreisunternehmen nur 35 %.
Dies mag damit zusammenhängen, daß der Unternehmensbestand
in Ostdeutschland noch stark von der alten Kombinatsstruk-
tur geprägt ist. Betrachtet man nicht die Beschäftigten im
Gesamtunternehmen, sondern nur im Umwelttechnikbereich, so
sind bei den ostdeutschen Anbietern die Betriebe mit über
100 Umwelttechnikbeschäftigten mit 22,5 % stärker vertreten
als bei den westdeutschen Unternehmen mit 15,2 % (vgl.
Tab. 5.1).

Bei den Umsatzgrößenklassen entspricht die Verteilung bei
den Ost-Unternehmen weitgehend der bei den westdeutschen
Anbietern, wobei der Vergleich zwischen DM und DDR-Mark für
das Jahr 1989 allerdings nur wenig aussagekräftig ist. Für
den nur im Umwelttechnikbereich erzielten Umsatz überwiegen
die Ost-Unternehmen in der unteren Größenklasse bis 5
Mill.Mark mit fast der Hälfte der Nennungen (48,3 %), was
zeigt, daß mit Umwelttechnologien bisher nur relativ wenig
Umsatz zu erzielen war.

Entgegen den Erwartungen, daß aufgrund der früheren Wirtschaftsstruktur eher industrielle Anbieter von Komponenten
für Umweltschutzanlagen die ostdeutsche Situation domini-
ren, zeigte sich in dieser Umfrage ein starkes Engagement
von Dienstleistern. Betrachtet man weiter die Angebotsarten
(vgl. Abb. 5.4), so sieht man, daß unter den ostdeutschen
Berichtskreisunternehmen 24 Beratungs- und Engineeringleistungen anbieten, 17 treten auch als Anbieter kompletter
Anlagen auf. Lediglich 9 Anbieter gaben an, auch Zulieferer
von Anlagenteilen und Zubehör zu sein (siehe auch
Tab. 5.2). Dies deutet darauf hin, daß doch Ambitionen bestehen, im Umweltschutzgeschäft als Generalunternehmer tä-

Tabelle: 5.1

**Anbieter auf dem ostdeutschen Umwelttechnikmarkt
nach Beschäftigten- und Umsatzgrößenklassen für das Jahr 1989**

| Unternehmensgrößenklasse | Westdeutsche Anbieter | | Ostdeutsche Anbieter | |
|---|---|---|---|---|
| | abs. | in % | abs. | in % |
| **Beschäftigte insgesamt** | | | | |
| bis 100 | 15 | 45,5 | 11 | 35,4 |
| 101 bis 1000 | 9 | 27,2 | 10 | 32,2 |
| über 1000 | 6 | 18,2 | 6 | 19,3 |
| keine Angabe | 3 | 9,1 | 4 | 12,9 |
| **davon Beschäftigte im Umwelttechnikbereich** | | | | |
| bis 20 | 10 | 30,3 | 10 | 32,2 |
| 21 bis 100 | 11 | 33,3 | 9 | 29,0 |
| über 100 | 5 | 15,2 | 7 | 22,5 |
| keine Angabe | 7 | 21,2 | 5 | 16,1 |
| **Anzahl der Unternehmen** | 33 | 100 | 31 | 100 |
| **Umsatz insgesamt [DM bzw. M]** | | | | |
| bis 10 Mio. | 12 | 36,4 | 11 | 35,4 |
| 10 Mio. bis 100 Mio. | 7 | 21,2 | 6 | 19,3 |
| über 100 Mio | 8 | 24,2 | 7 | 22,5 |
| keine Angabe | 6 | 18,2 | 7 | 22,5 |
| **davon Umsatz [DM bzw. M] im Umwelttechnikbereich** | | | | |
| bis 5 Mio | 10 | 30,3 | 15 | 48,3 |
| 5 Mio. bis 10 Mio. | 5 | 15,2 | 0 | - |
| über 10 Mio. | 8 | 24,2 | 7 | 22,5 |
| keine Angabe | 10 | 30,3 | 9 | 29,0 |
| **Anzahl der Unternehmen** | 33 | 100 | 31 | 100 |

Quelle: Erhebung des Ifo-Instituts 1990.

Abbildung: 5.4

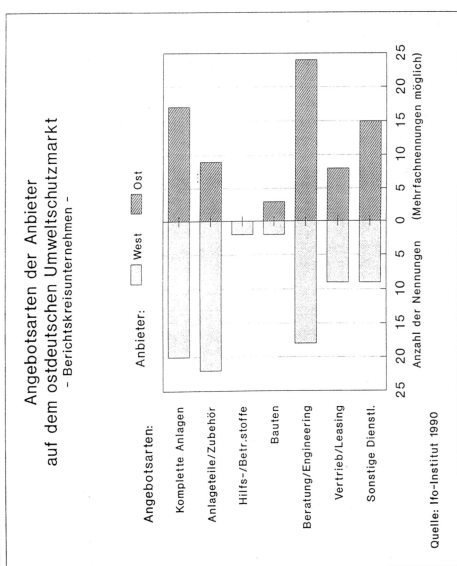

Angebotsarten der Anbieter
auf dem ostdeutschen Umweltschutzmarkt
- Berichtskreisunternehmen -

Quelle: Ifo-Institut 1990

Tabelle: 5.2

## Umwelttechnikbereiche und Angebotsarten der Anbieter auf dem ostdeutschen Umweltschutzmarkt[a]

### - Ostdeutsche Anbieter -

| Umwelttechnik-bereich / Angebotsart | Luftrein-haltung | | Abwasser-technik | | Abfall-wirtsch. | | Altlasten-sanierung | | Lärmbe-kämpfung | | Energie-einspar. | | Meß- und Reg.tech. | | Zahl der Firmen | |
|---|---|---|---|---|---|---|---|---|---|---|---|---|---|---|---|---|
| | abs. | % | abs. | % | abs. | % | abs. | % | abs. | % | abs. | % | abs. | % | abs. | % |
| Komplette Anlagen | 6 | 35,3 | 6 | 46,2 | 3 | 20,0 | 2 | 16,7 | 1 | 16,7 | 6 | 54,5 | 7 | 53,8 | 17 | 54,8 |
| Anlagenteile Zubehör | 2 | 11,8 | 5 | 38,5 | 3 | 20,0 | 0 | - | 1 | 16,7 | 0 | - | 5 | 38,5 | 9 | 29,0 |
| Hilfs- und Betriebsstoffe | 0 | - | 0 | - | 0 | - | 0 | - | 0 | - | 0 | - | 0 | - | 0 | - |
| Bauten | 0 | - | 2 | 15,4 | 1 | 6,7 | 0 | - | 0 | - | 0 | - | 0 | - | 3 | 9,7 |
| Beratung/ Engineering | 15 | 88,2 | 11 | 84,6 | 11 | 73,3 | 9 | 75,0 | 5 | 83,3 | 7 | 63,6 | 8 | 61,5 | 24 | 77,4 |
| Vertrieb/ Leasing | 1 | 5,9 | 3 | 23,1 | 2 | 13,3 | 0 | - | 1 | 16,7 | 2 | 18,2 | 4 | 30,8 | 8 | 25,8 |
| Sonst. Dienst-leistungen | 6 | 35,3 | 6 | 46,2 | 8 | 53,3 | 5 | 41,7 | 4 | 66,7 | 3 | 27,3 | 5 | 38,5 | 15 | 48,4 |
| Zahl der Firmen | 17 | 100 | 14 | 100 | 16 | 100 | 13 | 100 | 6 | 100 | 11 | 100 | 13 | 100 | 31 | 100 |
| Zeilenprozente | | 54,8 | | 45,2 | | 51,6 | | 41,9 | | 19,3 | | 35,4 | | 41,9 | | 100 |

a) Mehrfachnennungen möglich.

Quelle: Erhebung des Ifo-Instituts 1990.

tig zu werden. Rückschlüsse auf das gesamte Angebotspotential sind jedoch insofern unzulässig, als die potentiellen
ostdeutschen Zulieferer von Komponenten sich selbst wahr-
scheinlich weniger als Anbieter von Umwelttechnologien sehen und daher nicht auf Umweltschutzmessen ausstellen. An
Hand der Produktionsstruktur der Berichtskreisunternehmen
wird deutlich, daß die reinen Hersteller bei den ostdeutschen Unternehmen gegenüber den westdeutschen Anbietern
unterrepräsentiert sind. Die ostdeutschen Unternehmen sehen
sich mehr als Dienstleister denn als Produzenten (vgl.
Abb. 5.5). Hier liegt die Vermutung nahe, daß der Kapital-
mangel der ostdeutschen Betriebe diese von einem Einstieg
in die kapitalintensive Fertigung abhält. Es wird eher versucht bei umweltschutzbezogenen Dienstleistungen Fuß zu
fassen, da hier zunächst nur geringe Anfangsinvestitionen
notwendig sind. Dies birgt aber wiederum die Gefahr in
sich, daß viele der Anbieter auch wieder schnell aus dem
Markt aussteigen.

Besonders gefährdet sind hierbei Unternehmen, die nahezu
ausschließlich im Umwelttechnikmarkt tätig sind. Bei den
ostdeutschen Anbietern sind es 29 %, die über 90 % des Umsatzes mit umweltschutzbezogenen Gütern und Dienstleistungen erzielten. Ganz schwach vertreten ist dagegen der mittlere Umwelttechnikumsatzanteil von 50 bis 90 % (eine Nennung bzw. 3,2 %). Unter den weniger vom Umweltschutzmarkt
abhängigen Unternehmen befanden sich 16,1 % im Bereich bis
zu 10 % Umwelttechnik-Umsatzanteil und weitere 27,5 % im
Bereich zu 10 bis 50 %.

Für die Zukunft erwarten die ostdeutschen Berichtskreisunternehmen eine weitere Schwerpunktverlagerung zum umwelt-
schutzbezogenem Angebot: Im Jahr 1995 glauben 35,4 % der
befragten Anbieter über 90 % des Umsatzes mit Umwelttechnik

Abbildung: 5.5

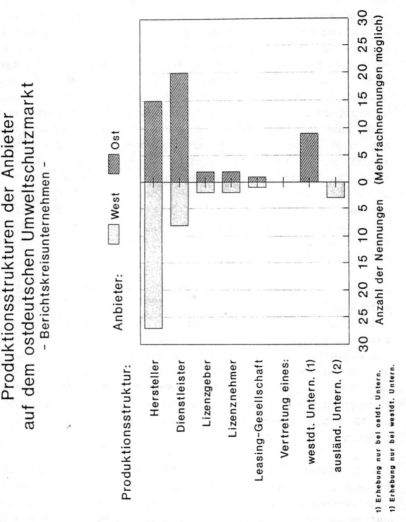

Produktionsstrukturen der Anbieter
auf dem ostdeutschen Umweltschutzmarkt
- Berichtskreisunternehmen -

Produktionsstruktur:

Anbieter: ☐ West ▨ Ost

Hersteller
Dienstleister
Lizenzgeber
Lizenznehmer
Leasing-Gesellschaft
Vertretung eines:
westdt. Untern. (1)
ausländ. Untern. (2)

Anzahl der Nennungen (Mehrfachnennungen möglich)

1) Erhebung nur bei ostdt. Untern.
1) Erhebung nur bei westdt. Untern.

Quelle: Ifo-Institut 1990

zu erzielen. Der durchschnittliche Umwelttechnikumsatzanteil für alle Berichtskreisunternehmen würde damit von 51,9 % im Jahr 1989 auf 59,3 % im Jahr 1995 steigen (vgl. Tab. 5.3).

Die verschiedenen Umwelttechnikbereiche waren unter den ostdeutschen Unternehmen ausgewogen vertreten. Der Bereich Luftreinhaltung ist im Angebot von 17 Anbietern, danach folgen Abfallwirtschaft mit 15 und Abwassertechnik sowie Meß- und Regeltechnik mit jeweils 13 Nennungen. Altlastensanierung wurde von 12 und Energieeinsparung von 11 ostdeutschen Firmen als Angebotsbereich genannt. Am schwächsten vertreten war Lärmbekämpfung mit 6 Nennungen, was dem geringen Gewicht entspricht, den dieser Bereich auch in Westdeutschland hat. Bei den westdeutschen Berichtskreisunternehmen war Abwassertechnik am stärksten vertreten (22 Nennungen), gefolgt von Luftreinhaltung (18 Nennungen). Relativ schwach vertreten war dagegen der Bereich Abfallwirtschaft, den nur 10 westdeutsche Berichtskreisunternehmen im Angebot hatten und Energieeinsparung, die nur viermal vertreten war (vgl. Abb. 5.6).

Bei den ostdeutschen Anbietern von Luftreinhaltetechnik spielten allerdings Beratungs- und Engineeringleistungen (15 Nennungen) die größte Rolle, wogegen bei den westdeutschen Berichtskreisunternehmen das Angebot von Anlagenteilen ebenso stark vertreten war wie das Engineering (jeweils von 10 Unternehmen) und das Angebot kompletter Anlagen mit 8 Nennungen nahezu gleich stark vertreten war (vgl. Tab. 5.4 und 5.5). Das westdeutsche Angebot ist in diesen Bereichen also breiter gefächert als bei den ostdeutschen Ausstellern. Lediglich bei Energieeinsparung und Meß/Regeltechnik sind das Angebot kompletter Anlagen und Beratungsleistungen gleich stark vertreten.

Tabelle: 5.3

**Anteil der Umwelttechnikgütern am Gesamtumsatz der Anbieter auf dem ostdeutschen Markt im Jahr 1989 und erwarteter Umsatzanteil bis zum Jahr 1995**

| Umsatzanteil | Westdeutsche Anbieter | | | | Ostdeutsche Anbieter | | | |
| | 1989a) | | 1995 | | 1989 | | 1995 | |
| | abs. | in % | abs. | in % | abs. | in % | abs. | in % |
|---|---|---|---|---|---|---|---|---|
| bis 10% | 6 | 18,8 | 1 | 3,0 | 5 | 16,1 | 3 | 9,7 |
| 10,1 bis 50% | 4 | 12,1 | 7 | 21,2 | 7 | 22,5 | 12 | 38,7 |
| 50,1 bis 90% | 3 | 9,1 | 5 | 15,2 | 1 | 3,2 | 2 | 6,5 |
| über 90% | 9 | 27,2 | 12 | 36,4 | 9 | 29,0 | 11 | 35,4 |
| keine Angabe | 11 | 33,3 | 8 | 24,2 | 9 | 29,0 | 3 | 9,7 |
| Anzahl der Unternehmen | 33 | 100 | 33 | 100 | 31 | 100 | 31 | 100 |
| mittlerer Umsatzanteil | 57,8 % | | 69,5% | | 51,9% | | 59,3% | |

a) Umwelttechnik-Umsatzanteil in der Bundesrepublik

Quelle: Erhebung des Ifo-Instituts 1990.

Abbildung: 5.6

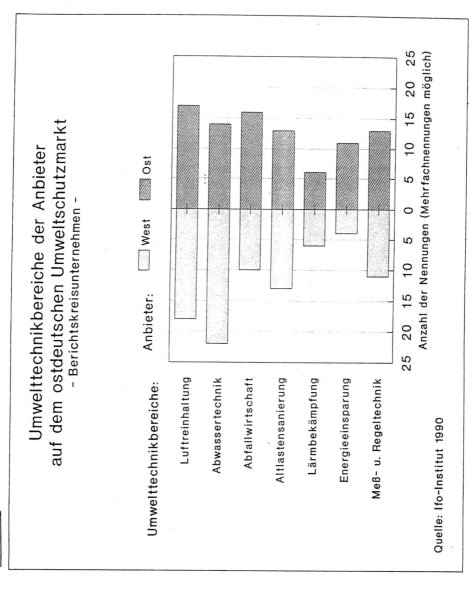

Umwelttechnikbereiche der Anbieter
auf dem ostdeutschen Umweltschutzmarkt
- Berichtskreisunternehmen -

Quelle: Ifo-Institut 1990

Tabelle: 5.4

**Umwelttechnikbereiche und Angebotsarten der Anbieter auf dem ostdeutschen Umweltschutzmarkt[a]**

- Westdeutsche Anbieter -

| Umwelttechnik-bereich / Angebotsart | Luftrein-haltung abs. | % | Abwasser-technik abs. | % | Abfall-wirtsch. abs. | % | Altlasten sanierung abs. | % | Lärmbe-kämpfung abs. | % | Energie-einspar. abs. | % | Meß- und Reg.tech. abs. | % | Zahl der Firmen abs. | % |
|---|---|---|---|---|---|---|---|---|---|---|---|---|---|---|---|---|
| Komplette Anlagen | 8 | 44,4 | 8 | 36,4 | 3 | 30,0 | 7 | 53,8 | 1 | 16,7 | 1 | 25,0 | 7 | 63,6 | 20 | 60,6 |
| Anlagenteile, Zubehör | 10 | 55,6 | 14 | 63,6 | 3 | 30,0 | 4 | 30,8 | 2 | 33,3 | 2 | 50,0 | 5 | 45,5 | 22 | 66,6 |
| Hilfs- und Betriebsstoffe | 0 | - | 0 | - | 0 | - | 1 | 7,7 | 0 | - | 1 | 25,0 | 0 | - | 2 | 6,1 |
| Bauten | 0 | - | 2 | 9,1 | 1 | 10,0 | 1 | 7,7 | 1 | 16,7 | 0 | - | 0 | - | 2 | 6,1 |
| Beratung/Engineering | 10 | 55,6 | 10 | 45,5 | 7 | 70,0 | 7 | 75,0 | 4 | 66,7 | 2 | 50,0 | 6 | 54,5 | 18 | 54,5 |
| Vertrieb/Leasing | 2 | 11,1 | 5 | 22,7 | 2 | 20,0 | 2 | 15,4 | 0 | - | 1 | 25,0 | 4 | 36,4 | 9 | 27,3 |
| Sonst. Dienstleistungen | 5 | 27,8 | 7 | 31,8 | 5 | 50,0 | 5 | 38,5 | 2 | 33,3 | 2 | 50,0 | 2 | 18,2 | 9 | 27,3 |
| Zahl der Firmen | 18 | 100 | 22 | 100 | 10 | 100 | 13 | 100 | 6 | 100 | 4 | 100 | 11 | 100 | 33 | 100 |
| Zeilenprozente | | 54,5 | | 66,6 | | 30,3 | | 39,3 | | 18,1 | | 12,1 | | 33,3 | | 100 |

a) Mehrfachnennungen möglich.

Quelle: Erhebung des Ifo-Instituts 1990.

Tabelle: 5.5

Umwelttechnikbereiche und Angebotsarten der Anbieter auf dem ostdeutschen Umweltschutzmarkt a)

- Ostdeutsche Anbieter -

| Umwelttechnik-bereich / Angebotsart | Luftrein-haltung | | Abwasser-technik | | Abfall-wirtsch. | | Altlasten-sanierung | | Lärmbe-kämpfung | | Energie-einspar. | | Meß- und Reg.tech. | | Zahl der Firmen | |
|---|---|---|---|---|---|---|---|---|---|---|---|---|---|---|---|---|
| | abs. | % | abs. | % | abs. | % | abs. | % | abs. | % | abs. | % | abs. | % | abs. | % |
| Komplette Anlagen | 6 | 35,3 | 6 | 46,2 | 3 | 20,0 | 2 | 16,7 | 1 | 16,7 | 6 | 54,5 | 7 | 53,8 | 17 | 54,8 |
| Anlagenteile, Zubehör | 2 | 11,8 | 5 | 38,5 | 3 | 20,0 | 0 | - | 1 | 16,7 | 0 | - | 5 | 38,5 | 9 | 29,0 |
| Hilfs- und Betriebsstoffe | 0 | - | 0 | - | 0 | - | 0 | - | 0 | - | 0 | - | 0 | - | 0 | - |
| Bauten | 0 | - | 2 | 15,4 | 1 | 6,7 | 0 | - | 0 | - | 0 | - | 0 | - | 3 | 9,7 |
| Beratung/Engineering | 15 | 88,2 | 11 | 84,6 | 11 | 73,3 | 9 | 75,0 | 5 | 83,3 | 7 | 63,6 | 8 | 61,5 | 24 | 77,4 |
| Vertrieb/Leasing | 1 | 5,9 | 3 | 23,1 | 2 | 13,3 | 0 | - | 1 | 16,7 | 2 | 18,2 | 4 | 30,8 | 8 | 25,8 |
| Sonst. Dienstleistungen | 6 | 35,3 | 6 | 46,2 | 8 | 53,3 | 5 | 41,7 | 4 | 66,7 | 3 | 27,3 | 5 | 38,5 | 15 | 48,4 |
| Zahl der Firmen | 17 | 100 | 13 | 100 | 15 | 100 | 12 | 100 | 6 | 100 | 11 | 100 | 13 | 100 | 31 | 100 |
| Zeilenprozente | 54,8 | | 41,9 | | 48,3 | | 38,7 | | 19,3 | | 35,4 | | 41,9 | | 100 | |

a) Mehrfachnennungen möglich.

Quelle: Erhebung des Ifo-Instituts 1990.

Die Analyse des Markteintrittzeitpunktes bringt das interessante Ergebnis, daß viele der ostdeutschen Anbieter schon seit längerem auf dem Umweltschutzmarkt tätig sind (vgl. Abb. 5.7). 11 Berichtskreisunternehmen gaben an, bereits vor 1980 auf dem Umweltschutzmarkt der DDR vertreten gewesen zu sein, weitere 9 traten zwischen 1980 und der Öffnung der DDR im November 1989 in den Markt ein. Weitere 8 Berichtskreisunternehmen taten dies nach der Öffnung der Mauer und 3 Unternehmen planen den Markteintritt erst für die Zukunft. Die westdeutschen Berichtskreisunternehmen sind dagegen überwiegend seit der Öffnung bzw. zukünftig auf dem ostdeutschen Umweltschutzmarkt aktiv. Vielleicht können ostdeutsche Unternehmen aufgrund dieser Konstellation von ihrer Erfahrung und Marktnähe profitieren, bzw. diese als Aktivum in Kooperationen mit Westunternehmen einbringen.

Die Markteintrittstrategie der ostdeutschen Anbieter hat sich seit der Öffnung der DDR signifikant geändert (vgl. Abb. 5.8). Während die Unternehmen, die schon vor 1980 oder zwischen 1980 und Oktober 1989 auf dem Umweltschutzmarkt aktiv wurden, in den meisten Fällen in diesen Bereich hineindiversifizierten, spielte diese Strategie nach der Maueröffnung so gut wie keine Rolle mehr. Die Bedeutung von Betriebsgründungen dagegen war in der ersten Phase annähernd so hoch wie die Diversifikation, fiel in der zweiten Phase stark zurück und ist seit einem Jahr schließlich die dominierende Strategie. Die Neulinge auf dem Umweltschutzmarkt sind überwiegend neu gegründete Unternehmen. Die Frage ist, ob diese Gründungswelle anhält.

Bei den diversifizierenden Unternehmen handelt es sich vorrangig um eine gezielte Ausweitung des Angebots, weniger um eine Umdeklarierung des herkömmlichen Angebots für Umwelt-

Abbildung: 5.7

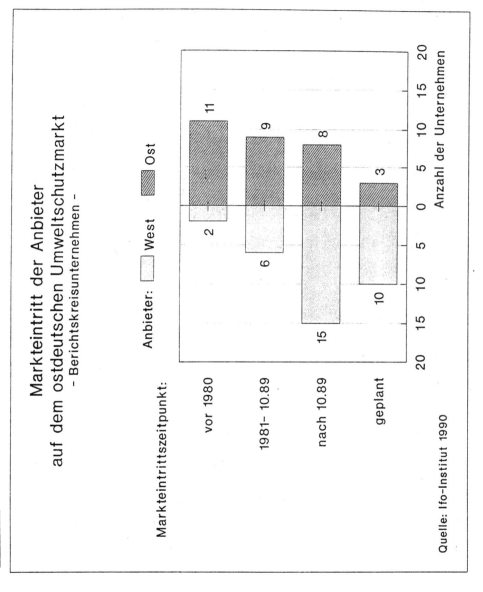

Markteintritt der Anbieter
auf dem ostdeutschen Umweltschutzmarkt
- Berichtskreisunternehmen -

Quelle: Ifo-Institut 1990

Abbildung: 5.8

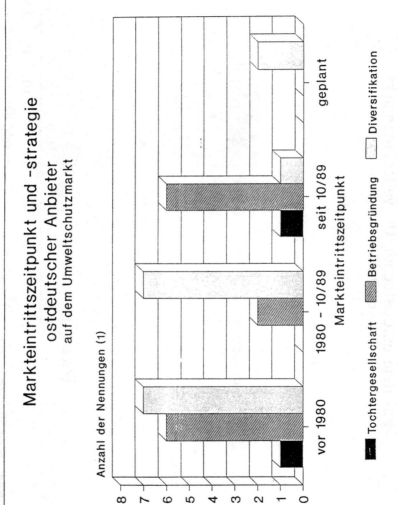

Markteintrittszeitpunkt und -strategie
ostdeutscher Anbieter
auf dem Umweltschutzmarkt

Anzahl der Nennungen (1)

vor 1980    1980 – 10/89    seit 10/89    geplant

Markteintrittszeitpunkt

■ Tochtergesellschaft    ▨ Betriebsgründung    ▧ Diversifikation

1) Mehrfachnennungen möglich

Quelle: Ifo-Institut 1990

schutzzwecke oder Vermarktung von für eigene Umweltschutz-
probleme entwickelte Lösungen (vgl. Tab. 5.6).

Ein weiteres interessantes Ergebnis der Markkleeberg-Befra-
gung ist daneben noch, daß elf der befragten westdeutschen
Aussteller angaben, auch am Bezug von Umweltschutzgütern
oder Vorleistungen aus Ostdeutschland interessiert zu sein
oder dies vorzubereiten. Auch dies ist ein Anzeichen dafür,
daß sich ostdeutsche Anbieter durchaus Marktanteile in den
alten Bundesländern sicher können (vgl. Abb. 5.15 in Abschnitt 5.3.2).

## 5.1.2 Das Diversifikationspotential der ostdeutschen Wirt-
schaft

Nicht nur die Unternehmen, die sich bereits selbst als Anbieter von Umwelttechnologien deklarieren, sind für die zukünftige Struktur des ostdeutschen Umweltschutzmarktes bedeutsam. Durch Diversifikation können aus dem bestehenden
Unternehmensbestand neue Anbieter auf dem Umweltschutzmarkt
auftreten. Um den Umfang dieses Diversifikationspotentials
abschätzen zu können, sind Aussagen notwendig über

- die Branchennähe zum Umweltschutzmarkt,

- das Qualifikationsniveau der Beschäftigten in der ostdeutschen Wirtschaft,

- die Wettbewerbfähigkeit der einzelnen Wirtschaftszweige,

- das Nachfragepotential für ostdeutsche Anbieter von Umwelttechnik und

Tabelle: 5.6

**Markteintrittszeitpunkt und -strategie ostdeutscher Anbieter auf dem Umweltschutzmarkt**

"Der Eintritt in den Umweltschutzmarkt erfolgte:"a)

| Markteintrittszeitpunkt:<br>Markteintrittsstrategie: | vor 1980 | | 1980 - 10.89 | | nach 10.1989 | | Markteintritt geplant | | Gesamt | |
|---|---|---|---|---|---|---|---|---|---|---|
| | abs. | % | abs. | % | abs. | % | abs. | % | abs. | % |
| mit der Betriebsgründung | 6 | 54,5 | 2 | 22,2 | 6 | 75,0 | 0 | - | 14 | 45,2 |
| durch Gründung/Erwerb einer Tochtergesellschaft | 1 | 9,1 | 0 | - | 1 | 12,5 | 0 | - | 2 | 6,5 |
| durch nachträgliche Programmerweiterung | 7 | 63,6 | 7 | 77,8 | 1 | 12,5 | 2 | 66,7 | 17 | 54,8 |
| davon:<br>durch gezielte Ausweitung des Angebots | 4 | 57,1 | 6 | 85,7 | 0 | - | 2 | 100,0 | 12 | 70,6 |
| durch Verwendbarkeit des des bisherigen Angebots für Umweltschutzzwecke | 4 | 57,1 | 1 | 14,3 | 1 | 100,0 | 0 | - | 6 | 35,3 |
| durch Vermarktung der für eigene Umweltschutzprobleme gefundenen Lösungen | 3 | 42,9 | 1 | 14,3 | 0 | - | 0 | - | 4 | 23,5 |
| sonstige Gründe | 0 | - | 0 | - | 0 | - | 1 | 50,0 | 1 | 5,9 |
| keine Angabe | 0 | - | 0 | - | 0 | - | 1 | 33,3 | 1 | 3,2 |
| Anzahl der Unternehmen | 11 | 100 | 9 | 100 | 8 | 100 | 3 | 100 | 31 | 100 |
| Zeilenprozente | 35,5 | | 29,0 | | 25,8 | | 9,7 | | 100 | |

a) Mehrfachnennungen möglich.

Quelle: Erhebung des Ifo-Instituts 1990.

- das Potential an freien Kapazitäten in den umweltschutzrelevanten Branchen.

Hinsichtlich der Wettbewerbsfähigkeit spielen insbesondere

- die Lohnkosten,

- die Infrastruktur im FuE-Bereich,

- das technologische Potential sowie

- die Marktnähe zum osteuropäischen Wirtschaftsraum

eine entscheidende Rolle. Dies sind Punkte, nach deren Bedeutung westdeutsche Unternehmen in aktuellen Erhebungen
des Ifo-Instituts gefragt wurden[1]. Auf die Interpreta-
tion wird in den einzelnen Abschnitten noch näher eingegangen.

## 5.1.2.1 Branchennähe zum Umweltschutzmarkt

Stellt man einen groben Vergleich zwischen der Industriestruktur in den elf alten Bundesländern und den Ländern der
ehemaligen DDR an, so zeigen sich gewisse Ähnlichkeiten,
wenn man von Abgrenzungsproblemen absieht (vgl. Abb. 5.9).
Allerdings ist hierbei zu berücksichtigen, daß der Anteil
der industriellen Warenproduktion an der gesamten wirtschaftlichen Leistung in der DDR deutlich höher war als in
den alten Ländern der Bundesrepublik (47 % gegenüber 40 %
in 1987)[2]:

---

1) Vgl. F. Neumann, Industrie verstärkt Engagement in
   Deutschland, in: Ifo-Schnelldienst 34 vom 5.12.1990.
2) Vgl. W. Gerstenberger, Das zukünftige Produktionspotential der DDR – ein Versuch zur Reduzierung der Unsicherheiten, in: Ifo-Schnelldienst 7 vom 8. März 1990.

Abbilduung: 5.9

## DEUTSCH-DEUTSCHE INDUSTRIESTRUKTUR IM VERGLEICH

Aufgliederung der Beschäftigten nach Industriezweigen im Jahr 1988

Anteile in %

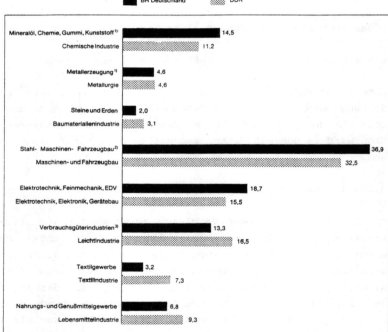

[1] Einschl. dazugehöriger Bergbau. – [2] Einschl. Gießerei, Stahlverformung, EBM. – [3] Einschl. Holz bearbeitung, Papiererzeugung; ohne Textil.

*Quelle: Statistisches Bundesamt, Fachserie 4, Reihe 4.1.1; Statistisches Jahrbuch der DDR 1989.*

Ifo-Institut für Wirtschaftsforschung, München

*333/89*

Trotzdem bleibt festzuhalten, daß die Industrie in Ostdeutschland ähnlich spezialisiert ist wie die westdeutsche
Industrie. Gerade bei Stahl- und Maschinenbauerzeugnissen
und elektrotechnischen Geräten hatte die DDR relativ hohe
Westexporte aufzuweisen (dasselbe gilt für Feinmechanik,
Büromaschinen und EDV-Geräte, die aber kaum Affinität zum
Umweltschutzsektor aufweisen). Eine relativ starke technologische Position der DDR-Forschung im Bereich des Maschi-
nen- und Anlagenbaus läßt vermuten, daß aus den existierenden Betrieben aus diesem Bereich am ehesten wettbewerbsfä-
hige Unternehmen entstehen könnten.[1]

Auf der Branchenebene kann das Entwicklungspotential der
Umweltschutzindustrie dadurch ermittelt werden, daß man
diejenigen Wirtschaftszweige identifiziert, welche auf der
Angebotsseite des Umweltschutzmarktes dominierend sind. Es
wird also unterstellt, daß sich in den geeigneten Wirtschaftszweigen durch Diversifikation das Potential für die
Produktion von Umweltschutzgütern aktivieren läßt ("Branchennähe" zum Umweltschutzmarkt).

Damit wird zwar unterstellt, daß die Umweltschutzeinrichtungen in Zukunft in den selben Wirtschaftszweigen erstellt
werden wie gegenwärtig in anderen Regionen. Die Erfahrung
aus den bislang durchgeführten Studien zum Umweltschutzmarkt bestätigen aber diese Hypothese[2].

---

1) Vgl. W. Gerstenberger, Grenzen fallen - Märkte öffnen
   sich - Die Chancen der deutschen Wirtschaft am Beginn
   einer neuen Ära, in: Ifo-Schnelldienst 28 vom 8. Oktober
   1990.
2) Vgl. Ifo-Institut für Wirtschaftsforschung, Das Entwicklungspotential der Umweltschutzindustrie in Nordrhein-Westfalen, Gutachten im Auftrag des Ministers für
   Umwelt, Raumordnung und Landwirtschaft des Landes Nordrhein-Westfalen, München 1988.

In den früheren angebotsorientierten Studien des Ifo-Instituts wurden bei der schriftlichen Erhebung die Anbieter nach ihrer Branchenzugehörigkeit befragt.[1] Im Ergebnis hatten sich bei der bundesweiten Umfrage 1986 über 70 % der Berichtskreisunternehmen dem Investitionsgütergewerbe zugeordnet, davon zwei Drittel dem Maschinenbau (vgl. Übersicht).

Auch in den Ifo-Studien zu den sektoralen Produktionswirkungen der umweltschutzbezogenen Nachfrage stellte sich der Maschinenbau als hauptbegünstigter Wirtschaftszweig des Verarbeitenden Gewerbes heraus.[2] In diesem Ansatz wurden mittels Erhebungen, Expertengesprächen und Schätzungen die Liefersektoren für die umweltschutzbezogenen Investitionen und Sachaufwendungen der öffentlichen Haushalte, der öffentlichen und privaten Entsorgungsunternehmen und des Produzierenden Gewerbes ermittelt und über Input-Output-Tabellen die direkten und die - von den Vorleistungsstrukturen bestimmten - indirekten Produktionswirkungen errechnet.

Demnach profitiert von der investiven Nachfrage der öffentlichen Haushalte in erster Linie der Bausektor. Die Leistungen für die kapitalintensiven Umweltschutzeinrichtungen des Produzierenden Gewerbes werden zum größten Teil vom Maschinenbau, dem Stahl- und Leichtmetallbau sowie von der elektrotechnischen Industrie erbracht.

---

1) Vgl. R.-U. Sprenger, G. Knödgen, Struktur und Entwicklung der Umweltschutzindustrie in der Bundesrepublik Deutschland, Forschungsbericht des Umweltbundesamtes 9/83, Berlin 1983.
2) Vgl. ausführlich zur Methode und den Ergebnissen für die Jahre 1980 und 1984, R.-U. Sprenger, Beschäftigungseffekte der Umweltpolitik - eine nachfrageorientierte Analyse, Forschungsbericht des Umweltbundesamtes 4/89, Berlin 1989.

## Übersicht

Synopse von Studien zur Identifizierung umweltwirtschaftsrelevanter Branchen

| Studie | Ifo-Studie (1988) Beschäftigungswirkungen der Umweltpolitik | Ifo-Studie (1988) Die Wirkungen der Umweltpolitik auf den Markt für Umweltschutzeinrichtungen | Statistisches Bundesamt, Absatzproduktion der Umweltschutzindustrie 1983 | IIUG (1981), Umweltpolitik und Umweltschutzindustrie |
|---|---|---|---|---|
| Methode | Ermittlung sektoraler Produktionswirkungen umweltschutzbezogener Nachfrage | Selbsteinordnung der Anbieter auf dem Umweltschutzmarkt | Verteilung des Produktionswerts von Umweltschutzgütern nach sektoraler Zugehörigkeit der Anbieter | Selbsteinordnung der Anbieter auf dem Umweltschutzmarkt |
| Datenbasis | Umweltschutzbezogene Investitions- und Sachausgaben der öffentlichen Haushalte, Produzierendes Gewerbe, öffentlichen und privaten Entsorgungsunternehmen 1984; Schätzung der Anteile der Liefersektoren (Ausgabenvektor), Input-Output-Tabelle '80 | Berichtskreis der Ifo-erhebung 1986 bei Unternehmen aus dem Anbieterverzeichnis des Vogel-Verlags | Liste der "Umweltschutzgüter" des Statistischen Bundesamtes Produktionswerte dieser Güter bei Unternehmen aus Anbieterkatalogen des Umweltschutzmarktes | Berichtskreis der IIUG-Erhebung 1978 bei Unternehmen aus Messe- und Anbieterverzeichnissen des Umweltschutzmarktes |

| Prozentuale Verteilung von auf | Produktionswirkungen 1984 (nur Bergbau u. Verarbeitendes Gewerbe) | Berichtskreisunternehmen 1986 | Produktionswerte 1983 · · · 1986 | Berichtskreisunternehmen 1978 (nur Nennungen des Verarbeitenden Gewerbes) |
|---|---|---|---|---|
| Land- und Forstwirtschaft | 0,4 | - | - · · · - | - |
| Elektrizitäts-, Gas-, Fernwärme- u. Wasserversorgung | 6,8 | - | - · · · - | - |
| Bergbau | 3,2 ( 5,5) | - | - · · · - | - |
| Grundstoff- u. Produktionsgütergewerbe | 21,0 (36,6) | 12,8 | 13,9 · · · 11,8 | 7,7 (13,5) |
| Investitionsgüter Produzierendes Gewerbe | 30,3 (52,8) | 70,9 | 83,2 · · · 81,4 | 44,3 (78,8) |
| darunter: Maschinenbau | 16,3 (28,3) | 47,2 | 40,6 · · · 49,7 | 25,8 (45,6) |
| Elektrotechnik | 5,6 ( 9,8) | 13,0 | 14,7 · · · 21,0 | 6,6 (11,8) |
| Verbrauchsgüter Produzierendes Gewerbe | 2,4 ( 4,2) | - | - · · · 5,6 | 4,3 ( 7,6) |
| Nahrungs- u. Genußmittelgewerbe | 0,5 ( 0,9) | 4,8 | 2,9 ) 2,2 | - |
| Baugewerbe | 15,7 | - | ) | - |
| Dienstleistungssektor | 19,6 | 10,7 | - · · · - | 27,4 |

Quelle: Zusammenstellung Ifo-Institut

Die Industriestruktur der DDR-Wirtschaft bietet daher die geeigneten Voraussetzungen für die Herausbildung von Umwelttechnologien. Die zu beobachtende Sektoralverschiebung zu den Dienstleistungen stellt daneben eine systembedingte Anpassung dar, die den Entwicklungsmöglichkeiten der industriellen Anbieter vom Umwelttechnik an sich keinen Abbruch tut.

### 5.1.2.2 Qualifikationsniveau der Beschäftigten in der ostdeutschen Wirtschaft

Zur kurzfristigen Herausbildung einer Umweltschutzindustrie ist neben der Branchenstruktur eine entsprechende Qualifikationsstruktur der Beschäftigten von wesentlicher Bedeutung.

Hinsichtlich der Verfügbarkeit qualifizierter Arbeitskräfte sind nach den Ergebnissen des Ifo-Konjunkturtests DDR sowohl im Bauhauptgewerbe wie auch in der Industrie keine Engpässe zu erwarten. Bleibt die Fragen offen, ob die Qualifikationsstruktur der Beschäftigten in der ostdeutschen Industrie die für die Herausbildung eines umwelttechnischen Angebotes notwendigen Voraussetzungen erfüllt. Umweltschutzbezogene Lösungen verlangen kaum nach Massengüterproduktionen, sondern vielmehr nach "maßgeschneiderten", technisch komplexen Anlagen und Verfahren. Zudem sind Umwelttechnologien relativ forschungsintensiver als die gesamte Produktpalette im Durchschnitt[1].

---

1) Vgl. J. Wackerbauer, a.a.O., S. 236 ff. sowie R. Kahnert, J. Wackerbauer, Initiierung von Umwelttechnologien, Gutachten im Auftrag der Stadt Köln, München 1991.

Diese Charakteristika des Umwelttechnik-Angebotes legen wiederum den Schluß nahe, daß von den Arbeitskräften her im wesentlichen Facharbeiter und Akademiker erforderlich sind, weniger ungelernte Arbeitskräfte.

Die starke Betonung der Aus- und Weiterbildung in der DDR führte zu einem hohen Qualifikationsniveau, das nicht nur im internationalen Maßstab weit überdurchschnittlich war, sondern zum Teil auch über den Bedarf der Betriebe hinausging[1].

Tabelle 5.7 spiegelt die Qualifikationsstruktur der Erwerbstätigen in der DDR für das Jahr 1988 im Vergleich zur Bundesrepublik wider. In den Schlüsselbranchen Maschinen/ Fahrzeugbau und Elektrotechnik liegt der Anteil ungelernter Arbeitskräfte bei nur 13,5 % bzw. 14,1 % und damit wesentlich niedriger als die entsprechenden Anteile in der Bundesrepublik (33,8 % bzw. 37,1 %). Der Anteil der Meister (5,3 %) und Facharbeiter (63,8 %) liegt für den Maschinenbau über dem gesamtwirtschaftlichen Durchschnitt. Auch für die anderen Umwelttechnik-Schlüsselbranchen gilt ebenso wie für die gesamte Industrie, daß der Akademikeranteil sowie der Facharbeiteranteil beträchtlich über den westdeutschen Vergleichszahlen liegt, der Anteil ungelernter Arbeitskräfte aber deutlich niedriger ist.

Für die Herausbildung eines hochwertigen umwelttechnologischen Angebots sind die Anforderungen von der Qualifikationsstruktur her erfüllt. Gelingt es den ostdeutschen Anbietern aber nicht, selbst komplexe umwelttechnologische Gesamtlösungen zu entwickeln, so können die Vorteile aus der Qualifikationsstruktur nicht ausgeschöpft werden. Sollten

1) Vgl. K. Vogler-Ludwig, Verdeckte Arbeitslosigkeit in der DDR, in: Ifo-Schnelldienst 24 vom 24. August 1990.

Tabelle: 5.7

**Vergleich der Qualifikationsstruktur zwischen der Bundesrepublik und der DDR[a] in umwelttechnologisch relevanten Branchen**

| Wirtschaftsbereich | Bundesrepublik (30.6.1989) | | | | DDR (31.10.1988) | | | |
|---|---|---|---|---|---|---|---|---|
| | Universitäts-, Fachhochschulabschluß | Meister | Facharbeiter | ohne Berufsausbildung | Universitäts-, Fachhochschulabschluß | Meister | Facharbeiter | ohne Berufsausbildung |
| Energie-, Wasserwirtschaft | 7,8 | 6,8 | 69,3 | 16,1 | 19,7 | 7,9 | 64,3 | 8,1 |
| Chemische Industrie | 7,0 | 2,6 | 46,5 | 43,9 | 22,3 | 4,4 | 58,0 | 15,3 |
| Metallurgie | 3,1 | 3,3 | 53,6 | 40,0 | 15,0 | 6,5 | 64,2 | 14,3 |
| Steine, Erden | 2,8 | 3,4 | 56,5 | 37,2 | 10,2 | 5,0 | 65,3 | 19,4 |
| Maschinen-, Fahrzeugbau | 5,1 | 3,2 | 57,9 | 33,8 | 17,6 | 5,4 | 64,6 | 13,7 |
| Elektrotechnik, Optik, Feinmechanik | 11,2 | 1,9 | 49,7 | 37,1 | 21,1 | 3,9 | 60,9 | 14,1 |
| Leichtindustrie | 1,4 | 3,0 | 56,6 | 39,0 | 9,4 | 4,5 | 64,5 | 21,5 |
| Bauwirtschaft | 2,1 | 4,0 | 73,7 | 20,2 | 13,5 | 5,9 | 70,8 | 9,5 |
| Insgesamt | 5,7 | 2,0 | 60,1 | 32,3 | 22,0 | 4,1 | 60,7 | 13,4 |

a) Vergleich der Struktur der Berufstätigen in der DDR (Stand 31.10.1988) mit der Struktur der sozialversicherungspflichtig Beschäftigten in der Bundesrepublik (Stand 30.6.1989) nach Wirtschaftszweigen und beruflicher Qualifikation (ohne Beschäftigte in Ausbildung und ohne bestimmte staatliche Bereiche).

Quelle: Buttler, Blaschke, Hönekopp, Kaiser, Koller, Aktive Arbeitsmarktpolitik unter besonderer Berücksichtigung der Qualifizierungsnotwendigkeiten in der DDR - ein Problemaufriß. Interne Beratungsunterlage der Bundesanstalt für Arbeit vom 17.4.1990, Nürnberg 1990.

die ostdeutschen Betriebe als Zulieferer westdeutscher Generalunternehmer vorwiegend im Komponentengeschäft tätig werden, so wäre damit ein höherer Anteil niedrig qualifizierter Arbeit verbunden. Dies könnte bei der gegebenen Qualifikationsstruktur zu Friktionen führen.

Darüber hinaus ist zu erwarten, daß das Qualifikationsprofil auch der Facharbeiter in jedem Fall durch Umschulungsmaßnahmen westdeutschen Anforderungen angeglichen werden muß. Hieraus ergeben sich bei einer dynamischen Betrachtung Probleme, die mit der statischen Analyse der bisherigen Qualifikationsstruktur nicht erkennbar sind: Die Qualifizierungs-Motivation der Arbeitnehmer ist denkbar gering, wie der Hauptgeschäftsführer der Vereinigung der Unternehmensverbände in Berlin und Brandenburg (UVB), Hartmann Kleiner, feststellt.

Von rund 75.000 Kurzarbeitern in Ost-Berlin nehmen nur 2.600 an beruflichen Fördermaßnahmen teil. In Brandenburg sind es bei 363.000 Kurzarbeitern gerade 4.700 Arbeitnehmer, die Förderangebote nutzen[1]. Insgesamt waren in den neuen Bundesländern im Oktober 23.200 Teilnehmer an Fortbildungs- und Umschulungsmaßnahmen zu verzeichnen,[2] bei einer Zahl von 1.767.000 gemeldeten Kurzarbeitern zur Mitte des Monats.[3]

---

1) o.V., Die Unternehmen in Ostdeutschland stehen in einem Wettlauf mit der Zeit, in: Handelblatt vom 29.11.1990
2) Vgl. A. Oldag, Schönfärberei hilft den Menschen jetzt nicht weiter, in: Süddeutsche Zeitung vom 28.11.1990.
3) Vgl. Ifo-Institut, Monatsbericht über die konjunkturelle Lage der ostdeutschen Wirtschaft, November 1990.

Der Grund für diese geringe Motivation liegt nach Ansicht
des Präsidenten des Instituts der deutschen Wirtschaft,
Gerhard Fels, in der materiellen Anreizstruktur: Kurzarbei-
ter erhalten 90 % ihres letzten Lohnes, Umschüler aber nur
73 %.[1] UVB-Geschäftsführer Kleiner sieht die Ursache
dagegen in der Passivität der ostdeutschen Arbeitnehmer,
die es gewohnt seien, auf Zuweisungen von Arbeitsplätzen zu
warten. Ein weiteres spezielles Problem Brandenburgs ist
die Abwanderungswelle von Fachleuten in die West-Berliner
Wirtschaft.[2]

### 5.1.2.3 Die **Wettbewerbsfähigkeit** der ostdeutschen Wirt- schaft

### 5.1.2.3.1 Das Lohn- und Gehaltsniveau

Bei den Lohnkosten hat die ostdeutsche Wirtschaft auf kurze
und mittlere Frist noch Wettbewerbsvorteile zu verzeichnen.
Zu Beginn des Jahres betrugen in der DDR die durchschnitt-
lichen Bruttomonatsverdienste der Arbeiter und Angestellten
je nach Branche um ein Viertel bis zu einem knappen Drittel
der westdeutschen Bruttolöhne (vgl. Abb. 5.10), wenn man
die spätere Umstellung der Arbeitseinkommen im Verhältnis
1 Mark : 1 DM unterstellt. Bedingt durch die vielfach ver-
alteten Produktionsanlagen und die in weiten Teilen ineffiziente Produktionsweise ging diese niedrige Lohn- und Ge-

---

1) Vgl. o.V., Zu wenig Motivation zur Qualifikation, in:
   FAZ vom 20.11.1990. Die Aufstockung des Kurzarbeitergel-
   des auf bis zu 90 % des Nettoeinkommens beruht auf ta-
   rifvertraglichen Vereinbarungen; vgl. W. Leibfritz,
   u.a., Wirtschaftsperspektiven 1990/91 : Hochkonjunktur
   in der Bundesrepublik - Umbruch in der DDR, in: Wirtschaftskonjunktur 7/1990.
2) Vgl. o.V., Die Nähe zu Berlin wird als ein nur zeitweiliger Standortvorteil gewertet, in: Handelsblatt vom
   26.11.1990.

Abbildung: 5.10

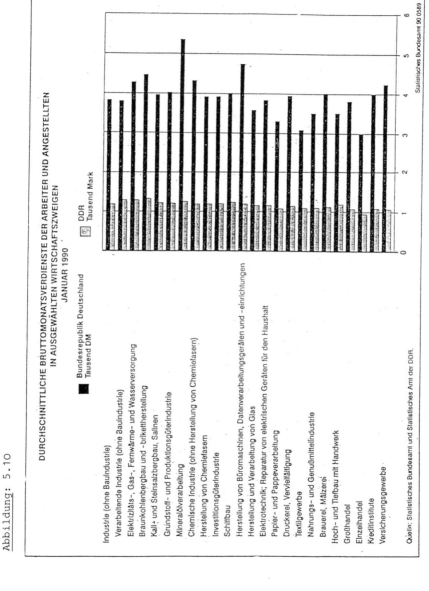

DURCHSCHNITTLICHE BRUTTOMONATSVERDIENSTE DER ARBEITER UND ANGESTELLTEN
IN AUSGEWÄHLTEN WIRTSCHAFTSZWEIGEN
JANUAR 1990

Bundesrepublik Deutschland
Tausend DM

DDR
Tausend Mark

Industrie (ohne Bauindustrie)

Verarbeitende Industrie (ohne Bauindustrie)

Elektrizitäts-, Gas-, Fernwärme- und Wasserversorgung

Braunkohlenbergbau und -brikettherstellung

Kali- und Steinsalzbergbau, Salinen

Grundstoff- und Produktionsgüterindustrie

Mineralölverarbeitung

Chemische Industrie (ohne Herstellung von Chemiefasern)

Herstellung von Chemiefasern

Investitionsgüterindustrie

Schiffbau

Herstellung von Büromaschinen, Datenverarbeitungsgeräten und -einrichtungen

Herstellung und Verarbeitung von Glas

Elektrotechnik; Reparatur von elektrischen Geräten für den Haushalt

Papier- und Pappeverarbeitung

Druckerei, Vervielfältigung

Textilgewerbe

Nahrungs- und Genußmittelindustrie

Brauerei, Mälzerei

Hoch- und Tiefbau mit Handwerk

Großhandel

Einzelhandel

Kreditinstitute

Versicherungsgewerbe

Statistisches Bundesamt 90 0589

Quelle: Statistisches Bundesamt und Statistisches Amt der DDR.

haltsniveaus aber auch mit einer geringen Produktivität einher, die bestenfalls halb so hoch war wie in der Bundesrepublik. Im Verlauf des Jahres stiegen die Durchschnittsbruttolöhne in der Industrie von 1 108 Mark im Januar auf 1 259 Mark im Mai an (vgl. Tab. 5.8). Die erste Lohnrunde nach der Währungsunion brachte den 1,6 Mill. Beschäftigten in der Metall- und Elektroindustrie rückwirkend zum 1. Juli eine Gehaltserhöhung um 250 DM und ab 1. Oktober weitere 50 DM, was einem Lohnzuwachs von 27 % entspricht. (Gleichzeitig wurde die Arbeitszeit um 2 1/2 Stunden auf 40 Stunden reduziert). Der Tarifvertrag in der chemischen Industrie erbrachte rückwirkend ab 1. Juli 1990 eine Steigerung der Grundlöhne um 35 % und die Einführung eines dreizehnten Monatslohns bzw. -gehalts.[1] In der Bauindustrie liegt das Tarifniveau bei 60 %, im Bauhandwerk bei 63 % des Westniveaus. Zehn weitere (für Umwelttechnik nicht relevante) Tarifbereiche liegen zwischen 60 und 70 %, in einem Fall (Fliesenleger- und Ofenbauerhandwerk in Sachsen) sogar bei 90 %.[2]

Die meisten ostdeutschen Tarifverträge sehen sehr kurze Laufzeiten vor, so daß schon bald neue Lohnrunden anstehen, für die je nach Branche Abschlüsse mit Tariferhöhungen zwischen 15 und 20 % zu erwarten sind. Daher dürften 1991 die tariflichen Monatsverdienste ihren Vorjahresstand um rund ein Drittel übertreffen.[3]

---

1) Vgl. W. Leibfritz, u.a., Wirtschaftsperspektiven 1990/91 : Hochkonjunktur in der Bundesrepublik - Umbruch in der DDR, in: Wirtschaftskonjunktur 7/1990.
2) Vgl. o.V., Tariflöhne in den neuen Bundesländern steigen, in WSI-Mitteilungen 11/1990
3) Vgl. W. Nierhaus, Zur Entwicklung von Einkommen und Verbrauch im vereinigten Deutschland, in: Wirtschaftskonjunktur 11/1990.

Tabelle: 5.8

Monatlicher Bruttolohn in Durchschnitt je Arbeiter und Angestellte[1]

| JAHR MONAT | Industrie | | | Bauwirtschaft | | | Verkehr, Post- und Fernmeldewesen | | Handel | |
|---|---|---|---|---|---|---|---|---|---|---|
| | Mark | Vorjahr = 100 | Vormonat = 100 | Mark | Vorjahr = 100 | Vormonat = 100 | Mark | Vorjahr = 100 | Mark | Vorjahr = 100 |
| 0 | 1 | 2 | 3 | 4 | 5 | 6 | 7 | 8 | 9 | 10 |
| 1986 | 964 | 103,3 | | 984 | 103,3 | | 1 044 | 103,9 | 821 | 103,5 |
| 1987 | 1 011 | 104,9 | | 1 025 | 104,2 | | 1 106 | 105,9 | 845 | 102,9 |
| 1988 | 1 041 | 103,0 | | 1 050 | 102,4 | | 1 130 | 102,2 | 865 | 102,4 |
| 1989 | 1 072 | 103,0 | | 1 074 | 102,3 | | 1 156 | 102,3 | 894 | 103,4 |
| 1989: | | | | | | | | | | |
| Mai | 1 072 | 104,2 | 105,0 | 1 096 | 102,7 | 104,4 | 1 137 | 102,6 | 893 | 102,8 |
| Jun | 1 117 | 102,8 | 104,2 | 1 111 | 102,2 | 101,4 | 1 138 | 102,8 | 919 | 103,0 |
| Jul | 1 073 | 103,1 | 96,1 | 1 077 | 101,7 | 96,9 | 1 121 | 101,3 | 880 | 102,2 |
| Aug | 1 116 | 102,9 | 104,0 | 1 121 | 101,9 | 104,1 | 1 350 | 102,8 | 923 | 101,2 |
| Sep | 1 069 | 100,5 | 95,8 | 1 105 | 99,6 | 98,6 | 1 157 | 100,8 | 937 | 102,3 |
| Okt | 1 089 | 105,3 | 101,9 | 1 108 | 105,0 | 100,3 | 1 207 | 103,1 | 903 | 104,0 |
| Nov | 1 086 | 102,8 | 99,7 | 1 113 | 102,9 | 100,5 | 1 123 | 103,7 | 927 | 102,8 |
| Dez | 1 080 | 102,8 | 99,4 | 1 067 | 99,7 | 95,9 | 1 229 | 104,4 | 1 058 | 108,0 |
| 1990: | | | | | | | | | | |
| Jan | p 1 108 | p 103,7 | 102,6 | p 1 126 | 103,2 | 105,5 | 1 279 | 108,7 | . | . |
| Feb | p 1 050 | p 103,7 | 94,8 | p 1 073 | 103,6 | 95,3 | 1 140 | 108,0 | . | . |
| Mrz | p 1 110 | p 105,1 | 105,7 | p 1 174 | 107,0 | 109,4 | 1 255 | 112,2 | 2)941 | 108,9 |
| Apr | p 1 134 | p 111,1 | 102,2 | p 1 198 | 114,1 | 102,0 | . | . | . | . |
| Mai | p 1 259 | p 117,4 | 111,0 | p 1 365 | 124,5 | 113,9 | . | . | . | . |
| Jun | ... | ... | ... | ... | ... | ... | ... | ... | ... | ... |

[1] Monatsangaben ohne genossenschaftlich und privat    2) Monatsdurchschnitt des abgelaufenen Quartals

Das Lohnniveau liegt damit zwar auch auf mittlere Frist unter dem Niveau der alten Bundesländer, die Errichtung moderner Produktionsanlagen und die damit einhergehenden Pro-
duktivitätssteigerungen werden aber zu einer weiteren Angleichung führen. Zudem verengt der sehr aufnahmefähige Arbeitsmarkt der westlichen Bundesländer den Spielraum für
Lohnkostenvorsprünge ostdeutscher Betriebe.[1]

Indes dürfte der Verlust der Lohnkostenvorsprünge insofern
zu verschmerzen sein, als nach Ifo-Sonderumfrage die geringeren Lohnkosten nur von rund 11 % der befragten West-Unternehmen als Investitionsmotiv genannt wurden. Andere
Motive wie Marktnähe, Brückenkopffunktion, Kapazitätsauslastung und Qualifikation der ostdeutschen Facharbeiter waren
wesentlich wichtiger (vgl. Tab. 5.9).[2]

Auch bei den Investitionshemmnissen erwies sich das Problem
von Unwägbarkeiten bei der Kalkulation der Lohnkosten als
eher nachrangig. Bewertungsfragen, Infrastrukturmängel, un-
klare Rechtssituationen und Altlastenfragen wurden am häufigsten als Investitionshemmnisse genannt (vgl. Tab.
5.10).[3]

Mit der langfristigen Angleichung des Lohn- und Gehalts-
niveaus geht zwar ein Wettbewerbsvorteil verloren, es
scheint aber dadurch nicht explizit ein Wettbewerbsnachteil
zu entstehen.

---

1) Vgl. B. Thanner, Privatisierung in Ostdeutschland und
   Osteuropa: Probleme und erste Erfahrungen, in: Ifo-
   Schnelldienst 31 vom 8.11.1990.
2) Vgl. F. Neumann, Industrie verstärkt Engagement in
   Ostdeutschland, in: Ifo-Schnelldienst 34 vom 5.12.1990
   und A. Weichselberger, P. Jäckel, a.a.O., S. 6.
3) Vgl. A. Weichselberger, P. Jäckel, a.a.O., S. 7.

Tabelle: 5.9

**Motive für Investitionen/Investitionsabsichten westdeutscher Unternehmen des verarbeitenden Gewerbes in Ostdeutschland[a)]**

– Anteil der genannten Motive in % –

| Motiv | Insgesamt | Grundstoff- und Produktionsgütergewerbe | Investitionsgütergewerbe | Verbrauchsgütergewerbe | Nahrungs- und Genußmittelgewerbe | Beschäftigtengrößenklasse | | | |
|---|---|---|---|---|---|---|---|---|---|
| | | | | | | bis 49 | 50–199 | 200–999 | 1 000 und mehr |
| Marktnähe für Geschäfte in Ostdeutschland | 82 | 76 | 84 | 73 | 84 | 74 | 76 | 83 | 83 |
| Brückenkopf für Osteuropa | 45 | 43 | 50 | 35 | 26 | 19 | 36 | 42 | 52 |
| Kapazitätsgrenze in Westdeutschland erreicht | 25 | 14 | 25 | 30 | 31 | 20 | 30 | 23 | 24 |
| günstige Investitions- und Finanzierungsbedingungen | 12 | 10 | 11 | 23 | 15 | 16 | 19 | 10 | 12 |
| qualifizierte Facharbeiterschaft | 21 | 13 | 23 | 23 | 8 | 13 | 22 | 18 | 22 |
| geringere Lohnkosten als in Westdeutschland | 11 | 8 | 11 | 17 | 7 | 14 | 18 | 9 | 10 |
| Rückkehr an den alten Standort | 5 | 19 | 3 | 5 | 5 | 6 | 6 | 3 | 7 |
| Sonstiges | 6 | 10 | 5 | 4 | 7 | 9 | 4 | 6 | 6 |

[a)] Basis: alle Meldungen aus der jeweiligen Hauptgruppe bzw. Größenklasse mit der Angabe mindestens eines Motivs (häufig Mehrfachnennung). Strukturbereinigung über Branchen und Größenklassen zur Ausschaltung von – durch die Berichtskreisstruktur bedingten – Verzerrungen.

*Quelle:* Ifo-Sondererhebung November 1990 bis Februar 1991.

Tabelle: 5.10

Hemmnisse bei der Verfolgung von Investititionsvorhaben westdeutscher Unternehmen des verarbeitenden Gewerbes in Ostdeutschland[a]

– Anteil gemeldeter Investitionshemmnisse in % –

| Hemmnis | Insgesamt | Grundstoff- und Produktionsgütergewerbe | Investitionsgütergewerbe | Verbrauchsgütergewerbe | Nahrungs- und Genußmittelgewerbe | Beschäftigtengrößenklasse | | | |
|---|---|---|---|---|---|---|---|---|---|
| | | | | | | bis 49 | 50–199 | 200–999 | 1 000 und mehr |
| Infrastrukturmängel | 32 | 29 | 34 | 25 | 31 | 18 | 35 | 26 | 36 |
| rechtliche Probleme beim Grundstückserwerb | 24 | 25 | 21 | 28 | 39 | 32 | 29 | 21 | 24 |
| Bewertungsfragen | 36 | 30 | 37 | 30 | 36 | 23 | 28 | 36 | 38 |
| Verzögerung bei Betriebs- und Baugenehmigungen | 15 | 18 | 13 | 18 | 20 | 14 | 17 | 13 | 15 |
| ungeklärte Sanierung von Altanlagen | 27 | 40 | 27 | 18 | 17 | 19 | 19 | 16 | 37 |
| Finanzierungssicherung | 9 | 5 | 9 | 5 | 14 | 10 | 9 | 10 | 8 |
| Lohnkostenkalkulation | 12 | 5 | 13 | 15 | 12 | 11 | 11 | 10 | 14 |
| unsichere Marktentwicklung in Osteuropa | 18 | 18 | 19 | 15 | 14 | 9 | 16 | 21 | 18 |
| unsichere Marktentwicklung in Westeuropa | 3 | 5 | 3 | 3 | 2 | 2 | 4 | 3 | 3 |
| weitere (nicht vorgegebene) Hemmnisse | 3 | 4 | 3 | 2 | 3 | 2 | 2 | 2 | 4 |
| (bisher) keine Hemmnisse[b] | 22 | 18 | 21 | 21 | 24 | 37 | 20 | 26 | 17 |

[a] Basis: alle Meldungen aus der jeweiligen Hauptgruppe bzw. Größenklasse mit konkret vorgesehenen oder bereits durchgeführten Projekten (i.d.R. Mehrfachnennung). Strukturbereinigung über Branchen und Größenklassen zur Ausschaltung von – durch die Berichtskreisstruktur bedingten – Verzerrungen. – [b] Explizit vermerkt oder nichts angekreuzt von Unternehmen, die konkret Akquisitions- oder Investitionsvorhaben verfolgen.

Quelle: Ifo-Sondererhebung November 1990 bis Februar 1991.

## 5.1.2.3.2 Das FuE-Potential

In der ehemaligen DDR waren etwa 140.000 Personen in Forschung und Entwicklung beschäftigt. Der Anteil lag mit
1,67 % an den Erwerbspersonen über dem Anteil der FuE-
Erwerbstätigen in der Bundesrepublik. Die DDR hatte insgesamt 54 Universitäten und Hochschulen. Daneben verfügt die
Akademie der Wissenschaften (AdW), für die es kein Pendant
in der Bundesrepublik gibt, über 60 Institute, die sowohl
in der Grundlagen- wie in der Auftragsforschung tätig waren. Zusätzlich existiert getrennt die Akademie der Landwirtschaftswissenschaften als eigene Einrichtung mit ange-
gliederten Forschungszentren.[1]

Berlin (Ost) hatte mit 38.000 FuE-Beschäftigten in den For-
schungseinrichtungen der Kombinate, der AdW, der Bauakademie, der TU und HU den höchsten Anteil am FuE-Personal. Die
Humboldt-Universität war die größte Hochschule in der DDR.
Schwerpunkte der Forschung lagen u.a. auf den Gebieten der
Mikroelektronik, der Biotechnologie und des Umweltschutzes.
Die Forschungslandschaft bietet hier durchaus Grundlagen
für die Entwicklung von Umwelttechnologien. Zudem wurden
mehr als die Hälfte aller Arbeiten an den Akademie- und
Hochschulinstituten in Kooperation mit der Industrie durch-
geführt (Ende 1987).[2]

Dieser hohe Anteil der Kooperationen mit der Industrie kann
zwar ein Zeichen dafür sein, daß die Forschungsinstitute zu
einem großen Teil angewandte Forschung betrieben, die nach
westdeutschen Vorstellungen eigentlich von der Industrie

1) Vgl. M. Kollatz-Ahnen, Hochschulen und Forschung in
   der DDR, in: Wissenschaftsnotizen September 1990,
   S. 22 ff.
2) Vgl. Deutsche Bank, Bezirksdaten DDR, 1990, S. 9.

getätigt werden sollte[1]. In dieser engen Kooperation
kann aber ein Vorteil liegen, der darin besteht, daß für
die im Umweltschutzbereich erforderliche Zusammenarbeit
zwischen FuE-Instituten und Wirtschaft die institutionellen
Strukturen bereits vorzufinden sind und nicht erst geschaffen werden müssen. Dabei wird es aber notwendig sein, daß
die Kooperationsbereitschaft gegenüber den aus den Kombinaten ausgegliederten Unternehmen aufrechterhalten wird.

### 5.1.2.3.3 Das Technologiepotential

Die Forschungsaktivitäten der DDR spielten im Ostblock eine
entscheidende Rolle. Als Indikator für die Qualität der
Forschungsleistungen bietet sich die Zahl der angemeldeten
Patente an und hier wiederum die Zahl der Auslandsanmeldungen, da die Inlands-Patentanmeldungen im internationalen
Rahmen nicht vergleichbar sind. Bei Patentanmeldungen lag
die DDR 1988 mit 12.900 zwar deutlich hinter der UdSSR mit
51.000, aber klar vor der Tschechoslowakei (7200) und Polen
(4.300). Angemeldet in EG-Ländern als wichtigen Exportpart-
nern hat die DDR aber z.B. 860, die UdSSR nur 360 Patente.
Die Akademie meldete allein 652 Patente an. Weitere zahlreiche Patente entstanden in Kooperation mit Industriekom-
binaten.[2]

Die DDR lag also bei den Auslands-Patentanmeldungen im Vergleich der RGW-Länder mit deutlichem Abstand an der Spitze
(vgl. Tab. 5.11). Hierbei konzentrierte sich die Anmeldetä-
tigkeit u.a. auf die Bundesrepublik mit 860 Patenten, woge-

---

1) So Prof. Harald Fritzsch in einem Interview zur Lage
   der Forschung in Ostdeutschland, vgl. M. Urban, In wenigen Tagen muß alles entschieden sein, in: Süddeutsche
   Zeitung vom 6.12.1990.
2) Vgl. M. Kollatz-Ahnen, a.a.O.

Tabelle: 5.11

**Erfindungen europäischer RGW-Länder mit Patentanmeldung 1987–1988[a]**

| Ursprungsland | insgesamt | mehr als einem Land | davon mit Patentanmeldung in | | | | |
|---|---|---|---|---|---|---|---|
| | | | RGW-Ländern | EG-Ländern | BR Deutschland | EG-Länder ohne BRD | außereuropäischen Ländern |
| Bulgarien | 962 | 69 | 16 | 48 | 43 | 44 | 19 |
| CSSR | 7 201 | 201 | 18 | 188 | 180 | 118 | 43 |
| DDR | 12 867 | 894 | 44 | 860 | 810 | 267 | 97 |
| Jugoslawien | 262 | 48 | 6 | 43 | 41 | 35 | 13 |
| Polen | 4 342 | 80 | 12 | 74 | 70 | 47 | 11 |
| Rumänien | 58 | 1 | 0 | 0 | 0 | 0 | 1 |
| UdSSR | 51 013 | 395 | 150 | 360 | 344 | 330 | 337 |
| Ungarn | 1 704 | 380 | 123 | 353 | 330 | 307 | 192 |
| *Zum Vergleich:* | | | | | | | |
| *Österreich* | 2 003 | 1 298 | 113 | 1 250 | 1 219 | 957 | 443 |

[a] Für 1988 wurden bisher nur die Anmeldungen aus dem 1. Halbjahr publiziert.

*Quelle:* INPADOC (Stand: 12. 1. 1990), Ifo-Patentstatistik.

gen in anderen EG-Ländern nur 267 Patentanmeldungen erfolgten.[1)]

Die DDR spielte somit im technologischen Wettbewerb auf dem
Gebiet der Bundesrepublik eine nicht zu vernachlässigende
Rolle, was sich auch im Erwerb von DDR-Lizenzen durch bundesdeutsche Unternehmen zeigt (siehe Kap. 5.4). Auch in Zukunft müßte es ostdeutschen Forschungsinstituten und Unternehmen gelingen, Lizenzen an Firmen in den alten wie auch
den neuen Bundesländern zu verkaufen. Eine weitere, vielleicht erfolgversprechendere Möglichkeit wäre es, die DDR-
Patente als Aktivum in Betriebsgründungen, Fusionen oder
Joint Ventures einzubringen.

Unter den einzelnen Branchen stand der Maschinenbau der DDR
mit 46 % der Patentanmeldungen im Ausland mit Abstand an
der Spitze, gefolgt von der Meß- und Automatisierungstech-
nik. Relativ gering im Vergleich zu den Produktionsanteilen
war dagegen das technologische Potential in der Elektrotechnik (7,5 %) und der Chemie (7,4 %).[2)]

Von den umweltschutzrelevanten Branchen weist damit im Wesentlichen nur der Maschinenbau eine technologische Wettbewerbsfähigkeit auf. Die relativ starke technologische Position der ostdeutschen Forschung in diesem Bereich läßt vermuten, daß aus den existierenden Betrieben mit oder ohne
Kooperation mit westdeutschen Unternehmen am ehesten eigen-
ständig am Markt operierende Unternehmen entstehen kön-

---

1) Vgl. K. Faust, Das technologische Potential der RGW-
   Länder im Spiegel der Patentstatistik, in: Ifo-Schnelldienst Nr. 12 vom 27.4.1990.
2) Vgl. K. Faust, a.a.O.

nen[1]. Die anderen umweltschutzrelevanten Branchen sind
nach den Ergebnissen zu urteilen in wesentlich höherem Maße
vom Technologietransfer aus dem Westen abhängig.

Unter den ostdeutschen Anbietern von Umwelttechnik haben
drei Betriebe Patente außerhalb der DDR angemeldet. Dies
sind Takraf mit 12 Auslandsanmeldungen, das Brennstoffinstitut mit 10 und Ilka Luft- und Kältetechnik mit 5 Auslandsanmeldungen (vgl. Tab. 5.12). Diese Zahlen sind im
Vergleich zu den Ranglistenführern nicht sonderlich beeindruckend, deuten aber darauf hin, daß bei diesem Umwelt-
technikanbietern eine gewisse technologische Wettbewerbsfähigkeit besteht.

Neben der auf additive Technologien abzielenden Branchenbe-
trachtung stellt sich die Frage, inwieweit die Bedingungen
für die Herausbildung integrierter Umwelttechnologien erfüllt sind. Um hier eine Antwort geben zu können, sind
nochmals die Aussagen aus den beiden vorangehenden Abschnitten heranzuziehen.

Saubere Technologien, bei denen der Umweltschutzaspekt in
den Produktionsprozeß integriert ist, bieten Vorteile hinsichtlich der Umweltsituation allgemein, aber auch in Bezug
auf die derzeitige ökonomische Situation in den neuen Bundesländern. Ökologisch betrachtet sind integrierte Umwelttechnologien nachgeschalteten Anlagen vorzuziehen, da sie
die Umweltbelastung auf ein Minimum reduzieren und Umweltbelastungen in großem Ausmaß erst gar nicht entstehen lassen. Additive Technologien bewirken dagegen nur eine Verla-

---

1) Vgl. W. Gerstenberger, Grenzen Fallen - Märkte öffnen
   sich - Die Chancen der deutschen Wirtschaft am Beginn
   einer neuen Ära, in: Ifo-Schnelldienst 28 vom 8. Oktober
   1990.

## Tabelle: 5.12

### DDR-Patentanmelder 1987–1988[a]

| in der DDR | | außerhalb der DDR | |
|---|---|---|---|
| ZAHL | FIRMA | ZAHL | FIRMA |
| 652 | AKAD WISSENSCHAFTEN DDR | 119 | POLYGRAPH LEIPZIG |
| 329 | ZEISS JENA VEB CARL | 59 | JENOPTIK JENA GMBH |
| 184 | POLYGRAPH LEIPZIG | 50 | NAGEMA VEB K |
| 162 | BAUAKADEMIE DDR | 42 | THAELMANN SCHWERMASCHBAU VEB |
| 157 | TEXTIMA VEB K | 40 | TEXTIMA VEB K |
| 149 | LEUNA WERKE VEB | 32 | AKAD WISSENSCHAFTEN DDR |
| 132 | FORTSCHRITT VEB K | 31 | MEDIZIN LABORTECHNIK VEB K |
| 128 | UNIV SCHILLER JENA | 20 | FORTSCHRITT VEB K |
| 125 | ELEKTROPROJEKT ANLAGENBAU VEB | 18 | PENTACON DRESDEN VEB |
| 121 | THAELMANN SCHWERMASCHBAU VEB | 14 | BAUAKADEMIE DDR |
| 107 | ROBOTRON ELEKTRONIK | 13 | WERKZEUGMASCH HECKERT VEB |
| 106 | HERMSDORF KERAMIK VEB | 12 | LEIPZIG CHEMIEANLAGEN |
| 105 | ORGREB INST KRAFTWERKE | 12 | TAKRAF SCHWERMASCH |
| 104 | LEIPZIG CHEMIEANLAGEN | 12 | WARNKE UMFORMTECH VEB K |
| 98 | BUNA CHEM WERKE VEB | 11 | WERK FERNSEHELEKTRONIK VEB |
| 93 | WERK FERNSEHELEKTRONIK VEB | 10 | FREIBERG BRENNSTOFFINST |
| 92 | UNIV DRESDEN TECH | 9 | HERMSDORF KERAMIK VEB |
| 89 | UNIV ROSTOCK | 9 | WAELZLAGER NORMTEILE VEB |
| 86 | UNIV LEIPZIG | 8 | WERKZEUGMASCH OKT VEB |
| 85 | SENFTENBERG BRAUNKOHLE | 7 | ELEKTROMAT VEB |
| 84 | FREIBERG BERGAKADEMIE | 7 | ROBOTRON VEB K |
| 84 | ILMENAU TECH HOCHSCHULE | 6 | DKK SCHARFENSTEIN VEB |
| 83 | UNIV HALLE WITTENBERG | 6 | IFA AUTOMOBILWERKE VEB |
| 82 | BITTERFELD CHEMIE | 6 | KARL MARX STADT TECH HOCHSCHUL |
| 75 | KARL MARX STADT TECH HOCHSCHUL | 6 | MINI VERKEHRSWESEN |
| 75 | WERKZEUGMASCH FORSCHZENT | 5 | BERLIN OBERBEKLEIDUNG |
| 74 | MEDIZIN LABORTECHNIK VEB K | 5 | BERLINER BREMSENWERK VEB |
| 74 | WOLFEN FILMFAB VEB | 5 | ILKA LUFT & KAELTETECHNIK |
| 72 | ADW DDR | 5 | LEUNA WERKE VEB |
| 69 | UNIV BERLIN HUMBOLDT | 5 | SCHWARZENBERG WASCHGERAETE |
| 67 | NAGEMA VEB K | 5 | SCHWERIN PLASTMASCHINEN |
| 60 | LIEBKNECHT TRANSFORMAT | 5 | WISSENSCHAFTLICH TECH ZENTRUM |
| 59 | DESSAU ZEMENTANLAGENBAU VEB | 4 | BANDSTAHLKOMBINAT MATERN VEB |
| 59 | JENOPTIK JENA GMBH | 4 | ELEKTROMAT DRESDEN VEB |
| 57 | FREIBERG BRENNSTOFFINST | 4 | ELEKTROPROJEKT ANLAGENBAU VEB |
| 57 | MIKROELEKTRONIK KARL MARX ERFU | 4 | KERAMIKMASCHINEN GOERLITZ VEB |
| 57 | ZENTRALINSTITUT SCHWEISS | 4 | MANSFELD KOMBINAT W PIECK VEB |
| 56 | KALI VEB K | 4 | MESSGERAETEWERK ZWONITZ VEB K |
| 54 | FORSCHZENT BODENFRUCHTBARKEIT | 4 | PETROLCHEMISCHES KOMBINAT |
| 54 | MANSFELD KOMBINAT W PIECK VEB | 4 | UNIV DRESDEN TECH |
| 54 | ZWICKAU ING HOCHSCHULE | 4 | WISSENSCHAFTLICH TECH OEKONOMI |
| 53 | BITTERFELD BRAUNKOHLE | 3 | ENERGIEVERSORGUNG INGBETRIEB |
| 53 | PENTACON DRESDEN VEB | 3 | FREIBERG BERGAKADEMIE |
| 53 | VERKEHRSWESEN HOCHSCHULE | 3 | HALBLEITERWERK FRANKFURT ODER |
| 52 | FORSCHUNGSZENTRUM MIKROELEKTRO | 3 | HOCHVAKUUM DRESDEN VEB |
| 49 | SCHWERMASCH LIEBKNECHT VEB K | 3 | INST STAHLBETON |
| 48 | IFA AUTOMOBILWERKE VEB | 3 | JENAER GLASWERK VEB |
| 47 | BERGMANN BORSIG VEB | 3 | KARL MARX STADT TRIKOTAGEN |
| 45 | ELEKTROMAT VEB | 3 | MITTWEIDA ING HOCHSCHULE |
| 44 | SDAG WISMUT | 3 | NARVA VEB |
| 43 | TECH HOCHSCHULE C SCHORLEMMER | 3 | NEPTUN SCHIFFSWERFT VEB |
| 42 | LUEBBENAU VETSCHAU KRAFTWERKE | 3 | ORGREB INST KRAFTWERKE |
| 42 | ZEITZ HYDRIERWERK | 3 | ROBUR WERKE ZITTAU VEB |
| 39 | PUMPEN & VERDICHTER VEB K | 3 | TROCKNUNGS ANLAGEN GES MBH |
| 38 | DEUTSCHE REICHSBAHN | 3 | WASSERVERSORGUNG ABWASSE |
| 38 | PETROLCHEMISCHES KOMBINAT | | |
| 38 | PIESTERITZ AGROCHEMIE | | |
| 37 | ELEKTROGERAETE INGBUERO VEB | | |
| 37 | WERKZEUGMASCHINENBAU FZ | | |
| 36 | GROTEWOHL BOEHLEN VEB | | |
| 36 | KOEPENICK FUNKWERK VEB | | |
| 35 | NUMERIK KARL MARX VEB | | |
| 34 | SCHWARZA CHEMIEFASER | | |
| 34 | SMAB FORSCH ENTW RAT | | |
| 34 | TELTOV GERAETE REGLER | | |
| 34 | TRANSFORM ROENTGEN MATERN VEB | | |
| 34 | UNIV MAGDEBURG TECH | | |
| 34 | VE KOM KERNKRAFTWERKE BRUNO LE | | |
| 34 | WERKZEUGIND FORSCHZENT | | |
| 33 | ELEKTRONISCHE BAUELEMENTE VEB | | |
| 33 | STEREMAT VEB | | |
| 33 | WERKZEUGMASCH HECKERT VEB | | |
| 32 | TEXTILTECH FORSCH | | |
| 32 | WARNKE UMFORMTECH VEB K | | |
| 31 | HALBLEITERWERK VEB | | |
| 31 | ZENTRUM WISSENSCHAFT UND TECHN | | |
| 30 | HOCHVAKUUM DRESDEN VEB | | |
| 30 | JENAPHARM VEB | | |
| 30 | ROBOTRON MESSELEKT | | |
| 30 | TECH MIKROELEKTRONIK FORSCH | | |
| 30 | WAELZLAGER NORMTEILE VEB | | |

[a] Für 1988 wurden bisher nur die Anmeldungen
aus dem 1. Halbjahr publiziert.

*Quelle:* INPADOC (Stand: 12.1.1990), Ifo-Patentstatistik.

gerung der Umweltprobleme von einem Medium auf ein anderes (z.B. von der Luft auf den Boden bei Deponierung von Filteraschen).

Ökonomisch lösen die integrierten Technologien das Problem einer Verwendungskonkurrenz zwischen der Produktion von Umwelttechnik und der Produktion sonstiger Güter. Umweltschutz wird hier zum Kuppelprodukt bei der Erstellung moderner Produktionsanlagen.

Für eine Volkswirtschaft, deren Produktionsanlagen weitgehend modernisiert werden müssen, stellt die Einführung sauberer Technologien ein geringeres Problem dar als für ausgereifte Volkswirtschaften, die bereits einen hohen Kapitalstock an additiven Umwelttechnologien aufweisen. Bei letzteren wird für zusätzliche Umwelttechnologien auf weitere additive Maßnahmen zurückgegriffen, da dies kostengünstiger ist als eine grundlegende Modernisierung der Produktionsanlagen. Wo aber der vorhandene Kapitalstock schon ökonomisch weitgehend obsolet ist, kann es rentabel sein, statt nachgeschaltete Anlagen anzuschaffen, gleich in saubere Technologien zu investieren. Auch die Industrie sieht in der ehemaligen DDR die einzigartige Möglichkeit, ökologische Probleme von Anfang an zu lösen[1].

Die Ergebnisse aus den Regionalstudien zum Umweltschutzmarkt des Ifo-Instituts bieten Anhaltspunkte dafür, welche Faktoren für die Herausbildung integrierter Technologien ausschlaggebend sind[2]. Danach sind saubere Technologien grundsätzlich forschungsintensiver als nachgeschaltete Technologien. Die Anbieter integrierter Technologien sind

---

1) Vgl. o.V., Umstellung der Energiewirtschaft der DDR läuft an, in FAZ vom 29.9.1990.
2) Vgl. J. Wackerbauer u.a., a.a.O., S. 402 ff

stark vom Know-how-Transfer abhängig und nutzen die Informationsangebote von Hochschulen, FuE-Einrichtungen und Beratungsstellen intensiv.

Die im letzten Kapitel noch eingehender dargestellten Unterstützungsmöglichkeiten, z.B. Einrichtung von Technologietransferstellen, können hier hilfreich sein. Auch eine dementsprechende Schwerpunktsetzung der Hochschulforschung in den neuen Bundesländern könnte die Herausbildung sauberer Technologien fördern. Daneben bieten sich Kooperationen mit westdeutschen Firmen an, da die Nähe zum Kooperationspartner für die Anbieter integrierter Technologien weniger wichtig zu sein scheint. Dies eröffnet auch für westdeutsche Firmen, die integrierte Technologien entwickeln, aber noch kaum vermarktet haben, die Möglichkeit, ihre Absatzchancen zu erhöhen[1]. Dazu gehört aber auch eine Beratung der Bedarfsträger über die Einsatzmöglichkeiten und die betriebswirtschaftliche Rentabilität von integrierten Technologien. Die besondere Bedeutung eines ausreichenden Fachkräftepotentials, die für Anbieter im Bereich sauberer Technologien festzustellen ist, dürfte von der bereits diskutierten Qualifikationsstruktur in Ostdeutschland her so zu beurteilen sein, daß hier kein entscheidendes Entwicklungshemmnis zu befürchten ist.

---

1) Dieses Angebotspotential für integrierte Umwelttechnologien ist schwer abzuschätzen, da die entsprechenden Anbieter kaum auf dem herkömmlichen Entsorgungsmarkt zu finden sind. Hier sind umweltbezogene Optimierungen im Bereich der Verfahrens- und Systemtechnik relevant, wobei Umweltschutz zur Querschnittsaufgabe wird und alle Wirtschaftszweige tangiert sind.

## 5.1.2.4 Das umweltschutzbezogene Nachfragepotential der ostdeutschen Wirtschaft

Umweltschutzanlagen setzen sich aus einer Vielfalt von Einzelkomponenten aus unterschiedlichen Branchen zusammen. Die Umweltschutzwirtschaft in einer Region kann daher auf zweierlei Art von der Nachfrage nach Umweltschutzanlagen profitieren. Zum einen dadurch, daß Generalunternehmer komplette Lösungen (z.B. im Bereich des Großanlagenbaus) anbieten und Anlagenteile sowie Zubehör von Zulieferern innerhalb oder auch außerhalb der Region zukaufen. Zum anderen kann die regionale Wirtschaft auch dann, wenn ein Großanlagenbauer aus einer anderen Region einen Auftrag bekommt, durch Zulieferungen und komplementäre Leistungen Umsätze erzielen.

Wo die Spezialisierungsvorteile der ostdeutschen Wirtschaft liegen können, hängt von den Wettbewerbsfaktoren des Umweltschutzmarktes ab. Im Allgemeinen sind es vorwiegend Aspekte des Qualitätswettbewerbs wie Lieferzuverlässigkeit und Referenzen bzw. Referenzanlagen, die für den Erfolg auf dem Umweltschutzmarkt entscheidend sind. Instrumente der Produkt- und Preispolitik sind auf diesem Markt von eher nachrangiger Bedeutung.

Als Generalunternehmer haben westdeutsche Firmen aufgrund des Qualitätsniveaus ihrer Produkte und vorhandener Referenzen auf dem Umwelttechnik-Markt daher einen Wettbewerbsvorsprung. Ostdeutsche Neulinge auf dem Umweltschutzmarkt werden dagegen kaum Referenzanlagen vorweisen können. Ihre Lieferzuverlässigkeit dürfte darüber hinaus aufgrund der Erfahrungen aus der Vergangenheit skeptisch beurteilt werden; sie muß sich erst im Laufe der Zeit unter Beweis stellen.

Die Befragung ostdeutscher Umweltschutzfirmen zeigte, daß diese durchaus die Absicht haben, als Generalunternehmer tätig zu werden. Ob sie damit Erfolg haben werden, bleibt aber vorerst noch weitgehend offen.

Die Emittentenstruktur der neuen Bundesländer könnte den potentiellen ostdeutschen Generalunternehmern in einzelnen Segmenten des Umweltschutzmarktes Wettbewerbsvorteile bringen. Da der Handlungsbedarf auf dem Gebiet des Umweltschutzes in der ehemaligen DDR bei den Medien Luft und Wasser nicht nur im Bereich der Großkombinate, sondern auch durch eine Vielzahl von Klein- und Kleinstemittenten bzw. -einleitern erwächst, werden sicherlich zu einem hohen Anteil auch Anlagen nachgefragt, die nicht dem Bereich der Großanlagen zuzurechnen sind. Bei derartigen Lösungen wird oft auf Anbieter zurückgegriffen, die als Hauptauftragnehmer fungieren, dem regionalen Markt aber relativ nahe sind. Hier ergibt sich für ostdeutsche Anbieter nicht nur ein Unterauftragspotential, sondern auch ein Hauptauftragnehmerpotential, wobei bestimmte technische Komponenten oder Spezialleistungen durchaus bei den westdeutschen Anbietern zur Komplettierung geordert werden können.

Da Umweltschutztechniken und -technologien zumeist in bestehende Produktionsprozesse zu integrieren sind bzw. diesen nachzuschalten sind, besteht in einem hohen Maß ein Bedarf an technischen Leistungen bzw. technologischen Lösungen, die sich auf die Anpassung vorhandener Umweltschutztechnik an eben diese spezifischen Produktionsprozesse beziehen. In diesem speziellen Marktsegment kann die Position ostdeutscher Anbieter als Unterauftragnehmer als gut eingeschätzt werden.

Neben dem Anlagengeschäft bietet für ostdeutsche Firmen das
Komponentengeschäft eine Möglichkeit des Markteinstiegs.
Hier handelt es sich um Standardprodukte, die sich durch
eine höhere Preissensibilität auszeichnen als es im Anlagengeschäft der Fall ist. Dies ist ein Teilmarkt für mittelständische Unternehmen, die als Zulieferer von Anlagen-
bauern, Systemherstellern oder Engineering-Unternehmen auftreten.

Ein nennenswertes Unterauftragspotential ist demnach auch
bei Auftragsvergabe an westdeutsche Generalunternehmen bei
denjenigen Vorleistungen zu erwarten, die relativ lohn- und
transportkostenintensiv sind. Bei den Lohnkosten haben ostdeutsche Unternehmen vorerst noch einen Wettbewerbsvorsprung, bei den Transportkosten kommt ihnen die Marktnähe
zugute. Der Komponentenanteil innerhalb der Kostenstruktur
im Anlagengeschäft beträgt etwa 30 %, die Fertigung rund
10 %, die Montage 20 %, das Engineering 20 % und das Herz-
stück der Anlage 20 %[1]. Ansässige ostdeutsche Firmen
könnten sich somit etwa die Hälfte des Auftragsvolumens
sichern.

Daneben sind vor allem in der Bauwirtschaft und dem bauori-
entierten Handwerk Unteraufträge an ortsansässige Betriebe
zu erwarten. Bei den Umweltschutzinvestitionen der Gebietskörperschaften und öffentlichen Entsorgungsunternehmen in
der Bundesrepublik kommt über die Hälfte der inländischen
Bezüge aus dem Bausektor, bei den gewerblichen Umweltschutzinvestitionen liegt der Bauanteil zwischen 10 und

---

1) Vgl. Roland Berger u. Partner, Sicherung von Arbeitsplätzen in Hamburg insbesondere in der metallverarbeitenden Industrie durch Produktion von Umweltschutzgütern, Hamburg 1986, S. 169

20 %[1]. Beim Handwerk entfallen in Westdeutschland zwischen 50 und 60 % des Umsatzes auf das Bauhaupt- und Ausbaugewerbe. Das Handwerk weist darüber hinaus eine deutliche Distanzempfindlichkeit und regionale Absatzorientierung hin[2]. Zudem stellte das Handwerk in der DDR den größten Einzelbereich des noch existierenden selbständigen Sektors dar[3]. Das Handwerk dürfte sich daher relativ schnell und flexibel für Aufgaben im Bereich des Umweltschutzes aktivieren lassen.

### 5.1.2.5 Sonstige Wettbewerbsvorteile

Die erwähnten Ifo-Sonderumfragen bei westdeutschen Industrieunternehmen über ihre Investitionsplanung auf dem Gebiet der ehemaligen DDR und die wichtigsten Investitionsmotive[4] ermöglicht es, die verschiedenen Wettbewerbsfaktoren zu gewichten. Der Vergleich mit einer vorangegangenen Telefon-Umfrage bei 501 – überwiegend großen – Unternehmen zeigt die Verschiebungen bei den Investitionsmotiven.[5]

Die Ergebnisse der Befragung zeigen, daß Marktüberlegungen das wichtigste Motiv für die Vornahme von Investitionen in Ostdeutschland sind. So heben etwa acht von zehn Unternehmen die Marktnähe zum "DDR"-Geschäft als wesentlichen Investitionsgrund hervor, immerhin fast die Hälfte (vorwiegend

---

1) Vgl. R.-U. Sprenger, Beschäftigungswirkungen der Umweltpolitik, Berichte des Umweltbundesamtes 4/89, Berlin 1989.
2) Vgl. R. Kahnert,/J. Wackerbauer, a.a.O. sowie J. Wackerbauer, u.a., a.a.O.
3) Vgl. o.V., Wachstumsfelder in der DDR-Wirtschaft, in: Landesbank Rheinland-Pfalz: Wirtschaftsberichte 2/90.
4) Vgl. auch Tab. 5.9
5) Vgl. S. Brander, Die DDR als Investitionsstandort aus der Sicht westdeutscher Unternehmen, in: Ifo- Schnelldienst 26/27 vom 25.9.1990.

größere Unternehmen) sieht den ostdeutschen Markt als Brückenkopf für das Osteuropageschäft. Vergleicht man diese Angaben mit den Ergebnissen der Ifo-Telefonumfrage vom August 1990, so sind - auch wenn die Berichtskreise nicht unbedingt vergleichbar sind - marktstrategische Überlegungen als Investitionsgrund stark in den Vordergrund gerückt. Dies deutet auf eine zunehmend positive und damit die Investitionen stimulierende Einschätzung der Absatzperspektiven auf dem ostdeutschen bzw. osteuropäischen Markt hin.

Demgegenüber stehen die anderen aufgeführten Investitionsmotive wie Qualifikationsniveau der Arbeitskräfte oder Lohnkostenniveau vergleichsweise im Hintergrund (vgl. Abb. 4.2). Die Marktnähe und Brückenkopffunktion stellen also spezifische Wettbewerbsvorteile der Wirtschaft in den neuen Bundesländern dar. Sucht man auf der Branchenebene nach den Bereichen, in denen schon vor der Öffnung der DDR internationale Wettbewerbsfähigkeit bestand, so fällt der Blick wiederum auf den Maschinenbau.

Trotz geänderter Rahmenbedingungen, Produktionseinbrüchen und Produktivitätsrückstand hat der Maschinenbau der ehemaligen DDR auch nach der Währungsunion gute Chancen im internationalen Wettbewerb. Der Verband Deutscher Maschinen- und Anlagenbau (VDMA) schätzt die Produktion des DDR-Maschinenbaus im Jahr 1989 auf eine Größenordnung von 20 bis 25 Mrd.DM. Dies entspräche der siebten oder achten Position in der Weltrangliste. Die Exportquote der Branche lag mit 60 % genau bei jener des westdeutschen Maschinenbaus. Allerdings gingen fast 90 % der Exporte dieser Branche in Comecon-Länder und nur 6 % in westliche Industrieländer[1]. Dies läßt weiterhin gute Handelsbeziehungen zu

---

1) Vgl. o.V., Know-how aus dem Westen - der Schlüssel zum Geschäft im Osten, in: Handelsblatt vom 12.9.1990.

den osteuropäischen Ländern erwarten. Da in Osteuropa der Nachholbedarf im Umweltschutz ähnlich hoch ist wie in der ehemaligen DDR, müßte der Maschinenbau seine Verbindungen zu diesen Ländern auch im umwelttechnologischen Bereich nutzen können.

### 5.1.2.6 Das Kapazitätspotential in den umweltrelevanten Branchen

Zur kurzfristigen Herausbildung eines umweltschutzbezogenen Angebots im Anlagen- und im Komponentengeschäft müssen kurzfristig mobilisierbare Kapazitäten in den Unternehmen bereitstehen. Die Kapazitätsauslastung der ostdeutschen Wirtschaft stellt in der derzeitigen Situation sicherlich kein Entwicklungshemmnis für die Herausbildung einer Umweltschutzindustrie in den ostdeutschen Bundesländern dar. Nach der Währungsunion wurde die gesamte DDR- Wirtschaft von einem Produktionseinbruch getroffen, der den Index der industriellen Warenproduktion gegenüber dem Durchschnitt des ersten Halbjahres 1990 nahezu halbierte[1]. (Im September trat wieder eine Erholung ein.) Dies betraf auch die umweltschutzrelevanten Wirtschaftszweige Maschinen- und Fahrzeugbau sowie Elektrotechnik/Elektronik/Gerätebau. Die freien Kapazitäten sind also derzeit vorhanden. Hieraus

---

1) Vgl. Gemeinsames Statistisches Amt der neuen Bundesländer, Monatszahlen November 1990. Die Aussagekraft der Produktionsdaten ist insofern zu relativieren, als die DDR-Betriebe früher fiktive Planzahlen als Produktionszahlen meldeten. Zudem basiert der Produktionsindex auf Wertangaben, die von den Betrieben gemacht wurden. Wenn die Folgen der Währungsumstellung und die damit verbundene Änderung der Preise nicht angemessen in den Produktionswerten berücksichtigt werden, gibt der ausgewiesene Rückgang des Produktionswertes zum Teil lediglich den Rückgang der Erzeugerpreise wieder. Vgl. B. Görzig, Determinanten des Produktionspotentials der deutschen Wirtschaft, in: DIW-Wochenbericht 47/90 vom 22.11.1990.

lassen sich allerdings nur bedingt Schlüsse auf die Zukunft
ziehen, da nicht bekannt ist, inwieweit der Produktionseinbruch zu Betriebsstillegungen führen wird.

Damit stellt sich wiederum die Frage nach der Reaktivierung
der freien Kapazitäten, bei deren Beantwortung sich zumindest eine Tendenz an Abb. 5.11 ablesen läßt: Die genannten
Branchen hatten zwar einen Produktionseinbruch zu verzeichnen, dieser hielt sich aber über dem Niveau der DDR-Volks-
wirtschaft insgesamt. Zu dem gleichen Ergebnis kommen aktuelle Untersuchungen des Ifo-Instituts zur ostdeutschen
Wirtschaft[1]. Während die gesamte Industrieproduktion im
dritten Quartal um 48 % unter dem entsprechenden Vorjahreswert lag, erwies sich die Produktionseinschränkung im Ma-
schinen- und Fahrzeugbau (-34 %) und Elektronik-Gerätebau
(-42 %) als relativ am geringsten. Mit anderen Worten:
Maschinen- und Fahrzeugbau sowie Elektrotechnik/Elektro-
nik/Gerätebau konnten sich relativ gut halten, was auf eine
wirtschaftliche Wiederbelebung bei freien Kapazitäten hin-
deuten kann. Diese Wiederbelebung kann aber nur zustande-
kommen, wenn der derzeitige Verlust an Arbeitsplätzen aufgehalten und umgekehrt werden kann. Ob die Abwanderung von
Arbeitskräften aufgehalten werden kann, ist angesichts der
besseren Verdienstmöglichkeiten in den alten Bundesländern
fraglich. Eine qualitative Aufwertung und Verbesserung kann
durch die bereits angesprochenen Umschulungsmaßnahmen erreicht werden.

Bei den Unternehmen in den alten Bundesländern hat der
Aspekt, daß die Kapazitätsgrenze in den bisherigen westdeutschen Produktionsstätten erreicht ist und eine Auswei-

---

1) Vgl. Ifo-Institut für Wirtschaftsforschung, Monatsbericht über die konjunkturelle Lage der ostdeutschen
   Wirtschaft, November 1990

Abbildung: 5.11

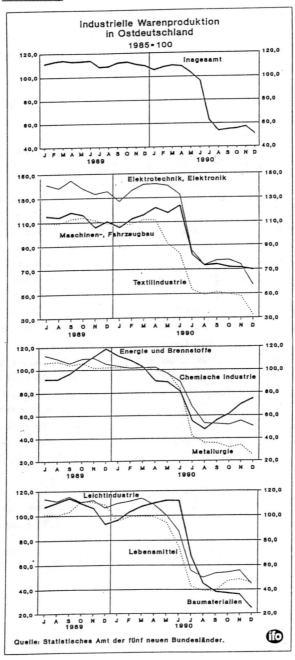

Industrielle Warenproduktion
in Ostdeutschland
1985 = 100

Quelle: Statistisches Amt der fünf neuen Bundesländer.

tung in den neuen Bundesländern angestrebt wird, weiter an
Bedeutung gewonnen (Meldeanteil in der Ifo-Sonderumfrage:
25%).[1]

Die außerordentlich hohe Auslastung der Produktionskapazitäten und der Fachkräftemangel in Westdeutschland lassen
weiterhin ein ausgeprägtes Engagement westdeutscher Unternehmen in Ostdeutschland erwarten[2]. Nach einer VDMA-Um-
frage beabsichtigt mehr als ein Drittel der 3.000 Mit-
gliedsfirmen des Verbandes eine Kooperation mit Partnerfir-
men in der ehemaligen DDR[3].

200 Maschinenbaukooperationen bestehen bereits, jedes weitere Unternehmen der Branche steht bereits in Verhandlungen
über eine Zusammenarbeit in den neuen Bundesländern. Dabei
hat sich nach Angaben des VDMA der Schwerpunkt vom Bereich
"Service und Betrieb" zu Gemeinschaftsunternehmen verla-
gert. Dabei begünstigen die Kapazitätsengpässe im westdeutschen Maschinenbau die Standortentscheidung für Ostdeutschland[4]. Der Maschinen- und Anlagenbau als umwelttechnologische Schlüsselbranche dürft daher zu den Zweigen
zählen, in denen schon bald eine kräftige Wiederbelebung
einsetzen wird.

Die derzeitige Phase der niedrigen Kapazitätsauslastung
kann dafür genützt werden, durch Stimulierung der Nachfrage
nach Umwelttechnik, wie sie mit den im vorangegangenen Kapitel beschriebenen Instrumenten bewerkstelligt werden
kann, die Herausbildung eines entsprechenden Angebotes in

---

1) Vgl. ebenda.
2) Vgl. W. Gerstenberger, a.a.O.
3) o.V., Know-how aus dem Westen – der Schlüssel zum
   Geschäft im Osten, a.a.O.
4) Vgl. o.V., Maschinenbau – Produktion in Ostdeutschland, in: Handelsblatt vom 31.10.1990

den ostdeutschen Unternehmen zu initiieren. Wenn dabei die Entwicklungsrichtung weg von nachgeschalteten hin zu integrierten Technologien eingeschlagen wird, kann sogar weitgehend vermieden werden, daß eine Konkurrenz zwischen Alternativen des Einsatzes vorhandener Kapazitäten für umweltschutzbezogene und sonstige Produktion auftritt.

Die Erfahrungen aus den Regionalstudien zum Umweltschutzmarkt zeigen, daß ein beträchtlicher Teil des Angebotes durch Diversifikation bestehender Betriebe in den Umweltschutzmarkt hinein entsteht.[1] Zumindest im Bereich additiver Technologien könnte eine solche Diversifikation behindert werden, wenn es notwendig sein sollte, die Kapazitäten für andere Zwecke einzusetzen. Diese Verwendungskonkurrenz der Kapazitäten wird im Bereich der ostdeutschen Wirtschaft auf kurze und mittlere Frist noch unerheblich sein, da westdeutsche Firmen mit ihrem Angebot auf den ostdeutschen Markt drängen und die Produktion in der ostdeutschen Wirtschaft erst langsam wieder ansteigt. Soweit die technologische Entwicklung in Richtung integrierten Umweltschutzes geht, ist eine Verwendungskonkurrenz der Kapazitäten ohnehin auszuschließen.

Etwas anders stellt sich die Situation in Bezug auf die umweltschutzbezogenen Komplementärleistungen des Bausektors dar. Im Bausektor besteht eine hohe Konkurrenz des Kapazitätseinsatzes zwischen Umweltschutz und Wohnungsbau, da im Wohnungsbau ein erheblicher Nachhol- und Reparaturbedarf in Ostdeutschland festzustellen ist. Nach Informationen aus dem ehemaligen DDR-Ministerium für Bauwesen und Wohnungs-

---

1) Vgl. Ifo-Institut, Das Entwicklungspotential der Umweltschutzindustrie in Nordrhein-Westfalen, a.a.O., S. 231 ff. sowie J. Wackerbauer u.a., Der Umweltschutzmarkt in Niedersachsen, Ifo-Studien zur Umweltökonomie, Bd. 14, München 1990, S. 172 ff.

wirtschaft der DDR liegt der Ersatzwohnungsbau in der DDR
zwischen 700.000 und 800.000 Einheiten, was einem Investitionsvolumen von 250 Mrd. DDR-Mark entspricht, zuzüglich
eines Reparatur- und Mordernisierungsbedarfs von knapp 200
Mrd. DDR-Mark.

Dies wäre etwa doppelt soviel wie der Kapazitätseinsatz in
der DDR-Bauwirtschaft zu Beginn des Jahres[1]. Allerdings
sieht es im Augenblick so aus, als seien im Bereich des öffentlichen Baus und des Wirtschaftsbaus bereits Maßnahmen
ergriffen worden, die sich bereits im Frühjahr 1991 in Mo-
dernisierungs- und Ausbauinvestitionen im Bereich der Infrastruktur und der Sanierung bzw. des Neubaus von Produk-
tions- und Bürogebäuden niederschlagen werden[2].

Neuere Schätzungen aus dem Hauptverband der Deutschen Bauindustrie beziffern den Baubedarf auf dem Gebiet der ehemaligen DDR auf 234 Mrd.DM im Wohnungsbau, 261 Mrd.DM im Ver-
kehrswegebau und 130 Mrd.DM in den Bereichen Umwelt-, Ener-
gie- und Wasserversorgung. Es wird erwartet, daß die Bauwirtschaft zu den ersten Branchen gehören wird, die vom
konjunkturellen Aufschwung in Ostdeutschland profitieren
dürfte[3]. Damit dürfte das Angebot aber auch eher als in
anderen Branchen an Kapazitätsgrenzen stoßen.

1) Dr. Joachim Zimmermann, Stellvertreter des Ministers
   für Bauwesen und Wohnungswirtschaft der DDR, anläßlich
   des Ifo-Baugesprächs am 24.4.1990.
2) Vgl. J.A. Hübener, Bauwirtschaft in Deutschland, in:
   DIW-Wochenbericht 40/90 vom 4.10.90
3) Vgl. H. Becker, Baukonjunktur noch ohne gesamtdeutschen Rhythmus, in: Süddeutsche Zeitung vom 10./11.
   November 1990

5.1.3 Zusammenfassung

Angesichts des niedrigen Stellenwerts des Umweltschutzes gab es in der früheren DDR nur wenige Kombinate, die Umweltschutzanlagen herstellten. Auch in der Bauindustrie spielte Umweltschutz eine nachrangige Rolle. Seit Ende 1989 diversifizieren eine Reihe von Unternehmen, die aus den Kombinaten ausgegliedert wurden, in den Markt für Umwelttechnik hinein. Im IFU-Katalog "Umweltschutztechnik in der DDR" sind 110 Anbieter ausgewiesen, darunter 57 gewerbliche. Hinzu kommen zahlreiche Neugründungen von Unternehmen, die umweltschutzbezogene Güter und Dienstleistungen anbieten.

Eine Umfrage anläßlich des deutsch-deutschen Umweltschutzmarktes in Markkleeberg ergab tendenziell, daß die Marktneulinge versuchen, im Dienstleistungsbereich Fuß zu fassen und den Einstieg in die kapitalintensive Fertigung vermeiden. Westdeutsche Unternehmen, die gleichfalls befragt wurden, zeigten sich zum Teil auch am Bezug von Umweltschutzgütern oder Vorleistungen aus Ostdeutschland interessiert.

Neben den bereits existierenden Anbietern von Umwelttechnik besteht in der ostdeutschen Wirtschaft auch ein nicht unerhebliches Diversifikationspotential. Die Industrie in der ehemaligen DDR war ähnlich strukturiert wie die westdeutsche und wies ebenso wie in den alten Bundesländern Spezialisierungen bei umwelttechnisch relevanten Branchen auf. Der Maschinen- und Anlagenbau als umwelttechnologische Schlüsselbranche könnte binnen relativ kurzer Frist Wettbewerbsfähigkeit erlangen. Vorteile sind für ostdeutsche Umwelttechnik-Anbieter aber eher im Preis- als im Qualitätswettbewerb zu erwarten, weswegen sich der Schwerpunkt des

umwelttechnologischen Angebotes aus den neuen Bundesländern
eher im Komponentengeschäft als im Anlagengeschäft herausbilden dürfte. Daneben sind Unteraufträge für die komplementären Bereiche wie Bau und Handwerk zu erwarten. Die Umfrageergebnisse zeigen allerdings, daß ostdeutsche Firmen
auch durchaus Ambitionen als Generalunternehmer im Umwelttechnikbereich haben.

Das Qualifikationsniveau der Beschäftigten bietet für die
Herausbildung eines hochwertigen umwelttechnologischen Angebots die geeigneten Voraussetzungen, wenngleich Umschulungsmaßnahmen erforderlich sein werden. Sollten sich die
ostdeutschen Unternehmen auf das Komponentengeschäft konzentrieren, so können die Vorteile aus der Qualifikationsstruktur allerdings nicht ausgeschöpft werden.

Wettbewerbsvorteile hat die ostdeutsche Wirtschaft mittelfristig noch bei den Lohnkosten. Der allmähliche Verlust
der Lohnkostenvorsprünge dürfte zu verkraften sein, da andere Wettbewerbsfaktoren, wie z.B. die Qualifikation der
Facharbeiter und Marktnähe, für westdeutsche Investoren eine größere Rolle spielen. Die Forschungslandschaft in der
ehemaligen DDR bietet daneben Grundlagen für die Entwicklung von Umwelttechnologien, wobei ein Vorteil darin besteht, daß die Kooperation zwischen Forschungsinstituten
und Wirtschaft bereits intensiv gepflegt wird.

Bei den Auslandspatentanmeldungen lag die DDR vor den anderen RGW-Ländern und spielte im technologischen Wettbewerb
auf dem Gebiet der Bundesrepublik eine nicht zu vernachlässigende Rolle. Hier erwies sich vor allem der DDR-Maschi-
nenbau als wettbewerbsfähig.

Das Nachfragepotential der ostdeutschen Umweltschutzindustrie liegt vor allem bei der Anpassung "importierter" Umwelttechnik an die spezifischen Produktionsprozesse und im Komponentengeschäft. Für die Bauwirtschaft und das Handwerk besteht ein beträchtliches Unterauftragspotential.

Weitere Wettbewerbsvorteile der ostdeutschen Wirtschaft liegen in der Marktnähe zum "DDR-Geschäft" und in der Brückenkopffunktion für das Osteuropageschäft. Zudem begünstigt die derzeit hohe Kapazitätsauslastung in der westdeutschen Industrie Produktionsausweitungen in den neuen Bundesländern.

Eine Konkurrenz beim Einsatz der vorhandenen Kapazitäten für Umweltschutz und andere Aufgaben dürfte aufgrund der derzeit niedrigen Kapazitätsauslastung in der ostdeutschen Industrie kaum gegeben sein, sie könnte auch durch eine Konzentration auf die Entwicklung integrierter Lösungen vermieden werden. In einer Volkswirtschaft, deren Produktionsanlagen weitgehend neu aufgebaut werden müssen, bestehen bessere Aussichten, von Anfang an in saubere Technologien zu investieren als in ausgereiften Volkswirtschaften mit einem hohen Kapitalstock und einem Hang zu additiven Umwelttechnologien. Die Herausbildung integrierter Umwelttechnologien kann vor allem durch Kooperationen mit westdeutschen Firmen gefördert werden.

## 5.2 Abschätzung der notwendigen Bezüge von Umwelttechnik

Das endogene Entwicklungspotential eines umweltschutzbezogenen Angebots wird kaum ausreichen, um den Bedarf an Umwelttechnologien in den neuen Bundesländern zu decken. Die
Herausbildung eines umwelttechnischen Angebots in der ostdeutschen Wirtschaft wird nicht schnell genug vonstatten
gehen, um rechtzeitig genügend nachgeschaltete Anlagen zur
unmittelbaren Gefahrenabwehr bereitstellen zu können. Kurzfristig wird daher in größerem Umfang ein Import von additiven Umwelttechnologien - z.B. für die industrielle Luftreinhaltung - aus den westdeutschen Regionen erforderlich
sein. Gerade bei Anlagen zur Rauchgasentschwefelung und
-entstickung stehen bei den westdeutschen Großanlagenbauern
nach dem Auslaufen der entsprechenden Maßnahmen in den alten Bundesländern genügend freie Kapazitäten zur Verfügung.
Die Verwendungskonkurrenz ist im Vergleich zu den anderen
Umwelttechnikbereichen verhältnismäßig gering.

Im Kraftwerksbereich können nach Aussagen von Günter Röder,
Vorstandsvorsitzender der Vereinigten Kraftwerke AG Peitz,
Anlagen mit einer Gesamtleistung von 5.000 Megawatt auf
alle Fälle westdeutschen Standards angepaßt werden. Diese
sollten spätestens 1996 mit Rauchgasreinigungsanlagen aus-
gerüstet sein[1].

Im Rahmen der mittelfristigen Sanierung der Umwelt in den
neuen Bundesländern liegen die wesentlichen Schwerpunkte in
den Bereichen

---

1) Vgl. W. Kempkens, Energieversorgung: Die Chancen der
   Braunkohle - Rettung auf Raten, in: Wirtschaftswoche
   Nr. 44 vom 26.10.1990.

- Sanierung und Erweiterung der Trinkwassernetze und der Abwasserkanalisation

- Kläranlagenbau und

- Altlastensanierung.

Die Arbeitsteilung, die sich zwischen alten und neuen Bundesländern bei der Bewältigung dieser Aufgaben entwickeln wird, ist derzeit nicht ohne weiteres einzuschätzen. Sie hängt z.B. für den industriellen Bereich davon ab, welcher Anteil der Produktionsanlagen für die Sanierung geeignet ist und welcher Anteil völlig stillgelegt werden muß. Das Verhältnis dieser Anteile ist noch nicht abschätzbar. Es ist jedoch absehbar, daß für die zu sanierenden Anlagen in den meisten Fällen End-of-pipe-Technologien zur Verfügung gestellt werden müssen.

Diese können zum Teil bereits in den ostdeutschen Betrieben gefertigt werden, zum Teil müssen sie auch importiert werden, wobei die Anpassung an die spezifischen Produktionsprozesse durchaus ein beträchtliches Unterauftragspotential für ostdeutsche Betriebe eröffnen wird.

Im Bereich des Gewässerschutzes und des Kläranlagenbaus ist teilweise eine Auftragsvergabe an westdeutsche Generalunternehmer zu erwarten. Diese werden allerdings hauptsächlich Engineering-Leistungen einbringen; das Unterauftragspotential kann dabei überwiegend ortsansässigen Bau- und Handwerksfirmen zugute kommen. Doch auch neugegründete DDR-Firmen, die sich auf komplexe Bauvorhaben inklusive des Engineerings in Bereichen wie Deponietechnik, Leitungssa-

nierung und Abwasserbehandlung spezialisieren, können als
Generalunternehmer tätig werden[1].

Im Bereich der Altlastensanierung ist zu erwarten, daß
westdeutsche Anbieter der entsprechenden Verfahren in ver-
stärktem Maß in den ostdeutschen Markt hineindrängen werden. Hier wird es überwiegend zu Bezügen von Leistungen aus
den alten Bundesländern kommen, da in der DDR die Altlastensanierung weitgehend vernachlässigt wurde. Der westdeutsche Teilmarkt für Altlastensanierung ist dagegen durch
eine hohe Anbieterzahl mit insgesamt relativ geringen Um-
satzwerten gekennzeichnet. Es bestehen demnach genügend
freie Kapazitäten, um Altlastensanierung in den neuen Bundesländern durchzuführen, wobei es sich abzeichnet, daß
diese Aufgaben im Rahmen von Joint Ventures zwischen west-
und ostdeutschen Unternehmen oder Kapitalbeteiligungen in
Angriff genommen werden. Hierbei bringen Westunternehmen
ihr Know-how bezüglich technischer Lösungen und Finanzierungsmöglichkeiten ein, Ost-Unternehmen stellen Arbeitskräfte und zum Teil Geräte zur Verfügung.

Der überwiegende Teil des Auftragsvolumens wird dabei aber
an die etablierten westdeutschen Unternehmen gehen. Die
Marktführer für Verfahren zur Altlastensanierung sind zudem
in Nordrhein-Westfalen zu finden.[2]

---

1) Ein Beispiel ist der Zusammenschluß der ehemaligen
   Wohnungsbaukombinate Rostock, Neubrandenburg und Schwerin zur Elbo Bau Gruppe mit der Absicht ein Ingenieurbü-
   ro für Komplettleistungen in der Entsorgungs- und Deponietechnik zu gründen, vgl. o.V., Karina-Gruppe faßt in
   "Ex-DDR" Fuß, in: VWD-Spezial vom 9.10.1990.
2) Vgl. Ifo-Institut, Das Entwicklungspotential ...,
   a.a.O., S. 277 sowie o.v., Starke Konjunkturimpulse der
   deutschen Vereinigung, in: Handelsblatt vom
   26./27.10.1990.

Neben diesen überwiegend additiven Umweltschutzmaßnahmen
wird über die unmittelbare Gefahrenabwehr und mittelfristige Sanierung hinausgehend die langfristige Modernisierung der ostdeutschen Wirtschaft Entwicklungsmöglichkeiten
für integrierte Technologien eröffnen. An dieser ökologischen Umstrukturierung der Produktionsprozesse werden sich
ost- wie westdeutsche Unternehmen gleichermaßen beteiligen.

Soweit Altanlagen stillgelegt werden und integrierte Technologien Anwendung finden, sind zumindestens im Bereich
Luftreinhaltung im Kraftwerksbereich Importe von westdeutschen Technologien zu erwarten. Beispiele für integrierten Umweltschutz in der Energieversorgung sind zum
einen die Druckwirbelschichtfeuerung und zum anderen Kombi-
Kraftwerke mit integrierter Kohledruckvergasung. Sie machen
die Rauchgaswäsche überflüssig und ermöglichen die Verwendung von Braunkohle, die noch auf längere Zeit eine wenn
auch abnehmende, so doch weithin dominierende Rolle in der
ostdeutschen Stromerzeugung spielen wird[1]. Bei der Wirbelschichtfeuerung mit veredelter Braunkohle entsteht von
vornherein nur so wenig Stickoxid, wie nach den Grenzwerten
der GFAVO zulässig und der freiwerdende Schwefel wird durch
die Zugabe von Kalk schon in der Brennkammer an die Asche
gebunden. Kombi-Kraftwerke mit integrierter Kohledruckvergasung reduzieren bei Steinkohle die Stickoxidemissionen um
63 % (bei Braunkohle um 72 %) und die Schwefeldioxidemissionen um 86 % (84 % bei Braunkohle). Die Staubemissionen
können um 97 % reduziert werden und der Kühlwasserverbrauch
würde halbiert. Beide Technologien erreichen zudem höhere

---

1) Klaus Pretz, Vorstandsvorsitzender der Veba AG Essen,
   erwartet einen Rückgang des Braunkohleanteils an der
   Stromversorgung von 85 % auf 50 %, vgl. VWD-Spezial
   Nr. 87 vom 8.11.1990: "Erneuerung der Energiewirtschaft
   braucht Jahre".

Wirkungsgrade als konventionelle Kohlekraftwerke[1]. Die
Rheinisch-Westfälischen Elektrizitätswerke AG, die wesentliche Verantwortung für die Modernisierung des Kraftwerk-
parkes in den neuen Bundesländern tragen wird, hält entsprechende Technologien vor.

Zusammenfassend läßt sich festhalten, daß neben der Eigen-
entwicklung von Umwelttechnologien in den neuen Bundesländern auch Bezüge von Umwelttechnik im größeren Rahmen notwendig sein werden. Im Bereich der Luftreinhaltung sind
Aufträge für westdeutsche Großanlagenbauer zu erwarten. Im
Gewässerschutz können westdeutsche Generalunternehmer zum
Zuge kommen. Der überwiegende Teil des Auftragsvolumens für
die Altlastensanierung dürfte an etablierte westdeutsche
Unternehmen gehen, vor allem an die Marktführer in Nordrhein-Westfalen.

---

1) Vgl. M. Hechel, Moderne Anlagen sollen den DDR-Himmel
   aufhellen, in: Handelsblatt vom 24.4.1990.

## 5.3   Zur Wettbewerbsposition der nordrhein-westfälischen Umweltschutzwirtschaft

### 5.3.1 Zur Wettbewerbssituation auf dem Umweltschutzmarkt

Wie in den vorangegangenen Abschnitten dargestellt wurde, wird die Entwicklung eines umwelttechnischen Angebotes in den neuen Bundesländern nicht ausreichend sein, um den Bedarf zu decken. Hieraus ergeben sich Absatzchancen für westdeutsche Unternehmen. Diese stehen in Konkurrenz zur Umweltschutzindustrie in anderen westeuropäischen Ländern. Daneben zeichnet sich auch eine Konkurrenz der alten Bundesländer untereinander ab. Dies liegt zum einen daran, daß die Anbieter von Umwelttechnik im bundesweiten Wettbewerb stehen, zum anderen daran, daß nahezu alle alten Bundesländer eine bestimmte Partnerregion in der ehemaligen DDR zum bevorzugten Ziel einer Zusammenarbeit gewählt haben. Da die Zahl der neuen Bundesländer aber gerade halb so groß ist wie die der alten Bundesländer kommt es notwendigerweise zu Gebietsüberschneidungen und zur Gefahr einer Förderkonkurrenz[1], die sich auch auf die Umweltindustrien in den einzelnen Bundesländern auswirken wird.

In diesem Abschnitt soll daher untersucht werden, welche Position die nordrhein-westfälische Umweltschutzwirtschaft im Rahmen dieses Wettbewerbs um den ostdeutschen Umweltschutzmarkt einnimmt. Hierbei wird vor allem auf Resultate einer umfassenden schriftlichen Erhebung des Ifo-Instituts vom Frühjahr 1988 bei der Grundgesamtheit der nordrhein-westfälischen Umweltschutzbetriebe, welche durch mündliche Interviews ergänzt und abgesichert wurde, zurückgegriffen.

---

1) Vgl. Landesbank Rheinland-Pfalz, a.a.O..

Diese Ergebnisse werden abgerundet durch die Befragung
westdeutscher Umweltschutzanbieter, die im September als
Aussteller auf dem deutsch-deutschen Umweltschutzmarkt im
sächsischen Markkleeberg vertreten waren (dieser Umweltmarkt wurde von der Messe Düsseldorf und dem örtlichen Mes-
severanstalter Markkleeberg gemeinsam organisiert), sowie
durch eine Umfrage unter nordrhein-westfälischen Ausstellern auf der Entsorgungsmesse IFAT 90.

## 5.3.2 Das Interesse von nordrhein-westfälischen Firmen am ostdeutschen Umweltschutzmarkt

Als Ausgangspunkt soll eine Befragung zum Interesse an
Märkten ost- und südosteuropäischer Staaten dienen, welche
auf der Entsorgungsmesse IFAT 90 durchgeführt wurde[1].

Für die Anbieter aus Nordrhein-Westfalen führte das Ifo-
Institut eine Sonderauswertung durch. 114 Aussteller, die
den Fragebogen beantwortet zurückschickten, kamen aus Nordrhein-Westfalen. Darunter bekundete die überwiegende Mehr-
heit, nämlich 106 Firmen, Interesse an den Märkten ost- und
südosteuropäischer Länder, vier waren nicht interessiert,
weitere 4 machten keine Angaben.

Bei der Frage nach den bevorzugten Märkten stellte sich
heraus, daß schon vor der Währungsunion die DDR der bevorzugte osteuropäische Markt für nordrhein-westfälische Anbieter war (97,4 % der Nennungen, vgl. Abb. 5.12). Erst mit
Abstand folgen die Märkte Ungarns (64,9 %) und der CSFR

---

1) R. Binder, H. Ferchland, Auswertung einer schriftlichen Befragung der Ausstellerfirmen der Entsorgungsmesse
IFAT 90 zu ihrem Interesse an Märkten ost- und südosteuropäischer Firmen im Auftrag der Münchner Messe- und
Ausstellungsgesellschaft mbH, IMU-Institut für Medien-
forschung und Urbanistik GmbH, München 30.4.1990.

Abbildung: 5.12

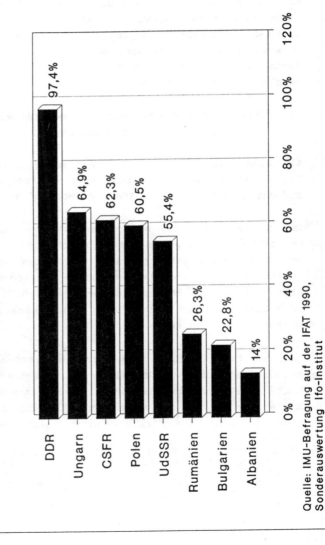

Bevorzugte Märkte von NRW-Firmen
in Ost- und Südosteuropa
(Mehrfachnennungen möglich)

| | |
|---|---|
| DDR | 97,4% |
| Ungarn | 64,9% |
| CSFR | 62,3% |
| Polen | 60,5% |
| UdSSR | 55,4% |
| Rumänien | 26,3% |
| Bulgarien | 22,8% |
| Albanien | 14% |

Quelle: IMU-Befragung auf der IFAT 1990,
Sonderauswertung Ifo-Institut

(62,3 %), an denen nur zwei von drei nordrhein-westfälischen Firmen interessiert sind.

Nach der Art des Interesses befragt, zeigte sich, daß der
Absatz von Produkten mit 92,1 % der Antworten an erster
Stelle stand. Immerhin 43 % der nordrhein-westfälischen Anbieter zogen aber auch die Einrichung einer Niederlassung
in Erwägung, 28,1 % konnten sich eine Herstellungskoopera-
tion vorstellen, 23,7 % zeigten sich an einer Lizenzvergabe
und 19,3 % an Joint Ventures interessiert (vgl. Abb.
5.13)[1].

Diese Ergebnisse weisen auf ein hohes Interesse der nordrhein-westfälischen Umweltschutzindustrie am ostdeutschen
Umweltschutzmarkt hin, wobei sich die Neigung zu Kooperationen oder Joint Ventures, nach der staatlichen Einheit eher
erhöht haben dürfte.

Bei den westdeutschen Ausstellern auf dem Umweltschutzmarkt
in Markkleeberg spielte aktuell der Verkauf von Produkten
nach Ostdeutschland über das westdeutsche Netz die größte
Rolle (10 Nennungen), danach folgte die Gründung von Vertriebsniederlassungen in den neuen Bundesländern (vgl.
Abb. 5.14).

Jeweils drei Firmen hatten Tochterunternehmen in Ostdeutschland gegründet oder waren Joint Ventures eingegangen. Nimmt man zu den bereits getätigten Aktivitäten noch

---

1) Die Frage nach den bevorzugten Märkten und die Frage
nach der Zielrichtung der Aktivität wurden getrennt gestellt. Daher kann nur bedingt gefolgert werden, daß
sich die Art des Interesses (Niederlassung, Joint Ventures etc.) jeweils auf den DDR-Markt bezieht, da sich
die jeweiligen Antworten im Einzelnen auf andere Länder
beziehen könnten.

Abbildung: 5.13

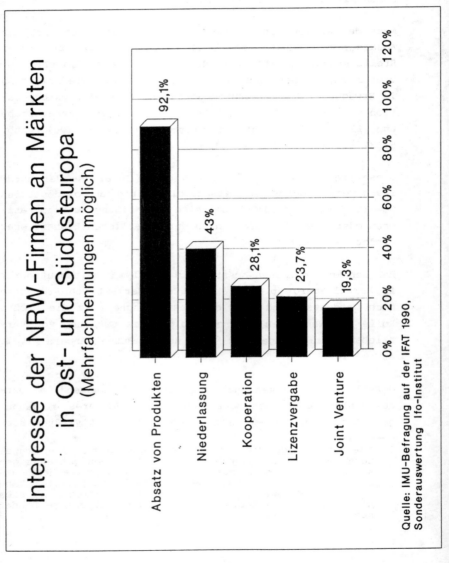

Interesse der NRW-Firmen an Märkten
in Ost- und Südosteuropa
(Mehrfachnennungen möglich)

Quelle: IMU-Befragung auf der IFAT 1990,
Sonderauswertung Ifo-Institut

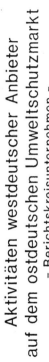

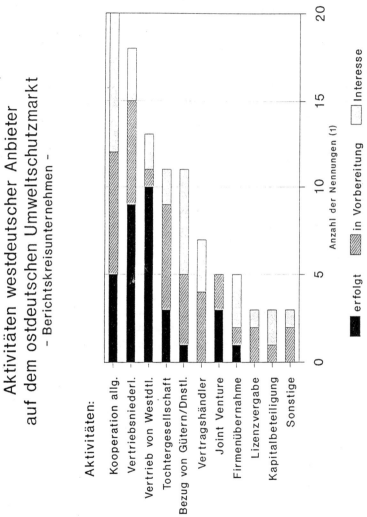

Abbildung: 5.14

Aktivitäten westdeutscher Anbieter
auf dem ostdeutschen Umweltschutzmarkt
– Berichtskreisunternehmen –

Aktivitäten:

Kooperation allg.
Vertriebsniederl.
Vertrieb von Westdtl.
Tochtergesellschaft
Bezug von Gütern/Dnstl.
Vertragshändler
Joint Venture
Firmenübernahme
Lizenzvergabe
Kapitalbeteiligung
Sonstige

Anzahl der Nennungen (1)

erfolgt    in Vorbereitung    Interesse

1) Mehrfachnennungen möglich

Quelle: Ifo-Institut 1990

diejenigen hinzu, die in Vorbereitung sind oder an denen
grundsätzliches Interesse besteht, dann sieht man, daß Kooperationen am häufigsten genannt wurden, vor Vertriebsniederlassungen und Verkauf über das westdeutsche Netz (vgl.
Abb. 5.14).

Zu ähnlichen Ergebnisse kommt auch eine Studie des Instituts der deutschen Wirtschaft, wonach die häufigsten Arten
des Engagements westdeutscher Unternehmen Kooperationen und
Neugründungen sind. An dritter Stelle stehen hier Joint
Ventures. Die wichtigste Rolle bei den westdeutschen Engagements spielen Unternehmen des Verarbeitenden Gewerbes,
vor allem aus den Branchen Maschinenbau und Elektrotechnik/
Elektronik.[1]

Die einzelnen Kooperationsmöglichkeiten werden im Abschnitt
5.4 noch eingehender dargestellt.

### 5.3.3 Angebot und Angebotspotential der nordrhein-westfäli-schen Umweltschutzwirtschaft

Im Rahmen des 1988 durchgeführten Gutachtens zum "Entwicklungspotential der Umweltschutzindustrie in Nordrhein-Westfalen" wurde eine Bestandsaufnahme der Anbieterstruktur auf
dem nordrhein-westfälischen Umweltschutzmarkt und eine Po-
tentialanalyse über die künftigen Entwicklungsmöglichkeiten
dieses Sektors durchgeführt[2]. Die Ergebnisse dieser
zentralen Studie sollen zur Beurteilung der Wettbewerbsposition nordrhein-westfälischer Anbieter auf dem ostdeutschen Umweltschutzmarkt herangezogen werden.

---

1) O.V. Ostdeutsche Wirtschaft - Die Initiativen greifen, in: iwd Nr. 48 vom 29.11.1990.
2) Vgl. Ifo-Institut, Entwicklungspotential ..., a.a.O.,
S. 134-464.

Bei der Auswertung der Umfrage ergaben sich regionale
Schwerpunkte im Ruhrgebiet, wo rund ein Drittel der Berichtskreisbetriebe angesiedelt ist. Auf die speziellen Ergebnisse für das Ruhrgebiet wird an geeigneter Stelle zurückgegriffen. Das besondere Interesse an Anbietern aus
dieser Region ergibt sich aus zwei Gründen.

- Die frühere Struktur im Ruhrgebiet weist gewisse Paralle-
len zur ehmaligen DDR auf, z.B. die Dominanz von Großbe-
trieben und das Problem industrieller Altlasten[1]. Der
Strukturwandel im Ruhrgebiet kann mit Abstrichen als Ent-
wicklungsmuster für die ostdeutschen Industriebetriebe
betrachtet werden.

- Der Initiativkreis Ruhrgebiet, ein Zusammenschluß von 54
Unternehmen, unterstützt Ballungszentren in den neuen
Bundesländern bei der ökonomischen Modernisierung und
ökologischen Sanierung (Mülheimer Programm)[2].

### 5.3.3.1 Struktur und Dynamik der nordrhein-westfälischen Umweltschutzwirtschaft

Die Umfrage von 1988 erfaßte 425 Anbieter von Umwelttechnologien. Die zeitliche Verteilung des Markteintritts dieser
Unternehmen zeigt, daß der Umweltschutzmarkt als Wirt-
schaftsfaktor zunehmende Bedeutung erlangt hat. Die Angebotsstruktur der nordrhein-westfälischen Umweltschutzanbieter orientiert sich weitgehend an den traditionellen Um-
weltsegmenten Abfall und Abwasser (vgl. Abb. 5.15). Jeder

---

1) Vgl. H.G. Kemmer, Ostdeutschland – Plädoyer für den
   Crash, in: Die Zeit Nr. 45 vom 2.11.1990.
2) Vgl. o.V., Maizière begrüßt Firmen-Initiative, in: SZ
   vom 10.9.1990.

Abbildung: 5.15

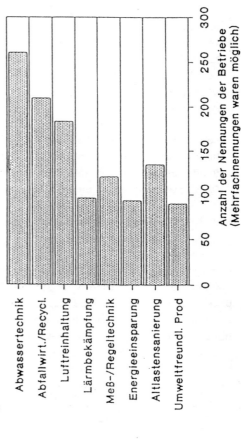

Angebotsbereiche der Anbieter
auf dem Umweltschutzmarkt
Berichtskreisbetriebe NRW

Angebotsbereiche:

Quelle: Ifo-Institut (Umfrage 1988)

vierte Betrieb gab an, Altlastensanierungen durchzuführen
oder zumindest derartige Verfahren anzubieten. Dieser relativ hohe Prozentsatz steht im krassen Gegensatz zur bisherigen Bedeutung dieses Umweltschutzsektors. Trotz des gegenwärtigen Mangels an Finanzmitteln scheinen die Unternehmen zukünftig große Marktchancen für Sanierungsmaßnahmen zu
sehen. Da der Bedarf nicht nur in Westdeutschland, sondern
auch in noch größerem Umfang in den neuen Bundesländern
vorhanden ist, ist es nur noch eine Frage der Finanzierung,
um die freien Kapazitäten im Bereich der Altlastensanierung
zu aktivieren. Der Wettbewerb zwischen nordrhein-westfälischen Anbietern, der aufgrund der bislang geringen Nachfrage im Bereich der Altlastensanierung überdurchschnittlich hoch war, dürfte sich bei zusätzlichen Aufträgen aus
Ostdeutschland normalisieren.

Die Befragungsergebnisse deuten auf eine anhaltende Dynamik
des Umweltschutzmarktes in Nordrhein-Westfalen hin. Indiz
dafür ist, daß immerhin rund 30 % der Betriebe erst seit
1981 als Anbieter auf diesem Markt vertreten sind.

Ein anderer Teil der Umweltschutzunternehmen ist schon seit
knapp zwei Jahrzehnten oder sogar noch länger etabliert.
Rund 30 % der Anbieter des Berichtskreises sind schon vor
1970, ca. 40 % sind erst in den siebziger Jahren auf dem
Umweltschutzmarkt tätig geworden.

Rund die Hälfte der seit 1981 tätigen Umweltschutzunternehmen des Befragungskreises ist durch Neugründung in den
Markt eingetreten (vgl. Abb. 5.16), der Rest setzt sich aus
diversifizierenden - vorwiegend kleinen und mittleren - Betrieben zusammen.

Abbildung: 5.16

Markteintrittszeitpunkt und -strategie
der Anbieter auf dem Umweltschutzmarkt
Berichtskreisbetriebe NRW

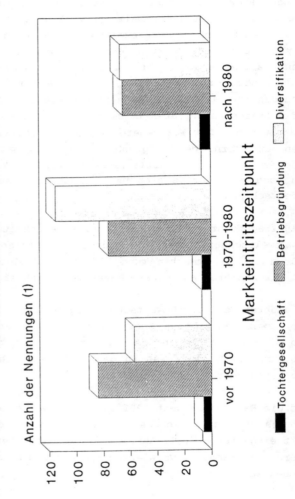

(1) Mehrfachnennungen möglich
Quelle: Ifo-Institut

Während allgemein das Angebot in den Bereichen Abfall und
Abwasser am stärksten ausgeprägt ist, handelt es sich bei
den "Marktneulingen", die im Zeitraum von 1981-1985 in den
Markt eintraten, überdurchschnittlich häufig um Anbieter
von Abwärmenutzungs- bzw. Energieeinsparungstechniken. In
der jüngsten Zeit ist eine weitere Verschiebung eingetreten.

Seit 1985 ist das Marktsegment Altlastensanierung bei den
"Marktneulingen" ungewöhnlich stark repräsentiert. Die Anbieter reagieren offensichtlich "flexibel" auf neue Umweltprobleme und orientieren ihre Angebotspalette im Umweltschutzbereich am vorhanden Problemdruck (vgl. Abb. 5.17).
Dies läßt erwarten, daß insbesondere das Altlastenproblem
in Ostdeutschland zu einer Angebotsausweitung bei etablierten Unternehmen in Nordrhein-Westfalen sowie in Form von
Neugründungen führen wird, die Angebotsflexibilität also
hinreichend hoch sein wird.

Die Verlagerung des technologischen Schwerpunktes neuer Anbieter von additiven Technologien auf emissionsarme Verfahren kommt den Erfordernissen des ostdeutschen Marktes entgegen (vgl. Abb. 5.18). Von den Betrieben, die erst seit 3
Jahren oder kürzer im Umweltschutzbereich anbieten, hatten
41,4 % einen Schwerpunkt bei den integrierten Umweltschutztechnologien, während es bei den alteingesessenen Unternehmen nur knapp ein Viertel sind. Die Bedeutung nach- und
vorgeschalteter Entsorgungstechnologien geht dagegen bei
jüngeren Anbietern deutlich zurück. Für die ostdeutsche
Wirtschaft heißt diese Entwicklung aber auch, daß das dortige Potential an Anbietern integrierter Technologien durch
Konkurrenten aus Nordrhein-Westfalen in seiner Entwicklung
behindert werden könnte. Die Frage, inwieweit dieses Dilem-

Abbildung: 5.17

Markteintrittszeitpunkt und Angebotsbereiche der Anbieter auf dem
Umweltschutzmarkt

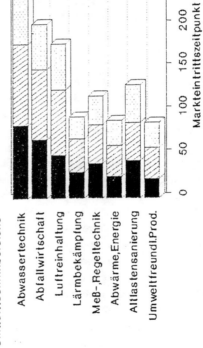

Quelle: Ifo-Institut

Abbildung: 5.18

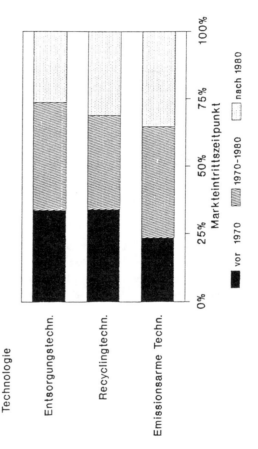

Technologische Ausrichtung der
Anbieter auf dem Umweltschutzmarkt
Berichtskreisbetriebe NRW

Quelle: Ifo-Institut

ma durch Kooperation von West- und Ostunternehmen gelöst
werden kann, wird im nächsten Abschnitt behandelt.

## 5.3.3.2 Angebotsarten und Kapazitätsauslastung

Bei den Angebotsarten nimmt das Engineering den höchsten
Stellenwert ein; weit mehr als die Hälfte der Unternehmen
bieten Engineering und Beratung an. Derartige Leistungen
werden aber - wie auch der Vertrieb - zum überwiegenden
Teil nicht von reinen Dienstleistungsunternehmen offeriert.
Vielfach bieten Hersteller zusätzlich auch Beratungsleistungen an und übernehmen selbst den Vertrieb ihrer Produkte. Etwa gleich stark vertreten sind Anbieter - 225 bzw.
219 - von kompletten Anlagen bzw. Anlagenteilen und Zubehör
(vgl. Abb. 5.19). 12 % der Berichtskreisbetriebe geben an,
Hersteller oder Lieferant von Hilfs- und Betriebsstoffen zu
sein.

Von dieser Angebotsstruktur her gesehen sind die Unternehmen der nordrhein-westfälischen Umweltschutzwirtschaft
durchaus in der Lage, bei einzelnen Umweltschutzprojekten
in Ostdeutschland als Generalunternehmer aufzutreten, die
Gesamtkonzeption zu entwickeln und ggf. Unteraufträge an
ansässige Betriebe zu erteilen. Daneben existiert auch ein
umfangreiches Angebot bei den Zulieferern von Anlagenteilen
und Zubehör. Allerdings wäre in diesem Bereich denkbar, daß
im Falle von Kapazitätsengpässen eine Verwendungskonkurrenz
mit der nicht-umweltschutzbezogenen Produktion entsteht.

Ob es zu Lieferengpässen bzw. einer Verlagerung des umwelttechnischen Angebotes von der Bundesrepublik nach Ostdeutschland kommt, hängt eng mit der Kapazitätsauslastung
der westdeutschen Umweltschutzindustrie zusammen. Die derzeitige allgemein gute konjunkturelle Lage läßt befürchten,

Abbildung: 5.19

Angebotsarten der Anbieter
auf dem Umweltschutzmarkt
Berichtskreisbetriebe NRW

Angebotsarten:

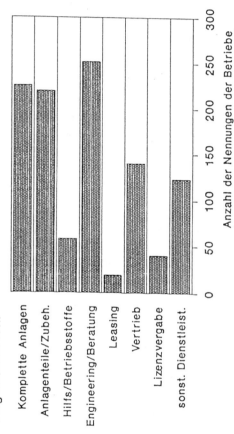

Quelle: Ifo-Institut (Umfrage 1988)

daß eine verstärkte Lieferung von Umweltschutzanlagen in
die neuen Bundesländer nicht mehr möglich ist oder sich zu
Lasten der Umweltschutzinvestitionen in den alten Bundesländern auswirken wird. Die Regionalstudien zeigten aber
übereinstimmend, daß die Kapazitätsauslastung im Umweltschutzbereich der Berichtskreisbetriebe niedriger ist als
im Gesamtbetrieb. Für Nordrhein-Westfalen ergab sich 1988
eine Kapazitätsauslastung im Gesamtbetrieb von 80 %, aber
nur 70 % im Umweltschutzbereich. Diese Relation kann sich
mittlerweile verändert haben, aber entsprechende Umfragen
in anderen Regionen in den Jahren 1989 und 1990 kamen zu
ähnlichen Ergebnissen, die fast auf eine Gesetzmäßigkeit
schließen lassen. Zum Beispiel war nur die Hälfte der nie-
dersächsischen Anbieter im Umweltschutzbereich zu mindestens 90 % ausgelastet, im Gesamtbetrieb waren dagegen über
70 % der Anbieter voll oder fast voll ausgelastet. Entsprechende Ergebnisse brachten die jüngsten Umfragen für den
Großraum Köln[1] in diesem Jahr. Weitere Anhaltspunkte
für freie Kapazitäten vor allem im Bereich der Luftreinhal-
tetechnologien liefert der Vollzug der Großfeuerungsanlagenverordnung und der TA Luft und die damit verbundenen
Überkapazitäten bei den westdeutschen Kessel- und Anlagen-
bauern.[2] Das läßt insgesamt mit Vorsicht darauf schließen, daß noch genügend Kapazitäten frei sind, damit zumindest im Umwelttechikbereich der zu erwartende Nachfrage-
Schub aus dem Osten Mengenwirkungen hat und nicht nur zu
Preissteigerungen führt.

Der innovative Gehalt umwelttechnischer Neuerungen beschränkt sich den Befragungsergebnissen zufolge im wesent-

1) Vgl. J. Wackerbauer u.a., a.a.O. sowie R. Kahnert/
   J. Wackerbauer a.a.O.
2) Vgl. o.V., Kesselbauer drehen Fusionskarussell, in:
   Frankfurter Rundschau vom 6.2.1991.

lichen auf die Verbesserung bekannter Verfahren und deren
Verwendung für Umweltschutzzwecke. Innovationsträchtige
Technologien wie die Biotechnologie oder die Mikroelektronik werden demgegenüber eher zurückhaltend eingesetzt (vgl.
Tab. 5.12). Für den Bereich der umweltschutzbezogenen Bio-
technologien bietet sich daher eine Arbeitsteilung mit den
ostdeutschen Ländern an, wo ein nicht unbeachtliches Forschungspotential auf diesem Gebiet besteht[1].

### 5.3.3.3 Betriebsgrößenstruktur der nordrhein-westfälischen Umweltschutzindustrie

In den Studien für die Bundesrepublik und einzelne alte
Bundesländer erwies sich der Umwelttechnikmarkt als Domäne
mittelständischer Unternehmen. In der DDR war dagegen der
Mittelstand kaum mehr vorhanden. Auch in der für die DDR
traditionsreichen Branche des Maschinenbaus fehlen in Folge
der Kombinatsbildung Betriebe in der Größenordnung von 50
bis 200 Beschäftigten[2].

Mittlerweile ist ein Gründungsboom mittelständischer Betriebe in der DDR zu verzeichnen[3]. Der Kooperation zwischen west- und ostdeutschen KMUs kommt beim umwelttechnologischen Know-how-Transfer eine zentrale Rolle zu. Daher
wird die Betriebsgrößenstruktur der nordrhein-westfälischen
Umweltschutzindustrie im Folgenden eingehend dargestellt.

---

1) Vgl. W. Kempkens, Biotechnik in der DDR: Weltweit in
   der Führungsgruppe,in: Wirtschaftswoche Nr. 1/2 vom
   5. Januar 1990.
2) Vgl. o.V., Wachstumsfelder in der DDR, in: Landesbank
   Rheinland-Pfalz, Wirschaftsberichte 2/1990.
3) Seit Jahresanfang 1990 wurden nahezu 200.000 neue Unternehmen registriert. Davon gehören allein zwei Drittel
   zum Handwerk oder zum Dienstleistungsbereich, vgl. o.V.,
   Mangelhafte Datenlage erschwert genaue Diagnose, in:
   Handelsblatt vom 19.11.1990.

Tabelle: 5.13

Anbieter mit technischen Neuerungen im Umweltschutz

| Technologie | Gegenwärtig im Programm | | | zukünftig | | | Anzahl der Firmen insgesamt |
|---|---|---|---|---|---|---|---|
| | Anzahl | in % aller Firmen im Berichtskreis | in % der Betriebe mit Neuerungen | Anzahl | in % aller Firmen im Berichtskreis | in % der Betriebe mit geplanten Neuerungen | |
| Biotechnologie | 73 | 15,4 | 23,9 | 77 | 16,2 | 28,6 | 103 |
| Mikroelektronik | 42 | 8,8 | 13,8 | 44 | 9,3 | 16,4 | 60 |
| Neue Werkstoffe | 59 | 12,4 | 19,3 | 69 | 14,5 | 25,7 | 81 |
| Neue Funktionslösungen mit bestehenden Produktionsverfahren/Produkten | 250 | 52,6 | 82,0 | 228 | 48,0 | 84,8 | 280 |
| Zahl der Firmen | 305 | 64,2 | 100 | 269 | 56,6 | 100 | |

Quelle: Erhebungen des Ifo-Instituts.

Insgesamt waren 1987 in Nordrhein-Westfalen mehr als 50.000
Personen im gewerblichen Umweltschutzsektor beschäftigt.
Nicht berücksichtigt wurden dabei u.a. Beschäftigte in der
Verwaltung, den Hochschulen oder öffentlichen Entsorgungs-
betrieben. Nach bisherigen Erfahrungen sind in diesen Be-
schäftigungsbereichen nochmals rund 50 % der Umweltschutzbeschäftigten insgesamt tätig.

Der Umweltschutzmarkt Nordrhein-Westfalens stellt sich nach
den Befragungsergebnissen als eine Domäne kleiner und mit-
telgroßer Betriebe dar. Von den insgesamt 397 Anbietern,
die Angaben zu der Beschäftigtenzahl im Gesamtbetrieb machten, arbeiten 43 % mit weniger als 20 Beschäftigten. Fast
2/3 der Betriebe beschäftigen weniger als 50 Mitarbeiter.
Lediglich 6 % der befragten Unternehmen wiesen eine Gesamt-
größe von mehr als 1.000 Beschäftigten auf.

Der eindeutigen numerischen Überlegenheit kleiner und mit-
telgroßer Anbieter auf dem Umweltschutzmarkt steht aber die
Tatsache gegenüber, daß der überwiegende Teil der Umweltschutzbeschäftigten auf Großbetriebe entfällt. Nur 20 % der
in Nordrhein-Westfalen erfaßten Umweltschutzbeschäfigten
sind in Betrieben mit weniger als 100 Beschäftigten tätig.

Die Breite der Produktpalette ist abhängig von der Unter-
nehmensgröße. Ein Großteil der nordrhein-westfälischen Umweltschutzbetriebe mit weniger als 20 Beschäftigten bietet
ausschließlich Güter und Dienstleistungen für den Umweltschutz an. Eine ähnliche Tendenz läßt sich in Betrieben mit
20-49 Beschäftigten beobachten. Jede zweite firmiert als
"reiner" Umweltschutzbetrieb (vgl. Abb. 5.20).

Abbildung: 5.20

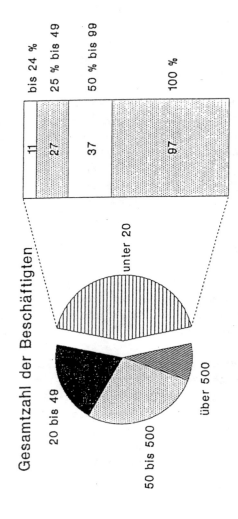

Betriebsgröße der Anbieter
auf dem Umweltschutzmarkt
Berichtskreisbetriebe NRW

Gesamtzahl der Beschäftigten

unter 20

20 bis 49

50 bis 500

über 500

Anteil der Beschäftigten im Umweltschutz
(innerhalb d. Fläche = Zahl d. Betriebe)

bis 24 %

25 % bis 49

50 % bis 99

100 %

11

27

37

97

Quelle: Ifo-Institut (Erhebung 1988)

Das Befragungsergebnis kann dahingehend interpretiert werden, daß der Umweltschutzmarkt spezialisierten Betrieben noch genügend Marktlücken und -nischen bietet; nach 1985 in den Umweltschutzmarkt eingetretene Anbieter zählen zu einem sehr hohen Prozentsatz zur Kategorie der "reinen" Umweltschutzbetriebe. Auch für etablierte Umweltschutzbetriebe erwies es sich bisher als nicht notwendig, eine Angebotsdiversifikation in andere Märkte vorzunehmen. Mit der steigenden Nachfrage nach Umwelttechnik in den neuen Bundesländern dürften die Möglichkeiten, Marktnischen zu besetzen weiter zunehmen.

Bei mehr als der Hälfte der Betriebe, die schon vor 1970 im Umweltbereich aktiv wurden, arbeiten über 75 % der Belegschaft im umweltschutzbezogenen Bereich. Dieser Anteil ist bei den nach 1970 in den Markt eingetretenen Betrieben wesentlich geringer, was auf einen Markteintritt durch Angebotsdiversifikation zurückgeführt werden kann. In jüngster Zeit wurden jedoch wieder zunehmend "reine" Umweltschutzbetriebe gegründet.

Der durchschnittliche umweltschutzbezogene Umsatz pro Betrieb lag bei Industriebetrieben mit 23,9 Mill.DM eindeutig am höchsten. Es folgen Dienstleistungsunternehmen mit 6,5 Mill.DM und Handwerksbetriebe mit 3,2 Mill.DM. Umsatzstärkstes Marktsegment war 1987 der Bereich Abfallwirtschaft/Recycling mit ca 40 % des erfaßten Umsatzes (vgl. Abb. 5.21). Der durchschnittliche Umsatz je Betrieb belief sich auf 14,5 Mill.DM. Mit Luftreinhaltetechnik wurde ein Umsatzanteil von rund 35 % erwirtschaftet, wobei pro Betrieb ein durchschnittlicher Umsatz von 13,7 Mill.DM erzielt wurde.

Abbildung: 5.21

Verteilung des Umsatzes auf
Umwelttechnikbereiche
Berichtskreisergebnisse NRW 1987

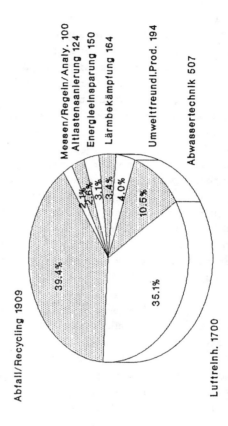

Messen/Regeln/Analy. 100
Altlastensanierung 124
Energieeinsparung 150
Lärmbekämpfung 164
Umweltfreundl.Prod. 194
Abwassertechnik 507

Abfall/Recycling 1909

39,4 %

2,1 %
2,6 %
3,1 %
3,4 %
4,0 %
10,5 %

35,1 %

Luftreinh. 1700

Umsatz in Mio DM

Quelle: Ifo-Institut

Ein vergleichsweise niedriger Betrag entfiel auf das Marktsegment Abwassertechnik. Der sehr niedrige Wert von durchschnittlich ca. 27 Mill.DM pro Betrieb erklärt sich aus der
spezifischen Nachfragestruktur. Bei den nachfragenden Unternehmen handelt es sich überwiegend um KMUs, die zum Teil
sehr spezielle Problemlösungen benötigen. Derartige Erzeugnisse werden hauptsächlich von kleinen und mittelgroßen
Herstellern angeboten.

Auf die anderen Marktsegmente entfallen jeweils 2 bis 4 %
des erfaßten Umsatzes. Damit sind diese Produktbereiche für
den Gesamtumsatz gegenwärtig relativ unbedeutend. Die NRW-
Unternehmen zeigen sich also in zwei der für Ostdeutschland
wichtigen Marktsegmente (Abfallwirtschaft und Luftreinhaltung) stark positioniert, bei Abwasserbeseitigung ist die
Wettbewerbsposition eher schwach.

Besonders auffällig ist jedoch der extrem niedrige Umsatz
der Sparte Altlastensanierung mit insgesamt 124 Mill.DM,
obwohl immerhin 82 Betriebe angaben, in diesem Bereich tätig zu sein. Diese Diskrepanz weist auf das unausgewogene
Verhältnis von Angebot und Nachfrage in diesem Sektor hin;
die Anbieter orientieren sich eher am künftigen Bedarf als
an der aktuellen Nachfrage.

Insgesamt liegt bei den Anbietern aus Nordrhein-Westfalen
noch ein beträchtliches umweltschutzrelevantes Diversifikationspotential brach. Rund 170 Betriebe des Berichtskreises
erwirtschaften ihren gesamten umweltschutzbezogenen Umsatz
ausschließlich in einem einzigen Marktsegment. Sowohl bei
einer Nachfrageausweitung, z.B. aufgrund des Bedarfs in der
ehemaligen DDR, als auch einer Strukturverschiebung ließe
sich eine Diversifikation in andere Segmente aktivieren.
Dies wird im übernächsten Abschnitt noch erörtert.

## 5.3.3.4 Fernabsatzorientierung

Bei der Frage, ob Ostdeutschland ein bevorzugter Markt für nordrhein-westfälische Anbieter von Umwelttechnik werden kann, sind deren regionale Absatzschwerpunkte aussagekräftig.

Mehr als 80 % des Umsatzes der Berichtskreisbetriebe wurden auf dem inländischen Umweltschutzmarkt erwirtschaftet, der Export nahm dagegen einen vergleichsweise niedrigen Stellenwert ein (vgl. Abb. 5.22). Zu den wichtigsten Exportkunden der nordrhein-westfälischen Umweltwirtschaft zählten in den letzten Jahren die benachbarten EG-Länder. Die Staatshandelsländer spielten dagegen eine nachrangige Rolle.

Beim Inlandsumsatz erweisen sich die im eigenen Bundesland getätigten Verkäufe als etwa gleich hoch wie die Verkäufe im sonstigen Bundesgebiet. Dies hängt mit dem relativ hohen umweltpolitischen Problemdruck in Nordrhein-Westfalen zusammen, der eine ausreichende Nachfrage innerhalb des Bundeslandes sicherstellt. Die Gewichtsverteilung zwischen Nordrhein-Westfalen und dem sonstigen Bundesgebiet läßt aber erwarten, daß sich die Geschäftstätigkeit auch in den neuen Bundesländern ähnlich gut entwickeln kann.

## 5.3.3.5 Das Diversifikationspotential der nordrhein-westfälischen Wirtchaft in bezug auf die Erfordernisse in den neuen Bundesländern

Das Angebot an Umwelttechnik muß nicht unbedingt aus dem bereits vorhandenen Anbieterbestand hervorgehen. Die Untersuchungsergebnisse zeigen, daß in beträchtlichem Umfang Unternehmen aus anderen Bereichen den Umwelttechnikmarkt für sich erschließen.

Abbildung: 5.22

Verteilung des Umsatzes im Umweltschutzbereich nach Absatzregionen
Berichtskreisergebnisse NRW 1987

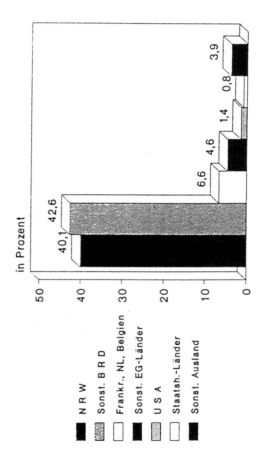

in Prozent

Gesamtumsatz  4 670 Millionen DM

N R W

Sonst. B R D

Frankr., NL, Belgien

Sonst. EG-Länder

U S A

Staatsh.-Länder

Sonst. Ausland

Quelle: Ifo-Institut

Gut die Hälfte der Berichtskreisbetriebe aus Nordrhein-
Westfalen ist durch die nachträgliche Erweiterung der Produktpalette in den Umweltschutzmarkt eingetreten. Maßgeb-
lich für die Frage, in welchem Umfang nordrhein-westfälische Unternehmen in Ostdeutschland tätig werden können, ist
daher u.a. die Abschätzung des latenten Potentials derjenigen Betriebe, die in den Umweltschutzbereich hineindiversifizieren könnten.

Zu den für die Angebotsseite des nordrhein-westfälischen
Umweltschutzmarktes besonders relevanten Wirtschaftsgruppen
aus dem Sektor Grundstoff- und Produktionsgütergewerbe zählen die chemische Industrie, die eisenschaffende Industrie
und die Gewinnung von Steinen und Erden. Ein hoher Anteil
der Umweltschutzbetriebe aus dem Bereich des Investitions-
gütergewerbes gehört dem Maschinenbau, dem Stahl- und
Leichtmetallbau und der Elektrotechnik an.

Bezogen auf das gesamte Bundesgebiet verfügt Nordrhein-
Westfalen über einen überdurchschnittlich hohen Anteil in
den Wirtschaftszweigen, die sich als besonders relevant für
die Umweltwirtschaft erwiesen haben. Dazu zählen der Bergbau und das verarbeitende Gewerbe. Insgesamt waren in den 5
Branchen, denen 68 % der industriellen Anbieter von Umwelttechnik angehörten, - die Branchen Steine und Erden, Stahl-
und Leichtmetallbau, Maschinenbau, Elektrotechnik und chemische Industrie - ca. 43 % aller Industriebeschäftigten
von NRW tätig.

Nordrhein-Westfalen verfügt hier also über ein beträchtliches Angebotspotential, das bei einem deutlichen Anstieg
der Nachfrage nach Umwelttechnik durch die ostdeutschen
Bundesländer aktiviert werden könnte, soweit nicht Verwendungskonkurrenz zu anderen Bereichen besteht. Bei einer

konjunkturell bedingten hohen Kapazitätsauslastung in den
entsprechenden Branchen wäre die Diversifikation in den
Umweltschutzmarkt eingeschränkt.

Daneben bestehen in einigen umweltrelevanten Branchen aber
auch Defizite. Unterdurchschnittlich hoch ist der nordrhein-westfälische Anteil an den für eine Diversifikation
in den Umweltschutzmarkt besonders geeigneten Branchen
"Herstellung von Betonerzeugnissen", "Feinmechanik" und den
Zweigen der Elektroindustrie.

### 5.3.3.6 Umwelttechnologische Schwerpunkte der Unternehmen im Ruhrgebiet

Ein regionaler Vergleich zwischen Nordrhein-Westfalen und
dem Ruhrgebiet zeigt, daß im Ruhrgebiet in den meisten der
umweltschutzrelevanten Wirtschaftszweigen der Anteil der
bereits für den Umweltschutzmarkt liefernden Betriebe höher
ist als in Nordrhein-Westfalen. Das bedeutet, daß im Ruhrgebiet die potentiellen Umweltschutzbetriebe bereits stärker aktiviert sind als im Landesdurchschnitt.

Das Ruhrgebiet nimmt hinsichtlich der regionalen Verteilung
der Umweltschutzbeschäftigten eine durchschnittliche Rang-
position ein. Mit 158 Betrieben sind insgesamt rund ein
Drittel der Berichtskreisbetriebe in Ruhrgebiet angesiedelt. Die Anbieter aus dem Ruhrgebiet haben technische Prä-
ferenzen in den Bereichen Lärmbekämpfung, Energieeinspa-
rung/Abwärmenutzung und umweltfreundliche Produkte; rund
40 % der Anbieter umweltfreundlicher Produkte haben dort
ihren Sitz (vgl. Tab. 5.13).

Die umwelttechnologischen Schwerpunkte der Anbieter aus dem
Ruhrgebiet entsprechen den spezifischen Erfordernissen in

Tabelle: 5.14

## Verteilung der Anbieter in den Umwelttechnikbereichen nach Regierungsbezirken

| Umwelttechnik-bereich | Regierungsbezirke | | | | | | | | | | | | | |
|---|---|---|---|---|---|---|---|---|---|---|---|---|---|---|
| | Düsseldorf | | Köln | | Münster | | Detmold | | Arnsberg | | Gesamt | | Ruhrgebiet | |
| | abs. | % | abs. | % | abs. | % | abs. | % | abs. | % | abs. | % | abs. | % |
| Abwassertechnik | 85 | 32,7 | 63 | 24,2 | 24 | 9,2 | 30 | 11,5 | 58 | 22,3 | 260 | 100 | 76 | 29,2 |
| Abfallwirtschaft/ Recycling | 73 | 34,9 | 48 | 23,0 | 22 | 10,5 | 15 | 7,2 | 51 | 24,4 | 209 | 100 | 76 | 36,4 |
| Luftreinhaltung | 59 | 32,4 | 48 | 26,4 | 11 | 6,0 | 15 | 8,2 | 49 | 26,9 | 182 | 100 | 64 | 35,2 |
| Lärmbekämpfung | 29 | 30,5 | 24 | 25,3 | 7 | 7,4 | 10 | 10,5 | 25 | 26,3 | 95 | 100 | 38 | 40,0 |
| Meß-, Analyse-, Regeltechnik | 44 | 36,7 | 28 | 23,3 | 9 | 7,5 | 11 | 9,2 | 28 | 23,3 | 120 | 100 | 43 | 35,8 |
| Abwärmenutzung/ Energieeinsparung | 26 | 28,0 | 23 | 24,7 | 7 | 7,5 | 13 | 14,0 | 24 | 25,8 | 93 | 100 | 35 | 37,6 |
| Altlasten-sanierung | 50 | 37,6 | 39 | 29,3 | 11 | 8,3 | 7 | 5,3 | 26 | 19,6 | 133 | 100 | 46 | 34,6 |
| Umweltfreundliche Produkte | 21 | 23,3 | 23 | 25,6 | 8 | 8,9 | 12 | 13,3 | 26 | 28,9 | 90 | 100 | 38 | 42,2 |
| Gesamt | 151 | 32,3 | 99 | 21,2 | 43 | 9,2 | 55 | 11,8 | 119 | 25,5 | 467 | 100 | 158 | 33,8 |

Quelle: Erhebungen des Ifo-Instituts.

den neuen Bundesländern. Der Anteil der Anbieter, die den
Akzent auf konventionelle nach- und vorgeschaltete Entsorgungstechnologien gelegt haben, ist geringer als im Durchschnitt Nordrhein-Westfalens. Der Anteil von Anbietern
emissionsarmer Produktionsverfahren liegt im Ruhrgebiet dagegen um einiges höher als im Landesdurchschnitt. Daher erscheinen gerade Ruhrgebiets-Unternehmen für Kooperation im
Bereich integrierter Technologien geeignet zu sein.

Ein besonders im Ruhrgebiet deutlich ausgeprägter, spezifischer Angebotsschwerpunkt ist die Erstellung von Bodenanalysen. Hier haben insbesondere die traditionell im Re-
vier ansässigen Bergbauunternehmen ihre Angebotspalette in
Richtung auf Umweltschutzleistungen erweitert.

Dieser Schwerpunkt kann sich angesichts des Altlastenproblems in den ostdeutschen Bundesländern zum Wettbewerbsvorteil entwickeln. Bei der Identifizierung und Bewertung von
Altlasten werden umfangreiche Bodenanalysen erforderlich
sein, für die vor Ort die geeigneten Verfahren kaum in aus-
reichendem Maß zur Verfügung stehen dürften.

## 5.3.3.7 Nordrhein-westfälische Anbieter des Bausektors

Bei den umweltschutzbezogenen Bauleistungen, die in den
neuen Bundeländern erforderlich werden, kommen nordrhein-
westfälische Firmen als Kooperationspartner oder als Generalunternehmer in Frage.

Generell entfällt auf die Bauwirtschaft ein sehr hoher Anteil der gesamten Umweltschutzausgaben. Bei einer Befragung
der Bauwirtschaft durch das Ifo-Institut gaben bundesweit
55 % der Unternehmen - in NRW 53 % - an, am Bau von Umweltschutzeinrichtungen beteiligt gewesen zu sein (vgl.

Tab. 5.14). Auffällig hoch ist die Ausführung umweltrelevanter Bauprojekte durch größere Unternehmen mit mehr als
1.000 Mitarbeitern. Dieses Resultat läßt den Schluß zu, daß
derartige Großunternehmen flexibler auf Schwerpunktverschiebungen in der umweltschutzbezogenen Nachfrage nach
Bauleistungen reagieren als kleine und mittlere Betriebe
des Bausektors. Etablierte Bauunternehmen, die bereits im
Umweltschutzbereich tätig sind, haben also Wettbewerbsvorteile gegenüber Marktneulingen.

Zahlreiche westdeutsche Baugesellschaften haben bereits
Niederlassungen, Tochtergesellschaften oder Gemeinschaftsunternehmen in Ostdeutschland gegründet, wie z.B. die Stra-
bag Bau AG mit zwölf Tochter- und Beteiligungsgesellschaf-
ten in den neuen Bundesländern, u.a. auch mit Aktivitäten
im Umweltschutzbereich[1]

### 5.3.3.8 Zusammenfassung

Nordrhein-westfälische Anbieter sind vorrangig am Absatz
von Produkten in Ostdeutschland interessiert; in der Zukunft dürften aber Niederlassungen, Kooperationen und Joint
Ventures in den neuen Bundesländern eine zunehmende Rolle
spielen. Eine frühere Befragung nordrhein-westfälischer Anbieter von Umweltschutzgütern und -dienstleistungen ergab,
daß die auf diesem Markt tätigen Firmen flexibel auf neue
Nachfrageimpulse reagieren. Von ihrer Angebotsstruktur her
können Anbieter aus NRW auf dem ostdeutschen Markt als Generalunternehmer auftreten, Gesamtkonzeptionen entwickeln
und Unteraufträge an ostdeutsche Betriebe erteilen. Für die
große Zahl kleiner und mittlerer Unternehmen dürften sich
auf dem ostdeutschen Markt weitere Marktnischen finden las-

---

1) Vgl. L. Julitz, Symbol für Aufbau und Sanierung, in:
   FAZ vom 8.11.1990.

Tabelle: 5.15

Bauunternehmen mit Aktivitäten im Umweltschutz
nach Beschäftigtengrößenklassen
- Berichtskreisunternehmen 1988 -

| | Bundesgebiet | | | davon:NRW | | |
|---|---|---|---|---|---|---|
| | Anzahl Unternehmen Berichtskreis | davon mit Umweltschutzakt. | in % | Anzahl Unternehmen Berichtskreis | davon mit Umweltschutzakt. | in % |
| Bauhandwerk | 362 | 171 | 47 | 56 | 21 | 38 |
| davon | | | | | | |
| 1- 49 Beschäftigte | 160 | 45 | 28 | 31 | 6 | 19 |
| 50- 99 " | 95 | 50 | 53 | 12 | 6 | 50 |
| 100-199 " | 62 | 41 | 66 | 9 | 5 | 56 |
| 200 und mehr " | 45 | 35 | 78 | 4 | 4 | 100 |
| Bauindustrie | 314 | 202 | 64 | 94 | 59 | 63 |
| davon | | | | | | |
| 1- 99 Beschäftigte | 139 | 71 | 51 | 48 | 26 | 54 |
| 100-199 " | 72 | 47 | 65 | 19 | 11 | 58 |
| 200-499 " | 63 | 47 | 75 | 14 | 9 | 64 |
| 500-999 " | 17 | 16 | 94 | 4 | 4 | 100 |
| 1000 und mehr " | 23 | 21 | 91 | 9 | 9 | 100 |
| Bauhauptgewerbe insgesamt | 676 | 373 | 55 | 150 | 80 | 53 |

Quelle: Erhebung des Ifo-Instituts: Konjunkturtest für das Bauhauptgewerbe 1988

sen. Hierbei bieten sich Kooperationen mit neugegründeten mittelständischen Unternehmen in den neuen Bundesländern an.

Eine starke Marktposition zeigte sich bei den nordrhein-westfälischen Anbietern von Umwelttechnik in den Bereichen Abfallwirtschaft und Luftreinhaltung, Abwasserbeseitigung war eher schwach vertreten. In der Altlastensanierung war eine große Zahl von Betrieben tätig, die allerdings nur geringe Umsätze erzielten. Die regionale Absatzorientierung konzentrierte sich auf das Land Nordrhein-Westfalen selbst und auf das sonstige Bundesgebiet. Daher dürften auch die neuen Bundesländer in die Geschäftstätigkeit einbezogen werden. Neben den im Umweltschutzmarkt tätigen Anbietern besteht noch ein beträchtliches Diversifikationspotential bei bisher marktfernen Unternehmen, das sich bei zusätzlicher Nachfrage aus den neuen Bundesländern aktivieren läßt.

Die umwelttechnologischen Schwerpunkte der Anbieter aus dem Ruhrgebiet entsprechen den spezifischen Erfordernissen in Ostdeutschland. Integrierte Technologien sind im Ruhrgebiet relativ stärker vertreten als landesweit. Ein weiterer spezifischer Angebotsschwerpunkt liegt im Bereich Bodenanalysen, der angesichts der Altlastenproblematik zunehmende Bedeutung erhalten wird.

Für den Bausektor erwies sich, daß Großunternehmen flexibler auf Schwerpunktverschiebungen der umweltschutzbezogenen Nachfrage reagieren können als KMUs. Nordrhein-westfälische Baufirmen haben damit einen Wettbewerbsvorteil auf dem ostdeutschen Markt.

## 5.4 Analyse bestehender bzw. möglicher Kooperationen

### 5.4.1 Ansatzpunkt zur Kooperation ost- und westdeutscher Unternehmen auf dem Umweltschutzmarkt

Marktnähe, Verfügbarkeit von freien Kapazitäten und Fachkräften auf Seiten der ostdeutschen Unternehmen, technisches Know-how und Finanzkraft bei westdeutschen Unternehmen sind Argumente für Kooperationen zwischen beiden Seiten. Nach den bisherigen Erkenntnissen besteht bei westdeutschen Firmen eine hohe Bereitschaft und bei ostdeutschen Betrieben hohes Interesse an Kooperationen.

Die in Markkleeberg befragten ostdeutschen Austeller gaben überwiegend an (mit Ausnahme von zwei Antworten) Kooperationen eingegangen zu sein (21 Nennungen) oder vorbereitet zu haben (16 Nennungen) bzw. zumindest Interesse zu haben (7 Nennungen, vgl. Tab. 5.15 sowie Abb. 5.23).

Am häufigsten war dabei von Kooperationen allgemein die Rede, welche in zwölf Fällen erfolgt und in weiteren sieben Fällen in Vorbereitung war. Gleich an zweiter Stelle stand der Bezug von Gütern oder Vorleistungen (bei neun Ost-Betrieben erfolgt, bei vier in Vorbereitung). Die hohe Bedeutung von Zulieferungen aus dem Westen erklärt sich durch die Dominanz kleiner Dienstleistungsbetriebe, denen es noch an Produktionsmitteln fehlt. Eine Kapitalbeteiligung eines westdeutschen Unternehmens war bei vier ostdeutschen Anbietern erfolgt, gleichfalls vier bereiten eine solche vor. Ähnliches gilt für Joint Ventures: vier Berichtskreisunternehmen waren sie bereits eingegangen, drei weitere bereiten solche vor. Die Unternehmen liefern bereits an westdeutsche Auftraggeber, jeweils zwei werden dies zukünftig tun oder

Tabelle: 5.16

**Kooperationen ostdeutscher Umwelttechnikanbieter mit westdeutschen Unternehmen[a]**

| Konkretisierungsgrad / Form der Kooperation | Interesse | | in Vorbereitung | | erfolgt | | Anzahl der Unternehmen | |
|---|---|---|---|---|---|---|---|---|
| | abs. | % | abs. | % | abs. | % | abs. | % |
| Bezug von Umweltschutzgütern oder Vorleistungen | 2 | 6,5 | 4 | 12,9 | 9 | 29,0 | 15 | 48,4 |
| Zulieferungen | 2 | 6,5 | 2 | 6,5 | 3 | 9,7 | 7 | 22,6 |
| Kapitalbeteiligung eines westdt. Unternehmens | 3 | 9,7 | 4 | 12,9 | 4 | 12,9 | 11 | 35,5 |
| Gemeinschaftsunternehmen bzw. Joint Venture | 0 | – | 3 | 9,7 | 4 | 12,9 | 7 | 22,6 |
| Lizenznahme | 2 | 6,5 | 1 | 3,2 | 3 | 9,7 | 6 | 19,4 |
| Kooperation, nicht spezifiz. | 2 | 6,5 | 7 | 22,6 | 12 | 38,7 | 21 | 67,7 |
| Gesamt Zeilenprozente | 7 | 22,6 | 16 | 51,6 | 21 | 67,7 | 31[b] | 100 |
| | | | | | | | | 100 |

a) Mehrfachnennungen möglich.
b) 2 Unternehmen ohne Angaben.

**Quelle:** Erhebung des Ifo-Instituts 1990.

Abbildung: 5.23

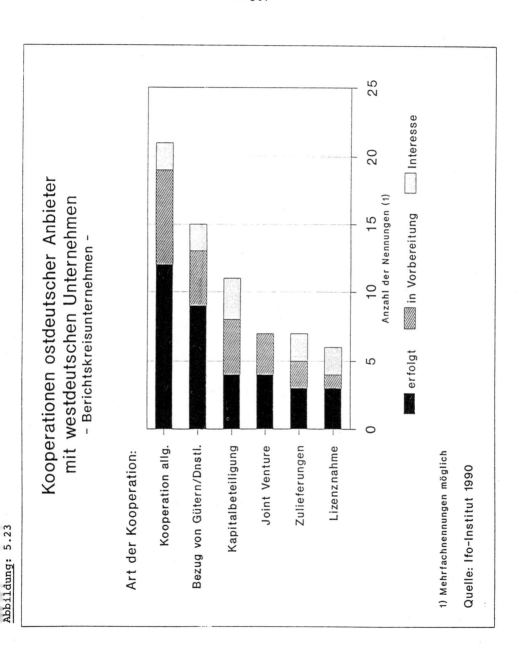

Kooperationen ostdeutscher Anbieter
mit westdeutschen Unternehmen
- Berichtskreisunternehmen -

Art der Kooperation:

Kooperation allg.

Bezug von Gütern/Dnstl.

Kapitalbeteiligung

Joint Venture

Zulieferungen

Lizenznahme

Anzahl der Nennungen (1)

■ erfolgt  ▨ in Vorbereitung  ☐ Interesse

1) Mehrfachnennungen möglich

Quelle: Ifo-Institut 1990

sind daran interessiert. Ähnliche Bedeutung hat die Lizenznahme von westdeutschen Unternehmen.

Differenziert man die Angaben zu den Kooperationen nach den
Umweltschutzbereichen, in denen die ostdeutschen Unternehmen anbieten, so zeigt sich, daß im Bereich der Luftreinhaltung der Bezug von Umweltschutzgütern oder -vorleistun-
gen von westdeutschen Unternehmen mit 41,1 % der Nennungen
eine relativ große Bedeutung hat. Dies bestätigt nochmals
die im Abschnitt 5.2 geäußerte Vermutung, daß gerade im Bereich Luftreinhaltung westdeutsche Firmen einen großen Teil
des Bedarfs decken werden (vgl. Tab. 5.16).

Die Kapitalbeteiligung eines westdeutschen Unternehmens ist
besonders in der Abfallwirtschaft (37,5 %) der Altlastensanierung (38,4 %) und Energieeinsparung (36,4 %) von relativ großer Bedeutung. Westdeutsche Unternehmen gehen hier
offensiv mit ihren Verfahren und Technologien in den ostdeutschen Markt hinein. In der Abwassertechnik sind die
verschiedenen Kooperationsformen eher ausgewogen vertreten.
Joint Ventures sind relativ häufig in der Abwassertechnik
(35,7 %) und in der Meß- und Regeltechnik (30,8 %) vorzufinden.

Zulieferungen an westdeutsche Betriebe spielen nur in der
Abwassertechnik (28,5 %) und der Meß- und Regeltechnik
(23,1 % der Kooperationen) eine nennenswerte Rolle. Der Anteil der Lizenznahme von westdeutschen Unternehmen sticht
nur im Bereich Meßtechnik hervor (23,1 %).

Die Markkleeberg-Umfrage deutet somit auf ein breites Spektrum von Kooperationsmöglichkeiten hin. Die häufige Nennung
von Kooperationen im allgemeinen läßt aber noch eine gewisse Unsicherheit über die konkrete Ausgestaltung erkennen.

Tabelle: 5.17

**Kooperationen ostdeutscher Anbieter mit westdeutschen Unternehmen nach Umwelttechnikbereichen[a]**

| Umwelttechnik-bereich / Form der Kooperation | Luftrein-haltung abs. | % | Abwasser-technik abs. | % | Abfall-wirtsch. abs. | % | Altlasten sanierung abs. | % | Lärmbe-kämpfung abs. | % | Energie-einspar. abs. | % | Meß- und Reg.tech. abs. | % | Zahl der Firmen abs. | % |
|---|---|---|---|---|---|---|---|---|---|---|---|---|---|---|---|---|
| Bezug von Umweltschutzgüt. oder Vorleist. | 7 | 41,1 | 5 | 35,7 | 3 | 18,7 | 2 | 15,3 | 2 | 33,3 | 1 | 9,1 | 1 | 7,7 | 13 | 41,9 |
| Zulieferungen | 2 | 11,7 | 4 | 28,5 | 2 | 12,5 | 1 | 7,69 | 0 | - | 1 | 9,1 | 3 | 23,1 | 5 | 16,1 |
| Kapitalbeteiligung e. westdt. Unternehmens | 5 | 29,4 | 4 | 28,5 | 6 | 37,5 | 5 | 38,4 | 3 | 50,0 | 4 | 36,4 | 0 | - | 8 | 25,8 |
| Gemeinschaftsunternehmen, Joint Venture | 4 | 23,5 | 5 | 35,7 | 3 | 18,7 | 3 | 23,0 | 0 | - | 3 | 27,3 | 4 | 30,8 | 7 | 22,6 |
| Lizenznahme | 2 | 11,7 | 2 | 14,2 | 1 | 6,3 | 0 | - | 1 | 16,6 | 1 | 9,1 | 3 | 23,1 | 4 | 12,9 |
| Kooperation, nicht spezifiz. | 8 | 47,0 | 8 | 57,1 | 10 | 62,5 | 7 | 53,8 | 3 | 50,0 | 7 | 63,6 | 6 | 46,2 | 19 | 61,3 |
| Zahl der Firmen | 17 | 100 | 14 | 100 | 16 | 100 | 13 | 100 | 6 | 100 | 11 | 100 | 13 | 100 | 31 | 100 |
| Zeilenprozente | 54,8 | | 45,1 | | 51,6 | | 41,9 | | 19,3 | | 35,4 | | 41,9 | | 100 | |

a) Kooperation in Vorbereitung oder erfolgt, Mehrfachnennungen möglich.

Quelle: Erhebung des Ifo-Instituts 1990.

In den folgenden Abschnitten sollen daher einige bereits
praktizierte Kooperationen dargestellt und weitere Möglichkeiten diskutiert werden.

## 5.4.2 Kooperation zwischen nordrhein-westfälischen Unter- nehmen und ostdeutschen Kommunen im Bereich Abfall- wirtschaft und Recycling

Mit dem Abfallverwertungssystem Sero verfügte die DDR über
ein einmaliges Erfassungssystem für Sekundärrohstoffe, das
es ermöglichte, rund 40 % der Abfallmenge zu rezyklieren.
Die Recyclingquote lag damit weit über dem der Bundesrepublik. Die konventionelle Abfallbeseitigung in der ehemaligen
DDR befindet sich dagegen auf dem Stand der Bundesrepublik
in den 60er Jahren. Auf den rund 16.000 Deponien landeten
nicht nur Hausabfälle, sondern auch Sonderabfälle aus der
Industrie. 200 Deponien sind nach den Angaben des früheren
DDR-Umweltministeriums nicht zum Weiterbetrieb geeignet[1].

Das Sero-System funktionierte in jüngster Zeit nur noch mit
Hilfe massiver Subventionen, z.B. im Juli und August 1990
in Höhe von zwanzig Millionen Mark[2]. Inzwischen sind
die 15 VEB Sekundärrohstofferfassung in Sero-GmbHs umgewandelt worden, die privatisiert werden sollen (die GmbH-An-
teile gehören noch der Sero-Holding). Gleichzeitig wurden
mit dem Bundesverband der deutschen Entsorgungswirtschaft
Kooperationsmodelle entwickelt. Die für die Müllabfuhr zuständigen ehemaligen Reinigungsbetriebe stehen seit dem
Inkrafttreten des Kommunalvermögensgesetzes unter kommuna-

---

1) Vgl. P.W. Ansorge, Die Müll-Lawine aus Einwegdosen
   und Getränkeflaschen überrollt die DDR, in: Handelsblatt
   vom 17./18.8.1990.
2) Vgl. J. Ahrens, Abfallwirtschaft: System am Ende, in:
   Die Zeit Nr. 45 vom 2.11.1990

ler Verwaltung. Die Kommunen gehen bei der Müllabfuhr zunehmend Kooperationen mit privaten Entsorgungsunternehmen
aus Westdeutschland ein[1].

Beispiele für derartige Kooperationen zwischen NRW-Firmen
und ostdeutschen Kommunen sind die Entsorgung von Hausmüll
in Prittwitz, Brandenburg, durch die R+T Entsorgung GmbH,
die zu 51 % der RWE Entsorgung GmbH und zu 49 % Trienekens
gehört, oder die Aktivitäten der Edelhoff Entsorgung und
Gewässerschutz GmbH an den drei ostdeutschen Standorten
Klein-Manchow bei Berlin, Greifswald bei Pommern und Sten-
dal in Sachsen-Anhalt[2]. Auch die Anlegung neuer Mülldeponien und Abdichtung der rund 15.000 wilden Deponien zu
Kosten von schätzungsweise 100 Mill.DM verspricht ein Geschäftsfeld für westdeutsche Unternehmen zu werden[3].
Dieses Geschäftsfeld wird bereits durch das Joint Venture
zwischen Thyssen Engineering und Takraf Anlagenbau Leipzig[4] zum Bau von Müllaufbereitungs- und Entsorgungsan-
lagen sowie Reinigung verseuchter Böden erschlossen (insgesamt führt die Thyssen-Gruppe weitere 35 Gemeinschaftsunternehmen mit Schwerpunkten u.a. im Umweltschutz und bereitet fast 40 zusätzliche Kooperationen vor)[5]. Takraf
wird in der Ifo-Patentstatistik mit 12 Patentanmeldungen
außerhalb der DDR im Zeitraum 1987 bis Mitte 1988 erfaßt.[6] Dieser Wert ist im Vergleich zu den großen DDR-
Patentanmeldern zwar relativ niedrig, er läßt trotzdem da-

1) Vgl. o.V., Das DDR-Müllsystem Sero wird nicht wiederbelebt, in: FAZ Nr. 267 vom 15.11.1990
2) Vgl. G. Lipinski, Lukrative Geschäfte mit dem Hausmüll der DDR, in: Handelsblatt vom 14./15.9.1990
3) ebenda
4) Vormals Kombinat Tagebauausrüstungen, Krane und För-
   deranlagen (Takraf).
5) Vgl. o.V., Thyssen: Joint Ventures zur Entsorgung,
   in: Handelsblatt vom 6.9.1990.
6) Vgl. K. Faust, a.a.O.

rauf schließen, daß Takraf schon in früheren Jahren international wettbewerbsfähig war.

Mit diesen Aktivitäten westdeutscher Entsorgungsfirmen ist zwar ein erster Schritt zur Bewältigung der wachsenden Müllflut in den ostdeutschen Bundesländern getan (1990: 570 kg pro Kopf gegenüber 380 kg im Jahr 1989), wie schnell das Sondermüll-Problem gelöst werden kann, ist aber noch offen. Darüber hinaus gilt für die neuen Bundesländer ebenso wie für die alten, der Müllvermeidung und -verwertung Vorrang vor der Deponierung zu schaffen.

Zu diesem Zweck soll noch in diesem Jahr ein Modell für ein duales Entsorgungssystem die Arbeit aufnehmen, das weitgehend dem Konzept der westdeutschen Wirtschaft entspricht.

Dabei soll das Recycling von Verpackungsmaterialien durch eine haushaltsnahe Erfassung mit Abnahme- und Verwertungsgarantie der Verpackungshersteller forciert werden. Aus dem ehemaligen Bringsystem der Sero würde damit ein Holsystem. Sero wäre damit - zumindest in neuer Form - gerettet. Die von Handelsfirmen, Markenartikel- und Verpackungsindustrie gegründete "Duales System Deutschland - Gesellschaft für Abfallvermeidung und Sekundärrohstofferfassung" beginnt mit dem Verpackungsrecycling auf dem Gebiet der ehemaligen DDR, weil dort bereits die entsprechende Infrastruktur besteht[1].

---

1) Vgl. o.V., Verpackungsmittel-Recycling soll in Kürze beginnen, in: VWD-Spezial vom 9.10.1990, sowie J. Ahrens, a.a.O.

### 5.4.3 Kooperationen in den Bereichen Luftreinhaltung und umweltfreundliche Energieversorgung

Für den Bereich Luftreinhaltung zeigt sich, daß die hier gut positionierten nordrhein-westfälischen Firmen den ostdeutschen Markt nicht nur durch Exporte erschließen. Ein Beispiel hierfür ist die Beteiligung der GEA AG, Herne, an der Luftfiltertechnik Wurzen GmbH bei Leipzig. Das Unternehmen stellt seit 1959 Luftfiltergeräte und -einsätze her und erfüllt vom technischen Niveau her nach Aussage des Vorstands der GEA westliche Standards[1].

Neben derartigen Aktivitäten im Bereich des nachsorgenden Umweltschutzes gibt es auch Beispiele von Kooperationen im Bereich integrierter Technologien, wie die Gründung der BET Brennstoff und Energietechnik GmbH, Oberhausen, an der die deutsche Babcock Werke AG und das deutsche Brennstoffinstitut, Freiberg/DDR als Partner je zur Hälfte beteiligt sind. Nach Angaben von Babcock soll BET hautptsächlich die weltweite Vermarktung von Kombi-Kraftwerken mit integrierter Kohlevergasung nach dem im Gaskombinat "Schwarze Pumpe" angewendeten GSP-Verfahren wahrnehmen, das gegenüber konventionellen Kohlekraftwerken mit höherem Wirkungsgrad und niedrigerem Schadstoffausstoß arbeitet. Eines der ersten Kombi-Kraftwerke auf Kohlebasis soll nach den Plänen der Deutschen Babcock in das Energiekombinat von Frankfurt an der Oder integriert werden.[2]

Das es sich hier um die Anwendung eines in der DDR entwickelten Verfahrens handelt, zeigt sich daran, daß Babcock bereits 1987 eine GSP-Lizenz erworben hatte. Die technolo-

---

1) Vgl. o.V., GEA-Übernahme in der DDR, in: FAZ vom 31.8.1990.
2) Vgl. G. v. Randow, Das Öko-Kraftwerk, in: Bild der Wissenschaft 12/1990, S. 31.

gische Wettbewerbsfähigkeit des Brennstoffinstituts Freiberg dokumentieren auch 10 Auslandspatentanmeldungen im
Zeitraum 1987 bis Mitte 1988 nach der Ifo-Patentstatistik.[1] Hieran ist zu erkennen, daß es in den Beitritts-
gebieten auch ein Potential für integrierte Technologien
gibt, das durch Kooperationen mit West-Unternehmen ausge-
baut und weiterentwickelt werden kann.

### 5.4.4 Kooperationen in den Bereichen Wasserversorgung, Gewässerschutz und Abwasserbeseitigung

Die Kooperationen im Bereich Wasser reichen von der Analyse
der Wasserqualität bis zum Aufbau von Wasserversorgungsun-
ternehmen. Daten über die Wasserqualität in der DDR fehlten
zum einen Teil wegen unzureichender Ausstattung mit Meßge-
räten, zum anderen Teil aufgrund von Geheimhaltungsvor-
schriften. Ein Anfang zur Ermittlung der entsprechenden
Werte wurde durch Messungen des nordrhein-westfälischen
Laborschiffs Max Prüss auf der Havel und durch Analyse ostdeutscher Wasserproben in den Wasserwerken in Düsseldorf
und anderen westdeutschen Großstädten[2] gemacht.

Im Bereich der Wasserversorgung und Abwasserbeseitigung en-
gagieren sich die Ruhrgebietsunternehmen RWW Mülheim und
Gelsenwasser GmbH Gelsenkirchen gemeinsam mit dem Ruhrver-
band und der Landesbank. Sie gründeten eine gemeinsame
Tochtergesellschaft Vereinigte Wasser GmbH, die in der Beratung von neu aufzubauenden Wasserversorgungs- und Abwas-
serbeseitigungsunternehmen in den neuen Bundesländern aktiv
werden und auch Beteiligungen eingehen soll. Das "Mühlhei-
mer Verfahren" der Gewässerreinigung mit Ozon, Kohlefilter
und Mikroorganismen, soll dabei zur Anwendung kommen. Von

---

1) Vgl. K. Faust, a.a.O.
2) Vgl. o.V., Ein Sofortprogramm gegen den Trinkwassernotstand, in: Handelsblatt vom 20.11.1990.

der Konkurrenz aus dem Ausland, welche an der Wasserversorgung in der ehemaligen DDR interessiert ist, hebt sich das Konzept der Vereinigte Wasser GmbH dadurch ab, daß bei den Kommunen die Entscheidungsbefugnisse beibehalten bleiben[1].

Konkurrierende Konzepte propagieren dagegen die Beibehaltung der derzeitigen Versorgungsstruktur mit 16 Unternehmen und der Verknüpfung zwischen Wasserversorgung und Abwasserentsorgung. Die Düsseldorfer EC Consulting Group AG bescheinigt den ostdeutschen wasserwirtschaftlichen Betrieben, daß sie damit bei der stukturellen Entwicklung zur Kombination Wasser und Abwasser den westdeutschen Wasserwerken voraus sind und nebenbei ebenso effizient arbeiten wie die bundesdeutschen Konkurrenten[2]. Die Aussage über die Effizienz ostdeutscher Wasserwerke ist allerdings zu relativieren an Hand der Tatsache, daß nur 2 % des Wasserangebotes in den neuen Bundesländern Trinkwasserqualität hat. Der wasserwirtschaftliche Zustand der früheren DDR ist in dieser Hinsicht als wesentlich schlechter zu beurteilen als in der bisherigen Bundesrepublik[3].

Ein weiteres Beispiel ist die Zusammenarbeit der Mitteldeutschen Wasser- und Umwelttechnik AG Halle (UTAG) mit der Noell GmbH, der Firma Lahmeyer International, der TH Karlsruhe, der Martin-Luther-Universität Halle-Wittenberg, der RWE Entsorgungs AG sowie der Richard-Buchen-GmbH.

---

1) Vgl. o.V., Erfahrung der Ruhr soll "drüben" Helfen, in: Westdeutsche Allgemeine Zeitung vom 23.10.1990.
2) Vgl. S. Bergius, Die Wasserwirtschaft schreibt schwarze Zahlen, in: Handelsblatt vom 21./22.9.1990.
3) Vgl. P. Ramner, Investitionen der öffentlichen Wasserwirtschaft kräftig gestiegen, in: Ifo-Schnelldienst 32 vom 15. November 1990.

Das Unternehmen bietet Leistungen in Planung, Bau bis zur
Inbetriebnahme von Wasserversorgungsanlagen, der Abwasserbehandlung sowie entsprechende Umwelttechnik an. Die UTAG
hat der Stadt Halle ein umfassendes Konzept zur Erneuerung
der wasserwirtschaftlichen Anlagen Halles vorgelegt. Es umfaßt nicht nur die technische Rekonstruktion des Wasser-
werks Halle-Beesen und den Neubau von Kläranlagen, sondern
beeinhaltet auch ein Finanzierungsmodell für Trinkwasser
und Abwasser.[1] Dies ist ein weiterer Beleg dafür, daß
Ost-Firmen in Kooperation mit westdeutschen Anbietern auch
komplexe umweltschutzbezogene Gesamtlösungen anbieten können.

### 5.4.5 Kooperations-Defizite und weitere Kooperationsmög-
lichkeiten

Die angeführten Beispiele veranschaulichen schwerpunktmäßig, auf welche Bereiche sich die Kooperationen bislang
konzentrieren: Auf die Ver- und Entsorgungsbereiche sowie
die industrielle Luftreinhaltung, also auf Gebiete, in denen mit nachsorgendem Umweltschutz kurzfristige Erfolge
möglich sind. Bereiche, in denen noch verstärkt Kooperationen zwischen west- und ostdeutschen Anbietern von Umwelttechnik begonnen werden müssen, sind
- die Altlastensanierung
- die integrierten Umwelttechnologien und
- die Anwendung technischer Neuerungen.

Auf dem Gebiet der Altlasten-Sanierung tut sich aufgrund
der ungeklärten Haftungs- und Finanzierungsfragen bislang
noch nicht viel. Umso mehr wird es angesichts der Dring-
lichkeit des Altlastenproblems Zeit, die Sanierung in An-

---

1) Vgl. o.V., Halle: 1 Mrd.DM-Projekt für Wasserwirtschaft, in: VWD-Spezial vom 21.11.1990.

griff zu nehmen. Hierbei können nordrhein-westfälische Firmen ihr hohes, teilweise noch ungenutztes Angebotspotential
einbringen. Die Kooperation mit ansässigen Unternehmen bietet sich wegen der besseren Kenntnis der Situation vor Ort
sowie der Verfügbarkeit von Arbeitskräften an.

Die Einsatzmöglichkeiten integrierter Technologien müssen
potentiellen Anwendern und Anbietern deutlich aufgezeigt
werden. Hier sind v.a. die auf diesem Gebiet relativ star-
ken Ruhrgebiets-Unternehmen aufgerufen, mit ostdeutschen
Betrieben zusammenzuarbeiten. Die Ernennung des Koordina-
tors des Initiativkreises Ruhrgebiet, Prof. Jürgen Garnke,
zum Bevollmächtigten für das Wirtschaftsförderpogramm "pro
Brandenburg"[1] ist ein deutliches Signal für die Intensivierung der Zusammenarbeit beider Regionen.

Die neuen Bundesländer können ihre Forschungskapazitäten in
die Entwicklung und Anwendung integrierter Technologien
einbringen. Durch gemeinsame Pilotprojekte in Gründer- oder
Innovationszentren können sich ostdeutsche Betriebe die
notwendigen Referenzen für ihre weitere Geschäftstätigkeit
erarbeiten.

Bei der Anwendung technischer Neuerungen für Umweltschutzzwecke erwiesen sich die nordrhein-westfälischen Unternehmen als weniger innovationsfreudig. Die DDR hatte andererseits ein nicht unbedeutendes Forschungspotential auf dem
Gebiet der Biotechnologie. Woran es den ostdeutschen For-
schern (wie in allen Bereichen der Forschung) fehlte, war
die Umsetzung der wissenschaftlichen Ergebnisse in markt-
fähige Produkte. Hier könnte eine Zusammenarbeit so aus-
sehen, daß westdeutsche Firmen das wissenschaftliche Know-

---

1) Vgl. o.V., Wirtschaftsförderung mit "pro Brandenburg", in: VWD-Spezial vom 8.11.1990.

how ostdeutscher Forschungseinrichtungen nutzen und mit ihren Vertriebskenntnissen umweltschutzbezogene Lösungen aus dem Bereich der Biotechnologie auf den Markt bringen.

### 5.4.6 Ansatzpunkte für die Förderung von Kooperationen und zur Herausbildung des umwelttechnischen Angebots (Zusammenfassende Bewertung)

Bei Umfragen unter west- und ostdeutschen Firmen wird allgemein eine hohe Bereitschaft zur Kooperation signalisiert. Obwohl sich die Kooperationen derzeit noch auf gegenseitige Zulieferungen konzentrieren, ist doch eine Tendenz zur stärkeren Zusammenarbeit im Produktionsbereich festzustellen.

Beispiele für laufende Kooperationen lassen sich im Bereich der Abfall- und Abwasserentsorgung, in der industriellen Luftreinhaltung sowie in der Energieversorgung finden. Zu wenig Beachtung finden derzeit noch die Altlastensanierung, die Entwicklung und Anwendung integrierter Technologien sowie die Anwendung technischer Neuerungen, z.B. aus dem Bereich der Biotechnologie für Umweltschutzzwecke.

Zur Förderung von Kooperationen und zur Herausbildung des umwelttechnologischen Angebotes bieten sich mehrere Ansatzpunkte.

Die Betriebsgrößenstruktur: Der westdeutsche Umweltschutzmarkt ist überwiegend durch KMUs geprägt. In Ostdeutschland fehlte dagegen der Mittelstand völlig. Der Gründungsboom, welcher derzeit zu beobachten ist, spielt sich überwiegend im tertiären Sektor ab. Daher wäre es notwendig, im Rahmen der Privatisierung die früheren Industrie-Kombinate in kleine, kooperationsfähige Einheiten zu zerlegen.

Die Forschung in der ehemaligen DDR steht unter Finanzie-
rungsproblemen. Hier sind gezielte Unterstützungsmaßnahmen
ratsam, wie die Bereitstellung von wissenschaftlichen Apparaten, von Experimentiermaterialien, Patentschafts-Abonne-
ments für Fachzeitschriften wie auch Gastaufenthalte ostdeutscher Wissenschaftler an westdeutschen Instituten.

Eine Qualifizierungsoffensive für die Umschulung und Wei-
terbildung der ostdeutschen Facharbeiter ist erforderlich.
Im Oktober gab es nach Angaben der Ministerien für Arbeit,
Soziales und Gesundheit des Landes Brandenburg, Regine
Hildebrandt, in allen neuen Bundesländern gerade 23.200
Teilnehmer an Maßnahmen der beruflichen Fortbildung und Umschulung.[1] Es gilt hier materielle Anreize für die
Teilnahme an Weiterbildungskursen zu entwickeln. Daneben
müssen Überlegungen angestellt werden, wie eine Rückwande-
rung von in den Westen gezogenen Fachkräften erreicht wer-
den kann.

Angesichts der immensen Finanzierungs-Engpässe ist die Anwendung von Betreibermodellen z.B. für Kläranlagen oder
Müllverbrennungsanlagen in Betracht zu ziehen.

Da die Entwicklung von Umwelttechnologien in hohem Ausmaß
interdisziplinäre Zusammenarbeit und Kooperationen der Beteiligten erfordert, sind Technologie- und Innovationszentren zur Initiierung eines entsprechenden Angebotes notwendig. Dabei kommt es darauf an, die Zusammenarbeit zwischen
den Trägern westdeutscher Technologiezentren und den Trägern der entsprechenden ostdeutschen Einrichtung zu fördern
und Anbieter komplementärer Umweltschutzkomponenten aus
Ost- und Westdeutschland in diesen Zentren zusammenzufüh-
ren.

---

1) Vgl. A. Oldag, "Schönfärberei", in: Süddeutsche Zeitung vom 28.11.90.

6. Ansatzpunkte staatlicher Förderungsmaßnahmen zur Stärkung des Umweltschutzsektors in den neuen Bundesländern

Ausgehend von den Äußerungen west- und ostdeutscher Unternehmen über die Entwicklungshemmnisse auf dem ostdeutschen Umweltschutzmarkt, wird in diesem abschließenden Kapitel dargestellt, in welchen Bereichen Handlungsbedarf zur Förderung des endogenen Potentials in den neuen Bundesländern besteht und welche Ansatzpunkte sich staatlicherseits für eine Stärkung der Wettbewerbschancen der nordrhein-westfälischen Umwelttechnikwirtschaft in den neuen Bundesländern ergeben. Dabei werden die wesentlichen nachfrage- und angebotsseitig relevanten staatlichen Aktivitäten auf ihre Auswirkung auf den Umweltschutzsektor hin untersucht und weitere notwendige und erfolgversprechende Maßnahmen zur Verbesserung der Marktchancen von Umwelttechnik-Anbietern vorgeschlagen.

6.1 Betriebsspezifische Entwicklungshemmnisse aus der Sicht der Anbieter auf dem Umweltschutzmarkt

Um Ansatzpunkte für eine staatliche Förderung des Umweltschutzsektors zu finden, ist es notwendig, die spezifischen Entwicklungshemmnisse zu identifizieren. In der Ifo-Umfrage in Markkleeberg wurden die Anbieter von Umwelttechnik gefragt, wo sie Entwicklungshemmnisse für den Absatz von Umwelttechnik sehen.

Die ostdeutschen Anbieter stufen vor allem Fragen der Finanzierung und der Sicherung der Nachfrage als gravierende Entwicklungshemmnisse ein (vgl. Abb. 6.1). An erster Stelle standen Finanzierungsprobleme, die von mehr als 80 % der Berichtskreisunternehmen als sehr wichtiges Hemmnis einge-

Abbildung: 6.1

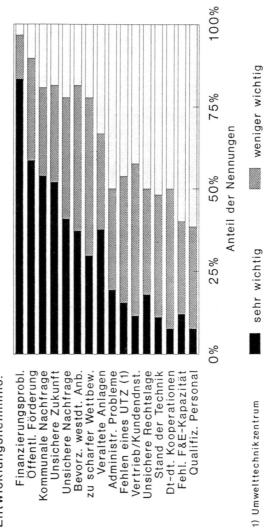

Betriebsspez. Entwicklungshemmnisse
ostdeutscher Anbieter auf dem
ostdeutschen Umweltschutzmarkt

Entwicklungshemmnis:

Finanzierungsprobl.
Öffentl. Förderung
Kommunale Nachfrage
Unsichere Zukunft
Unsichere Nachfrage
Bevorz. westdt. Anb.
zu scharfer Wettbew.
Veraltete Anlagen
Administr. Probleme
Fehlen eines UTZ (1)
Vertrieb/Kundendnst.
Unsichere Rechtslage
Stand der Technik
Dt-dt. Kooperationen
Fehl. F&E-Kapazität
Qualifiz. Personal

0%   25%   50%   75%   100%

Anteil der Nennungen

■ sehr wichtig          ▨ weniger wichtig

□ ohne Bedeutung

1) Umwelttechnikzentrum

Quelle: Ifo-Institut 1990

stuft wurden. Unzureichende öffentliche Förderung der Anbieter von Umwelttechnik, mangelnde Nachfrage der Kommunen
sowie unsichere Zukunft des Unternehmens wurden von jeweils
rund der Hälfte der antwortenden Unternehmen als starke
Hemmnisse beurteilt und von etwa einem Viertel als weniger
wichtiges Problem eingestuft. Unsichere Nachfrage wurde von
etwa einem Drittel der Befragten als sehr wichtiges und von
einem weiterem Drittel als weniger wichtiges Entwicklungshemmnis genannt (vgl. Tab. 6.1).

Mittlere Bedeutung wurde Entwicklungshemmnissen zugespro-
chen, die im Zusammenhang mit dem Wettbewerb stehen. Bevorzugung westdeutscher Anbieter und veraltete Anlagen wurden
von jeweils knapp einem Drittel als sehr wichtiges Problem
bezeichnet, einen zu scharfen Wettbewerb betrachteten ein
Viertel der Berichtskreisunternehmen als starkes Hemmnis.

Fragen der Infrastruktur werden dagegen überwiegend als be-
deutungslos eingestuft, allenfalls als weniger wichtiges
Hemmnis. Probleme mit der Administration und die ungeklärte
Rechtslage gaben jeweils fünf Unternehmen als sehr bedeu-
tend an, ein Umwelttechnikzentrum vermissen nur vier der
Befragten. Fehlende Informationen zum Stand der Technik, zu
Kooperationsmöglichkeiten, Vertriebs- und Kundendienstpro-
bleme, Mangel an FuE-Kapazitäten oder an qualifizierten
Personal betrachten jeweils nur zwei oder drei Firmen als
gravierendes Entwicklungshemmnis.

Dieses Ergebnis ist insofern überraschend, als aus der Analyse des vorangegangenen Kapitels heraus eine Verbesserung
der materiellen und immateriellen Infrastruktur als dringend notwendig erscheint. Eine Erklärung könnte daran liegen, daß die Potentiale im Infrastrukturbereich im Augenblick nicht so deutlich erkannt werden, weil die Finanzie-

Tabelle: 6.1

### Betriebsspezifische Entwicklungshemmnisse der Anbieter auf dem ostdeutschen Umweltschutzmarkt

#### - Ostdeutsche Unternehmen -

| Entwicklungshemmnis[a] | sehr wichtig abs. | % | weniger wichtig abs. | % | ohne Be-deutung abs. | % | Anzahl der Nng. abs. | % | Wert-ziffer [b] |
|---|---|---|---|---|---|---|---|---|---|
| Finanzierungsprobleme | 25 | 80,6 | 4 | 12,9 | 1 | 3,2 | 30 | 96,8 | 0,90 |
| Öffentliche Förderung | 17 | 54,8 | 9 | 29,0 | 3 | 9,7 | 29 | 93,5 | 0,74 |
| Nachfrage der Kommunen | 14 | 45,2 | 7 | 22,6 | 5 | 16,1 | 26 | 83,9 | 0,67 |
| Unsichere Untern.zukunft | 14 | 45,2 | 8 | 25,8 | 5 | 16,1 | 27 | 87,1 | 0,67 |
| Unsichere Nachfrage | 11 | 35,5 | 10 | 32,3 | 6 | 19,4 | 27 | 87,1 | 0,59 |
| Bevorzugung westdt. Anb. | 10 | 32,3 | 12 | 38,7 | 5 | 16,1 | 27 | 87,1 | 0,59 |
| Zu scharfer Wettbewerb | 8 | 25,8 | 13 | 41,9 | 6 | 19,4 | 27 | 87,1 | 0,54 |
| Veraltete Anlagen | 9 | 29,0 | 7 | 22,6 | 8 | 25,8 | 24 | 77,4 | 0,52 |
| Administrative Probleme | 5 | 16,1 | 8 | 25,8 | 13 | 41,9 | 26 | 83,9 | 0,35 |
| Fehlendes Umwelttechnikzentrum | 4 | 12,9 | 10 | 32,3 | 12 | 38,7 | 26 | 83,9 | 0,35 |
| Vertrieb und Kundendienst | 3 | 9,7 | 12 | 38,7 | 11 | 35,5 | 26 | 83,9 | 0,35 |
| Unsichere Rechtslage | 5 | 16,1 | 9 | 29,0 | 14 | 45,2 | 28 | 90,3 | 0,34 |
| Sonstige Hemmnisse | 2 | 6,5 | 0 | - | 4 | 12,9 | 6 | 19,4 | 0,33 |
| Informationsdefizit zum Stand der Technik | 3 | 9,7 | 10 | 32,3 | 14 | 45,2 | 27 | 87,1 | 0,30 |
| Informatationsmangel zu dt.-dt. Kooperationen | 2 | 6,5 | 11 | 35,5 | 13 | 41,9 | 26 | 83,9 | 0,29 |
| Begrenzte F&E-Kapazitäten | 3 | 9,7 | 7 | 22,6 | 15 | 48,4 | 25 | 80,6 | 0,26 |
| Qualifiziertes Personal | 2 | 6,5 | 8 | 25,8 | 16 | 51,6 | 26 | 83,9 | 0,23 |
| Anzahl der Unternehmen | 31 | 100 | 31 | 100 | 31 | 100 | 31 | 100 | 0,48 |

a) Mehrfachnennungen möglich.
b) Wertziffern: sehr wichtig 1; weniger wichtig 0,5; ohne Bedeut. 0.

Quelle: Erhebung des Ifo-Instituts 1990.

rungs- und Absatzprobleme derzeit weit im Vordergrund stehen. Auf alle Fälle muß beachtet werden, daß Verbesserungen im Infrastrukturbereich nicht ausreichend sind, wenn die Finanzierungsprobleme nicht gelöst werden und sich die Absatzperspektiven nicht verbessern.

Die Einschätzung der Infrastruktur teilen die ostdeutschen Unternehmen mit den westdeutschen Firmen. Auch diese stufen sie als überwiegend bedeutungslos oder als weniger wichtiges Hemmnis ein (vgl. Tab. 6.2). Über 80 % der westdeutschen Anbieter auf dem ostdeutschen Umweltschutzmarkt sehen die Finanzen der Betriebe, weitere 72,7 % die Finanzen der Kommunen als sehr wichtige Entwicklungshemmnisse an.

Vergleicht man die Einschätzungen der west- und ostdeutschen Anbieter, so ergeben sich deutlich unterschiedliche Beurteilungen hinsichtlich des Informationsstandes, protektionistischer Tendenzen, der Rechtslage und der Qualifikation der Arbeitskräfte (vgl. Tab. 6.3). Administrative Probleme werden von den westdeutschen Berichtskreisunternehmen als deutlich schwerwiegender eingeschätzt als von den ostdeutschen Unternehmen. Während die Anbieter aus den neuen Bundesländern kaum ein Informationsdefizit in bezug auf den Stand der Technik erkennen können, sind die Anbieter aus den alten Bundesländern durchaus der Ansicht, daß ein solches Informationsdefizit in der ehemaligen DDR besteht. Auch die Rechtslage und die Qualifikation der Arbeitskräfte in der ehemaligen DDR wird von den westdeutschen Unternehmen deutlich ungünstiger eingestuft als von den ostdeutschen Firmen. Dies kann als Indiz dafür gelten, daß die immaterielle Infrastruktur doch ein größeres Hemmnis darstellt als es nach der Einschätzung der ostdeutschen Anbieter zu erwarten wäre.

Betriebsspezifische Entwicklungshemmnisse der Anbieter auf dem
ostdeutschen Umweltschutzmarkt

- Westdeutsche Unternehmen -

| Relevanz Entwicklungshemmnis[a] | sehr wichtig abs. | % | weniger wichtig abs. | % | ohne Be-deutung abs. | % | Anzahl der Nng. abs. | % | Wert-ziffer [b] |
|---|---|---|---|---|---|---|---|---|---|
| Finanzen der Betriebe | 30 | 90,9 | 1 | 3,0 | 1 | 3,0 | 32 | 97,0 | 0,95 |
| Finanzen der Kommunen | 24 | 72,7 | 6 | 18,2 | 3 | 9,1 | 33 | 100,0 | 0,82 |
| Öffentliche Förderung | 9 | 27,3 | 14 | 42,4 | 2 | 6,1 | 25 | 75,8 | 0,64 |
| Administrative Probleme | 9 | 27,3 | 11 | 33,3 | 4 | 12,1 | 24 | 72,7 | 0,60 |
| Ostdt. Informationsdefizit zum Stand der Technik | 8 | 24,2 | 17 | 51,5 | 3 | 9,1 | 28 | 84,8 | 0,59 |
| Unsichere Rechtslage | 9 | 27,3 | 9 | 27,3 | 8 | 24,2 | 26 | 78,8 | 0,52 |
| Unsichere Nachfrage | 6 | 18,2 | 11 | 33,3 | 6 | 18,2 | 23 | 69,7 | 0,50 |
| Qualifiziertes Personal | 4 | 12,1 | 14 | 42,4 | 9 | 27,3 | 27 | 81,8 | 0,41 |
| Informatationsmangel zu dt.-dt. Kooperationen | 3 | 9,1 | 14 | 42,4 | 8 | 24,2 | 25 | 75,8 | 0,40 |
| Zu scharfer Wettbewerb | 2 | 6,1 | 15 | 45,5 | 7 | 21,2 | 24 | 72,7 | 0,40 |
| Vertrieb und Kundendienst | 3 | 9,1 | 13 | 39,4 | 11 | 33,3 | 27 | 81,8 | 0,35 |
| Ausgelastete Kapazitäten | 2 | 6,1 | 14 | 42,4 | 10 | 30,3 | 26 | 78,8 | 0,35 |
| Fehlendes Umwelttechnikzentrum | 2 | 6,1 | 10 | 30,3 | 9 | 27,3 | 21 | 63,6 | 0,33 |
| Bevorzugung ostdt. Anb. | 1 | 3,0 | 10 | 30,3 | 13 | 39,4 | 24 | 72,7 | 0,25 |
| Sonstige Hemmnisse | 0 | - | 0 | - | 1 | 3,0 | 1 | 3,0 | 0,00 |
| Anzahl der Unternehmen | 33 | 100 | 33 | 100 | 33 | 100 | 33 | 100 | 0,52 |

a) Mehrfachnennungen möglich.
b) Wertziffern: sehr wichtig 1; weniger wichtig 0,5; ohne Bedeut. 0.

Quelle: Erhebung des Ifo-Instituts 1990.

Tabelle: 6.3

### Vergleich betriebsspezifischer Entwicklungshemmnisse
### west- und ostdeutscher Anbieter
### auf dem ostdeutschen Umweltschutzmarkt

| Entwicklungshemmnis[a] | Wertziffern[b] | | |
| | West-deutschl. (1) | Ost-deutschl. (2) | Differenz (1-2) |
|---|---|---|---|
| Ostdt. Informationsdefizit zum Stand der Technik | 0,59 | 0,30 | 0,29 |
| Administrative Probleme | 0,60 | 0,35 | 0,25 |
| Unsichere Rechtslage | 0,52 | 0,34 | 0,18 |
| Qualifiziertes Pesonal | 0,41 | 0,23 | 0,18 |
| Informationsmangel zu dt.-dt. Kooperationen | 0,40 | 0,29 | 0,11 |
| Vertrieb und Kundendienst | 0,35 | 0,35 | 0,00 |
| Fehlendes Umwelttechnikzentrum | 0,33 | 0,35 | -0,02 |
| Unsichere Nachfrage | 0,50 | 0,59 | -0,09 |
| Öffentliche Förderung | 0,64 | 0,74 | -0,10 |
| Zu scharfer Wettbewerb | 0,40 | 0,54 | -0,14 |
| Bevorzugung ost- bzw. westdeutscher Anbieter | 0,25 | 0,59 | -0,24 |
| Durchschnittliche Wertziffer[b] | 0,52 | 0,48 | 0,04 |

a) Mehrfachnennungen möglich.
b) Wertziffern: Arithmetisches Mittel der Werte:
sehr wichtig 1; weniger wichtig 0,5; ohne Bedeutung 0.

Quelle: Erhebung des Ifo-Instituts 1990.

Auch die Beurteilung der Wettbewerbssituation und protektionistischer Tendenzen ist unterschiedlich. Die ostdeutschen Unternehmen sehen den scharfen Wettbewerb deutlich nachteiliger als die westdeutschen. Während die Firmen aus den alten Bundesländern kaum eine Bevorzugung ostdeutscher Unternehmen konstatieren, sind diese umgekehrt durchaus der Meinung, daß die Bevorzugung westdeutscher Anbieter ein Entwicklungshemmnis darstellt.

## 6.2 Ansatzpunkte zur Unterstützung der Angebotsseite des ostdeutschen Umweltschutzmarktes

Die Analyse des umwelttechnologischen Angebots in Kapitel 5 führt zu sechs Problembereichen, die eine Unterstützung durch den Bund, durch das Land Nordrhein-Westfalen sowie durch westdeutsche bzw. nordrhein-westfälische Unternehmen und Verbände erforderlich machen.

Im einzelnen handelt es sich um folgende Problembereiche:
- die Wirtschaftsstruktur
- die Qualifikationsstruktur der Arbeitskräfte
- die Finanzierungsprobleme der Unternehmen und - damit verbunden - eine unsichere Nachfrage nach Umwelttechnik
- Finanzierungsprobleme der Kommunen und eine entsprechend unzureichende kommunale Nachfrage
- Altlastensanierung
- Fragen des Technologietransfers.

Im folgenden werden die einzelnen Problembereiche nochmals dargestellt, die bisherigen Aktivitäten zur Lösung der Probleme analysiert, Ergänzungsmöglichkeiten bzw. Alternativen diskutiert und abschließend Empfehlungen gegeben.

6.2.1 Die Wirtschaftsstruktur in Ostdeutschland

Problemlage: Die Industrie in den neuen Bundesländern ist noch durch die alte Kombinats-Struktur mit ihren großen Produktionseinheiten geprägt. Der Mittelstand, welcher in Westdeutschland den Umwelttechnik-Sektor prägt, muß sich erst noch herausbilden. Zwar ist in den neuen Bundesländern ein Gründungsboom von Klein-Unternehmen zu verzeichnen, dieser spielt sich aber überwiegend im Dienstleistungssektor ab. Die Existenzgründer scheinen gerade im Umweltschutz-Sektor vor einem Einstieg in die kapitalintensive Fertigung zurückzuschrecken. Beratungsleistungen und Finanzierungshilfen für mittelständische Unternehmen sind daher erforderlich, wenn sich ein breites umwelttechnologisches Angebot herausbilden soll.

Bisherige Aktivitäten: Auf den verschiedenen Ebenen bildet sich ein breites Angebot an Beratungs-Institutionen und Finanzierungshilfen heraus. Auf der Ebene der Europäischen Gemeinschaft hat die EG-Kommission die Errichtung acht neuer EG-Beratungsstellen für Unternehmen in den fünf neuen Bundesländern beschlossen. Die EG-Beratungsstellen, auch Euro-Info-Zentren genannt, sollen vor allem Unternehmen und Wirtschaftsverbände über die Europäische Gemeinschaft und den Binnenmarkt informieren. Sie bieten somit auch den Anbietern von Umwelttechnologien wertvolle Informationen.

Die neuen Beratungsstellen sollen nach und nach in Rostock (Handelskammer), Dresden (deutsche Gesellschaft für Mittelstandsberatung), Leipzig (Industrie- und Handelskammer in Zusammenarbeit mit Pro Leipzig Consult, Magdeburg (Handwerkskammer), Frankfurt/Oder (Industrie- und Handelskammer in Zusammenarbeit mit der Handwerkskammer), Erfurt (Sparkassenverband), Berlin (Erweiterung der bestehenden Bera-

tungsstelle bei der Berliner Absatzorganisation auf Ost-
Berlin) und im Land Brandenburg eröffnet werden[1].

Das Sonderprogramm zur Forschungsförderung des BMFT unterstützt gezielt mittelständische Unternehmen mit weniger als
1 000 Mitarbeitern in den neuen Bundesländern. Sie erhalten
Personalkostenzuschüsse für Beschäftigte im FuE-Bereich in
Höhe von 70 % in 1990 und 60 % in 1991. FuE-Aufträge an
Externe werden mit 50 % der Kosten bezuschußt.[2] Damit
können Defizite im FuE-Bereich, die gerade bei neugegründeten oder aus Kombinaten ausgegliederten Umwelttechnik-
Firmen zu erwarten sind, ausgeglichen werden.

Die Treuhandanstalt bietet sanierungsfähigen Unternehmen
aus dem Bereich der Treuhand-Aktiengesellschaften im Rahmen
ihrer Strukturanpassungshilfen Finanzierungshilfen für Sa-
nierungszwecke. Das Bundeswirtschaftsministerium gewährt
daneben Zuschüsse bis zu 50 % für Beratungsleistungen im
Zusammenhang mit der Umstrukturierung der aus Kombinaten
und VEBs hervorgegangenen Unternehmen.[3] Diese Hilfen
können also auch Anbieter von Umwelttechnik, die aus Kombinaten ausgegliedert wurden, in Anspruch nehmen.

Das ERP-Kreditprogramm hat u.a. Schwerpunkte in den Bereichen Existenzgründung und Umweltschutz. Gefördert wird die
Investitionstätigkeit inländischer Unternehmen sowie aus-
ländischer Unternehmen, die auf dem Gebiet der ehemaligen

1) Vgl. o.V., Acht EG-Beratungsstellen in der ehemaligen
   DDR geplant in: Wirtschaft-Wissenschaft-Politik 49/1990
2) Vgl. o.V., Sonderforschungsförderung für die neuen
   Länder, in: Süddeutsche Zeitung vom 12.10.1990.
3) Vgl. Bundesministerium für Wirtschaft, Wirtschaftliche Hilfen für die DDR, Bonn 1.8.1990, S. 30 ff

DDR eine Niederlassung gründen oder ein Joint Venture eingehen.[1]

Das Land Nordrhein-Westfalen hat eine ganze Reihe von Be-
ratungseinrichtungen und Wirtschaftsförderungsgesellschaf-
ten in den neuen Bundesländern gegründet, an die sich auch
die mittelständischen Umwelttechnik-Firmen wenden können.

Die Unternehmensberatung Dessau bietet den 2100 ehemaligen
Produktionsgenossenschaften Rechtsberatung für den Übergang
in das marktwirtschaftliche System.

Das Beratungsbüro Nord e.V. Schwerin leistet mit Förderung
des Landes Nordrhein-Westfalen einen Beitrag zur Deckung
des enormen Informationsbedarfs in Mecklenburg-Vorpommern.
Mitglieder des Trägervereins sind u.a. die Stadt Schwerin,
die Industrie- und Handelskammer sowie die Handwerkskammer.
Bis Ende März 1991 übernimmt das Land NRW Kosten für die
Einrichtung und Unterhaltung des Büros in Höhe von 1,2
Mill.DM. Danach geht die Einrichtung in eigene Regie über.
Die Landesgruppe Nordrhein-Westfalen des Rationalisierungs-
Kuratoriums der Deutschen Wirtschaft (RKW) e.V., Düssel-
dorf, die Industrie- und Handelskammer Wuppertal, die Hand-
werkskammer Dortmund, die beiden Betriebsberatungsstellen
des nordrhein-westfälischen Einzelhandels (BBE Köln und
Münster), der Senioren Experten Service (SES), Bonn, und
die ZENIT GmbH, Mülheim/Ruhr unterstützen das Beratungsbüro. Die Schwerpunkte der Betriebsberatung liegen in der
Umstellung auf konkurrenzfähige Produkte, der Erschließung
neuer Märkte sowie Kooperationsmöglichkeiten mit westlichen
Unternehmen insbesondere aus Nordrhein-Westfalen.

---

1) Ebenda, S. 10ff

Die Schwerpunktförderung des Landes Nordrhein-Westfalen für
das Partnerland Brandenburg besteht zu einem gewichtigen
Teil aus Wirtschaftshilfen. Dazu gehört auch die Beratung
Brandenburg e.V. in Cottbus. Zu ihren wesentlichen Aufgaben
gehören betriebswirtschaftlich orientierte Unternehmensbe-
ratungen, Hilfen im öffentlichen Auftragswesen, technische
Unterstützung sowie die Anbahnung von deutsch-deutschen
Geschäftskontakten. Wichtige Zielgruppe ist dabei der sich
neu entwickelnde Mittelstand des Landes Brandenburg, spe-
ziell der Handel, das Hotel- und Gaststättengewerbe, die
Bauwirtschaft, mittelständische Industriebetriebe und
Dienstleistungsunternehmen.

Die Wirtschaftsförderungsgesellschaft Brandenburg soll das
zweite wesentliche Standbein der wirtschaftlichen Hilfen
aus NRW für Brandenburg werden. Vorrangige Ziele sind die
Verbesserung der Wirtschaftsstruktur sowie die Schaffung
und Sicherung von Arbeitsplätzen. Die Bezirksverwaltung in
Potsdam gründet zu diesem Zweck eine Gesellschaft für Wirtschaftsförderung Brandenburg mit Sitz in Potsdam. Nach Ab-
lauf der Anschubfinanzierung durch NRW ist die Fortführung
durch das Land Brandenburg sichergestellt. Zu den Aufgabenfeldern gehören Kontakte, Beratung und Betreuung von an-
siedlungswilligen Unternehmen, wirtschafts- und unterneh-
mensbezogene Öffentlichkeits- und Informationsarbeit, Aufbau eines fachspezifischen Informationssystems inklusive
entsprechender Datenbanken sowie Beratung bei Aus- und Weiterbildung.

Die Gründung der Entwicklungsgesellschaft Leipzig geht auf
einen Beschluß der nordrhein-westfälischen Landesregierung
von Anfang März 1990 zurück. Aufgabe dieser Entwicklungsgesellschaft ist es, sowohl in ökologischer und sozialer
Hinsicht die Erneuerung und Umstrukturierung des Raumes

Leipzig in Angriff zu nehmen. Dabei sollen auch die Erfahrungen aus dem Strukturwandel in Nordrhein-Westfalen berücksichtigt werden. Wichtige Eckpunkte dabei sind der de-
zentrale und regionalisierte Einsatz der Instrumente sowie
die Kooperation der Handlungsträger vor Ort. Auf drei Jahre
hat NRW jeweils 2 Mill.DM Fördermittel pro Jahr zuge-
sagt.[1)

Ergänzungsmöglichkeiten: Um gezielt die Herausbildung des
Mittelstandes in den neuen Bundesländern zu stärken, und
damit die Voraussetzungen für die Entwicklung von Umwelttechnologien zu verbessern, wäre es erforderlich, die gesamte Förderkulisse auf ihre strukturellen Auswirkungen hin
zu überprüfen. Die mittelständischen Unternehmen in den
neuen Bundesländern äußern die Sorge, daß die Mittel aus
der Regionalförderung hauptsächlich an Groß-Unternehmen
fließen, während KMUs leer ausgehen.[2)

Diese Befürchtung ist nicht ganz aus der Luft gegriffen.
Nach dem Einigungsvertrag mit der DDR wurde das Gesetz über
die Gemeinschaftsausgabe "Verbesserung der regionalen Wirtschaftsstruktur" unverändert auf die Länder auf dem Gebiet
der bisherigen DDR übergeleitet. Dabei erhält das gesamte
Gebiet der früheren DDR für eine Übergangszeit von fünf
Jahren einen Sonderstatus für die regionale Wirtschaftsförderung. Die Richtlinien der Gemeinschaftsaufgabe sehen vor,
daß Investitionsvorhaben nur gefördert werden, wenn sie geeignet sind, "durch Schaffung von zusätzlichen Einkommens-

---

1) Vgl. Der Minister für Wirtschaft, Mittelstand und
   Technologie des Landes Nordrhein-Westfalen, G. Einert,
   auf der Landespressekonferenz am 6.11.1990 in Düsseldorf.
2) Vgl. o.V., Kleine Unternehmen der früheren DDR befürchten Benachteiligung, in: Handelsblatt vom
   26.11.1990.

quellen das Gesamteinkommen in dem jeweiligen Wirtschaftsraum unmittelbar und auf nicht unwesentliche Weise zu erhöhen (Primäreffekt)".

Nach den Richtlinien werden diese Voraussetzungen als erfüllt angesehen, wenn in der zu fördernden Betriebsstätte
überwiegend Güter hergestellt oder Leistungen erbracht werden, die ihrer Art nach regelmäßig überregional abgesetzt
werden.[1]

Diese Förderrichtlinie hat zur Folge, daß die Investitionszuschüsse unabhängig von der Liquidität der Antragsteller
erteilt werden. Dies führt zu Mitnahme-Effekten. Auch Groß-
Unternehmen mit hoher Liquidität erhalten Subventionen für
Investitionen, die ohnehin durchgeführt würden.[2]

Hinter diesen Konzepten steht die Überlegung Unternehmen
anzuziehen, die auf überregionalen Märkten wettbewerbsfähig
sind. Das endogene Entwicklungspotential der neuen Bundesländer bleibt damit aber weitgehend vernachlässigt. Angesichts der spezifischen Situation in Ostdeutschland wäre es
erforderlich, die Förderrichtlinien anzupassen und zu revi-
dieren, z.B. Investitionszuschüsse nach Maßgabe des Liqui-
ditätsbedarfs zu erteilen.

Empfehlung: Die Ansiedlung von Groß-Unternehmen kann durch
günstige Rahmenbedingungen, den Ausbau der Infrastruktur
und die Bereitstellung von Gewerbeflächen bewirkt werden.
Finanzhilfen sollten dagegen gezielt für das endogene Potential in Gestalt der kleinen und mittelgroßen Unternehmen

---

1) Vgl. Bundestagsdrucksache 11/7501 vom August 1990 sowie o.V. Übertragung der westdeutschen Förderbürokratie
   auf die DDR, in: Handelsblatt vom 18.9.1990.
2) Vgl. H. Mundorf, Freizügige Staatsgeschenke für Groß-
   unternehmen, in: Handelsblatt vom 28./29.9.1990.

eingesetzt werden, wobei die Genehmigungsverfahren soweit
wie möglich vereinfacht werden müssen. Die Beratungs-Ein-
richtungen kommen grundsätzlich auch den Anbietern von Umwelttechnik zugute. Will man im Umweltschutzsektor aber
nicht nur die Dienstleister, sondern auch die Umweltschutzindustrie fördern, wäre eine stärkere Konzentration auf das
Land Sachsen notwendig. Dort sind die Schlüsselbranchen
Maschinenbau und Elektrotechnik weitaus stärker vertreten
als im Land Brandenburg.

### 6.2.2 Die Qualifikationsstruktur der Arbeitskräfte

Problemlage: Die Entwicklung eines hochwertigen umwelttechnologischen Angebotes erfordert eine entsprechende Qualifikation der Beschäftigten. Das Qualifikationsniveau der Beschäftigten in der früheren DDR war zwar hoch, die steigen-
de Zahl von Arbeitslosen und Kurzarbeitern in den neuen
Bundesländern läßt aber erkennen, daß die Qualifikationsstruktur nicht den bundesrepublikanischen Anforderungen
entspricht. Eine Qualifizierungsoffensive für die Umschulung und Weiterbildung der ostdeutschen Facharbeiter ist
unabdingbar.

Bisherige Aktivitäten: Bereits vor dem Einigungsvertrag
hatte die DDR das Arbeitsförderungsgesetz der Bundesrepublik übernommen. Dabei wurden für die DDR einige Ausnahmeregelungen getroffen. Insbesondere sind die Unterstützungen
der Arbeitsämter für Qualifizierungsmaßnahmen großzügiger
als in der alten Bundesrepublik. Eine Förderung erfolgt
nicht erst bei Arbeitslosigkeit, sondern schon bei Gefahr
der Arbeitslosigkeit. Bis Ende 1991 werden Weiterbildungsmaßnahmen auch dann gefördert, wenn sie in den alten Bundesländern durchgeführt werden. Auch Maßnahmen, die von
Hochschulen, Fachhochschulen oder ähnlichen Bildungsstätten

getragen werden, sind in die Förderung einbezogen worden.[1]

Eine weitere Maßnahme der Bundesregierung ist die Förderung überbetrieblicher Berufsbildungs- und Technologie-Transfer-Einrichtungen bei Kammern und Verbänden der gewerblichen Wirtschaft in den neuen Bundesländern. Ziel der Maßnahme ist es, die Qualifikation der Beschäftigten durch den Aufbau eines Netzes von überbetrieblichen Berufsbildungs- und Technologie-Transfer-Einrichtungen rasch den Bedarf der Wirtschaft anzupassen und somit Arbeitslosigkeit zu vermeiden.

Gefördert werden Investitionskosten für Bau, Umbau, Modernisierung, Kauf, Ausstattung. Der erforderliche Eigenanteil von mindestens 10 % kann in Form von Gebäuden, Grundstücken sowie sonstigen Sachleistungen eingebracht werden.[2]

Die Stiftung Industrieforschung fördert 100 dreimonatige Betriebspraktika in mittelständischen Unternehmen der alten Bundesrepublik, wobei die Praktikanten mit monatlich 1.600 DM unterstützt werden.[3] Diese Maßnahme dient dem Transfer von betriebswirtschaftlich-technischen Know-how in die ehemalige DDR und damit auch dem Transfer von umwelttechnischem Know-how.

Auch das Land Nordrhein-Westfalen fördert Weiterbildungsmaßnahmen in Ostdeutschland, z.B. das Weiterbildungszentrum in Chemnitz mit einer Fördersumme von 1 Mill.DM. Im Rahmen einer Kooperation zwischen der IHK Chemnitz und der IHK

1) Vgl. Bundesministerium für Wirtschaft, a.a.O.,
   S. 41ff.
2) Vgl. Bundesministerium für Wirtschaft, a.a.O.,
   S. 52.
3) Vgl. Wirtschaft - Wissenschaft - Politik 48/1990.

mittlerer Niederrhein - Krefeld-Mönchengladbach-Neuss entsteht in Chemnitz ein berufliches Weiterbildungszentrum für
technologisch anspruchsvolle Qualifizierungsmaßnahmen im
kaufmännischen und gewerblich-technischen Bereich.[1]

Ergänzungsmöglichkeiten: Weitere Förderprogramme, die vorrangig Sachinvestitionen begünstigen, sind auf ihre Ver-
wendbarkeit für die Förderung des Humankapitals zu überprüfen. Z.B. können mit den Investitionskrediten der Kreditanstalt für Wiederaufbau auch Personalaufwendungen zur Erpro-
bung, Produktionsaufnahme und Markterschließung finanziert
werden.[2]

Empfehlung: Wirtschaftsförderung wird überwiegend mit der
Förderung des Realkapitaleinsatzes gleichgesetzt. Die Ar-
beitsmarktprobleme in den neuen Bundesländern erfordern
aber die verstärkte Förderung des Humankapitals. Eine Qualifizierungsoffensive kann auf verschiedene Weise ausge-
staltet werden. Die Förderung von Betriebspraktika ostdeutscher Arbeitnehmer in westdeutschen Unternehmen ist
eine Möglichkeit. Eine andere Möglichkeit wäre es, Unternehmen, die in die Ausbildung von Arbeitskräften in den
neuen Bundesländern investieren, einen Zuschuß zu gewäh-
ren.[3]

6.2.3 Finanzierungsprobleme der ostdeutschen Anbieter von
    Umwelttechnik und unsichere Nachfrage

Problemlage: Die ostdeutschen Anbieter von Umwelttechnologien sind sich über die Höhe der Nachfrage weitgehend im

1) Vgl. G. Einert, a.a.O.
2) Vgl. Bundesministerium für Wirtschaft, a.a.O., S. 19
3) Vgl. H. Klodt, Statt Investitionen die Qualifizierung
   fördern, in: Handelsblatt vom 6.3.1990.

Unklaren. Dementsprechend schwer ist die Geschäftsentwick-
lung der einzelnen Firmen zu beurteilen, was die Finanzierung der notwendigen Investitionen und die Kreditaufnahme
erschwert.

Bisherige Aktivitäten: Mit dem ersten Staatsvertrag und dem
Einigungsvertrag stehen die Wirtschafts- und Finanzhilfen
der Bundesrepublik auch den Unternehmen auf dem Gebiet der
ehemaligen DDR zur Verfügung. Kredite aus dem ERP-Sondervermögen können u.a. für Umweltschutzzwecke in Anspruch
genommen werden. Gefördert werden Investitionen in den Bereichen Abwasserreinigung, Abfallwirtschaft, Luftreinhaltung und Energieeinsparung/Nutzung erneuerbarer Energie-
quellen. Darüberhinaus kann die Modernisierung der Produktionsanlagen gefördert werden, was auch den Einsatz integrierter Technologien zugute kommen dürfte.

Die Investitionskredite der Kreditanstalt für Wiederaufbau
können kleine und mittlere Unternehmen für die Finanzierung
von Investitionen sowie für Maßnahmen des Umweltschutzes in
Anspruch nehmen. Die Deutsche Ausgleichsbank stellt Kredite
für Investitionen zur Verfügung, die der Existenzgründung,
der Sicherung von Unternehmen oder der Innovation dienen.
Da auch Verfahrensinnovationen eingeschlossen sind, können
implizit auch integrierte Technologien gefördert werden.

Zur Gründung und Festigung selbständiger Existenzen in
Ostdeutschland werden im Rahmen des Eigenkapitalhilfepro-
gramms der Bundesregierung langfristige Darlehen mit eigen-
kapitalähnlichem Charakter bereitgestellt.

Das gesamte Gebiet der ehemaligen DDR wurde in die "Gemeinschaftsaufgabe: Förderung der regionalen Wirtschaftsstruktur" einbezogen. Investitionen gewerblicher Unternehmen mit

überwiegend überregionalem Absatz werden mit bis zu 23 %
der Investitionskosten bezuschußt. Diese Zuschüsse können
durch Investitionsbeihilfen ohne regionalen Bezug um bis zu
zehn Prozentpunkte überschritten werden. Dies betrifft auch
die im gesamten bisherigen DDR-Gebiet geltende Investitionszulage in Höhe von 12 % bis zum 1.7.1991 und 8 % danach.
Insgesamt können also maximal 33 % der Investitionskosten
bezuschußt werden.

Zur Überbrückung vorübergehender Liquiditätsengpässe übernimmt der Bund Bürgschaften für KMUs, die nicht oder nicht
mehr zur Treuhandanstalt gehören.

Daneben gibt es auch noch eine Reihe von Kredit- und Bürg-
schaftsprogrammen der Bundesländer, z.B. das Bürgschaftsprogramm von Nordrhein-Westfalen:

Verbürgt werden Kredite, die nordrheinwestfälische Unternehmen zur Teilfinanzierung von Joint Ventures/Beteiligun-
gen sowie Betriebsstätten/Niederlassungen in der ehemaligen
DDR in Anspruch nehmen. Die Finanzierung mit landesverbürg-
ten Krediten ist bis zu 75 % des jeweiligen Investitions-
und Betriebsmittelbedarfs möglich.[1]

Ergänzungsmöglichkeiten: Die Palette an Finanzhilfen, welche auch die Umwelttechnik-Firmen in Anspruch nehmen können, ist so breit, daß keine zusätzlichen Programme notwendig erscheinen. Die Rahmenbedingungen für die Kreditgewäh-
rung können durch Klärung der Eigentumsverhältnisse verbessert werden, da z.B. von der KfW dingliche Sicherheiten wie

---

1) Vgl. Bundesministerium für Wirtschaft, a.a.O.,
   VWD-DDR Spezial vom 2.10.1990 sowie o.V., Die Unternehmen können für Investitionen aus einer Vielzahl von
   Quellen Gelder erhalten, in: Handelsblatt vom
   12.9.1990.

die Bestellung eines Pfandrechts, einer Hypothek oder einer
Grundschuld verlangt werden.

Die Nachfrage nach Umwelttechnik - und damit die Kreditwür-
digkeit der Anbieter - kann durch die Verbesserung des
Vollzugs der Umweltgesetze gestärkt werden.

Empfehlungen: Teilweise ergeben sich Überschneidungen hinsichtlich der möglichen Sonderabschreibungen für Umwelt-
schutzwecke und den obengenannten Finanzhilfen. So schließt
die Inanspruchnahme von Sonderabschreibungen die Gewährung
von Investitionszulagen aus.[1] Da Umweltschutzinvestitionen eine doppelte Auswirkung auf die Umweltsituation und
die wirtschaftliche Belebung haben, wäre es in Betracht zu
ziehen, bei Gewährung von Investitionszulagen zumindest für
das restliche Investitionsvolumen (nach Abzug der Zulage)
Sonderabschreibungen zu ermöglichen.

Zur Stärkung der Nachfrage nach Umweltschutztechnik in den
neuen Bundesländern wäre die regional begrenzte Fortführung
der Förderung von Umweltschutzinvestitionen nach §7d EStG
über das Jahresende hinaus wünschenswert, wie es auch die
nordrhein-westfälische Landesregierung vorgeschlagen
hat.[2] Allerdings sind dabei die EG-Beihilferichtlinien
zu beachten.

6.2.4 Unzureichende kommunale Nachfrage nach Umwelttechnik,
      Organisations- und Finanzierungsprobleme der Kommu-
      nen

Problemlage: Für den Bereich der umweltschutzbezogenen Infrastruktur spielt die Nachfrage der Kommunen die bedeu-

---

1) Vgl. Handelsblatt vom 18.9.1990, a.a.O.
2) Vgl. o.V., Steuerförderung von Umweltinvestitionen,
   in: Handelsblatt vom 9./10.11.1990.

tendste Rolle. Die kommunalen Umweltschutzinvestitionen in den neuen Bundesländern kommen aber noch nicht so recht in Gang. Dies ist sowohl auf mangelnde Leistungsfähigkeit der Kommunen als auch auf Finanzierungsprobleme zurückzuführen.

Die kleinen Gemeinden in den neuen Bundesländern können die erforderlichen Verwaltungsstrukturen nicht aus eigener Kraft unterhalten.[1] Die Mitarbeiter der ostdeutschen Kommunen sind mit den neuen rechtlichen Grundlagen ihrer Tätigkeit nicht vertraut.

Darüber hinaus sind die Möglichkeiten der Kreditaufnahme ungeklärt. Das Kommunalvermögensgesetz räumt den ostdeutschen Gemeinden zwar unter derselben rechtlichen Voraussetzung wie in Westdeutschland die Möglichkeit zur Kreditaufnahme ein. Andererseits beinhaltet der Vertrag über die Wirtschafts- und Währungsunion eine Begrenzung der Kreditaufnahme in der DDR auf 10 Mrd.DM. Das DDR-Finanzministerium hatte die kommunale Kreditaufnahme bis zum 2. Oktober 1990 auf 60 % der Investitionszuweisungen für Infrastrukturmaßnahmen begrenzt. Dies ergibt bei Investitionszuweisungen in Höhe von 1,5 Mrd.DM de facto eine Kreditermächtigung von 900 Mill.DM. Vom 3.10.1990 bis zum Jahresende wurde den Gemeinden eine Kreditaufnahme in Höhe von 60

---

1) Zum Vergleich: Während die rd. 16,9 Mill. Einwohner Nordrhein-Westfalens in nur 396 Gemeinden wohnen, lebten die rd. 15,4 Mill. Einwohner der DDR (ohne Ost-Berlin) in mehr als 7.500 Gemeinden. 6.900 dieser Gemeinden waren kleiner als die kleinste Gemeinde Nordrhein-Westfalens, und im Durchschnitt lebten in einer Gemeinde der DDR rd. 2.000 Einwohner, während es in Nordrhein-Westfalen mehr als 42.000 sind.

DM je Einwohner zugebilligt. Dies ergibt eine mögliche Kreditaufnahme von 2 Mrd.DM im gesamten 2. Halbjahr 1990.[1]

Bisherige Aktivitäten: Nur durch eine intensive Zusammenarbeit der Gemeindeverwaltungen in den neuen Bundesländern
mit westdeutschen Partnergemeinden kann Verwaltungs-Know-
how schnell und wirksam übertragen werden. Hier setzt die
staatliche und kommunale Verwaltungshilfe des Landes Nordrhein-Westfalen an. Das Land fördert in jeder kreisfreien
Stadt und in jedem Landkreis des Landes Brandenburg eine
Beratungsstelle für die Kommunen, deren Mitarbeiter von zu-
geordneten kommunalen Gebietskörperschaften in Nordrhein-
Westfalen entsandt werden.[2]

Finanzielle Unterstützung bietet das von der Bundesregierung eingerichte Kommunalkreditprogramm für die fünf neuen
Bundesländer, das die Finanzierung kommunaler Sachinvestitionen durch die Bereitstellung zinsverbilligter Darlehen
im Volumen von zehn Milliarden DM ermöglichen soll.

Die Förderung erstreckt sich auf kommunale Sachinvestitionen, vor allem zur Verbesserung der wirtschaftsnahen Infrastruktur. Maßnahmen für den Umweltschutz einschließlich
Wasserbau und Kanalisation sind eingeschlossen. Antragsberechtigt sind ostdeutsche Gemeinden, Kreise, Gemeindeverbände, Zweckverbände, sonstige Körperschaften des öffentlichen Rechts sowie Eigengesellschaften kommunaler Gebietskörperschaften mit überwiegend kommunaler Trägerschaft. Bei
bestimmten Umweltschutzvorhaben sind nicht-kommunale Inve-

---

1) Vgl. R. Krähmer, Administrative und finanzielle Probleme der Kommunen in den neuen Bundesländern. in: WSI-
   Mitteilungen 11/1990, S. 724 ff.
2) Vgl. R. Krähmer, a.a.0.

storen, etwa private Entsorgungsunternehmen ebenfalls antragsberechtigt. [1]

Ergänzungsmöglichkeiten und Handlungsalternativen: Um die administrative Leistungsfähigkeit der Kommunen herzustellen, muß eine geeignete Organisationsstruktur geschaffen werden, weil die öffentliche Verwaltung in der ehemaligen DDR einen weit geringeren Aufgabenkreis wahrgenommen hatte als die Verwaltung einer westdeutschen Kommune. (Zahlreiche Aufgaben sind von den örtlich geleiteten volkseigenen Betrieben (VEB) wahrgenommen worden). Auch auf die Aufgaben, die aus der Abwicklung des Kommunalvermögensgesetzes resultieren, sind die Verwaltungen völlig unzureichend vorbereitet.

Es bleibt der Initiative der einzelnen Kommunen überlassen, sich leistungsfähige Formen der gemeinsamen Verwaltung z.B. in Gemeindeverbänden, zu schaffen. Soll die Leistungsfähigkeit der Gemeinden in den neuen Bundesländern sichergestellt werden, müßten die zulässigen Formen kommunaler Gemeinschaftsarbeit bei zu geringer Leistungsfähigkeit verbindlich vorgeschrieben werden. Für diesen Fall wäre es aber sinnvoller, leistungsfähige Gemeindegrößen gleich durch eine kommunale Gebietsreform herzustellen.

Eine weitergehende Form der Verwaltungshilfe wäre es, wenn eine Personalkostenunterstützung für die feste Einstellung von Verwaltungspersonal aus den westlichen Bundesländern geben würde. Ohne eine derartige Personalkostenunterstützung dürfte der Versuch, aus dem Westen Verwaltungsmitar-

---

1) Vgl. R.H. Gebauer, Förderungsprogramme für die ostdeutsche Stadterneuerung, in: Handelsblatt vom 23./24.11.1990.

beiter anzuwerben, angesichts der derzeitigen Gehaltsdiffe-
renzen kaum erfolgreich sein.[1]

Empfehlungen: Da die Verschuldung der Kommunen in den neuen
Bundesländern noch gering ist, gilt es den Verschuldungs-
rahmen zur Finanzierung von umweltschutzbezogenen Infrastrukturinvestitionen voll auszuschöpfen. Die Verschul-
dungsgrenzen nach dem Einigungsvertrag sind daraufhin zu
überprüfen, ob sie nicht zu eng gezogen sind.

Darüberhinaus muß der Finanzausgleich zugunsten der neuen
Bundesländer verbessert werden. Die bisherige Auffassung
der alten Bundesländer, daß sie mit ihrem Finanzierungsbei-
trag zum Fonds "Deutsche Einheit" in Höhe von 47,5 Mrd.
ihren Beitrag zum Länderfinanzausgleich erbracht haben, ist
erneut zu prüfen.[2]

Was mögliche Finanzierungsbeiträge durch Gebühren und Entgelte der Gemeinden betrifft, so sind die Gebührenspiel-
räume bei der Wasserversorgung, bei der Abwasserbeseitigung, der Müllabfuhr und der Straßenreinigung auszuschöpfen. Alternativ ist zu überprüfen, ob die Vergabe der entsprechenden Aufgaben an Privatunternehmen - z.B. in Form
von Konzessions- oder Betreibermodellen - nicht einen höhe-
ren Entlastungseffekt für die Gemeindehaushalte mit sich
bringt.

---

1) Vgl. R. Krähmer, a.a.O.
2) Vgl. Karl Schiller auf der öffentlichen Anhörung des
   Haushaltsausschusses des deutschen Bundestags, siehe
   auch FAZ vom 10.11.1990.

6.2.5 Altlastensanierung

Problemlage: Die Inangriffnahme der Altlastensanierung in den neuen Bundesländern verzögert sich aufgrund von ungeklärten Haftungsfragen und von Finanzierungsengpässen.

Bisherige Aktivitäten: Die Zuständigkeit für die Altlastensanierung liegt nach dem Einigungsvertrag bei der Treuhandanstalt. Zur Erleichterung von Investitionen im Rahmen der Privatisierungen kann nach §4 Abs. 3 Umweltrahmengesetz eine Freistellung bezüglich der Haftungen für Gefahren, die aus den Altlasten resultieren, beantragt werden. Damit kann der Erwerber eines Betriebes von den öffentlich-rechtlichen Haftungsansprüchen freigestellt werden[1]. Das gilt inzwischen auch bezüglich privatrechtlicher Haftungsansprüche.[2]. Im Fall der Übernahme des Synthesewerks Schwarzheide durch die BASF AG wurde der westdeutsche Investor nicht nur im Sinne des Einigungsvertrags von öffentlich-rechtlichen Haftungsansprüchen befreit, sondern auch von möglichen privatrechtlichen Schadensersatzforderungen. Hierin kann ein Präzedenzfall für die weitere Handhabung des Altlastenproblems gesehen werden[3].

Ergänzungsmöglichkeiten: Das hohe Angebotspotential der nordrhein-westfälischen Anbieter von Technologien zur Altlastensanierung kann genutzt werden, wenn die Finanzierungsmöglichkeiten verbessert werden. Um mehr Finanzierungsmittel für die Altlastensanierung bereitzustellen, sollte das ERP-Umweltschutzprogramm auf die Altlastensanie-

1) Vgl. J. Meyerhoff, Altlasten als Investitionshemmnis ...a.a.O., S. 7.
2) O.V. Freistellung von Umweltlasten in neuen Ländern, in: VWD-Spezial, Nr. 54 vom 18. März 1991, S.1.
3) Vgl. T. Fröhlich, Wirtschaft setzt sich bei Altlasten durch, in: Süddeutsche Zeitung vom 17.10.1990

rung ausgeweitet werden. Desweiteren sollte überprüft werden, ob Privatisierungserlöse der Treuhandanstalt für die
Altlastensanierung verwendet werden können. Auch der nordrhein-westfälische Vorschlag, in einem neuen § 6e EStG eine
befristete, steuerliche Rücklage für die Beseitigung von
Umweltbelastungen auf Grund und Boden zuzulassen[1], kann
die Finanzierung von Maßnahmen zur Altlastensanierung erleichtern. Aufgrund der besonderen Verhältnisse in der ehemaligen DDR zeigt sich die Tendenz, daß der Großteil der
Mittel für die Altlastensanierung von den öffentlichen
Haushalten aufgebracht werden muß[2]. Bei den Gemeinde-
haushalten bietet sich die Möglichkeit, die Verteilung der
Mittel aus dem kommunalen Finanzausgleich an gemeindespezi-
fisch bedarfserhöhenden Faktoren wie dem Sanierungsbedarf
für Altlasten zu orientieren[3]. Angesichts verbleibender
Finanzierungsprobleme bietet das Modell des Bundesumweltmi-
nisteriums, die Federführung bei allen ökologischen Sanierungsmaßnahmen einem gemeinsamen Unternehmen der Wirtschaft
und der öffentlichen Hand zu übertragen, einen Aus-
weg.[4]

Empfehlung: Zur Lösung des Altlastenproblems sind Kooperationen von auf diesem Gebiet erfahrenen westdeutschen Unternehmen und ortsansässigen ostdeutschen Firmen notwendig.
Diese Kooperation ließe sich durch Errichtung von gemeinsamen Pilot- und Referenzanlagen, z.B. Altlastensanierungszentren, fördern. Wenn die vorhandenen finanziellen Mittel

---

1) Vgl. Handelsblatt vom 9./10.11.1990, a.a.O.
2) Vgl. J. Blazejczak u.a., Ökologische Sanierung in den
   neuen Bundesländern - Voraussetzungen für eine ökonomisch und sozial verträgliche Gestaltung, in: DIW Wo-
   chenbericht 10/91, S. 98.
3) Vgl. ebenda, S. 100.
4) Vgl. C. Reiermann, Ein Unternehmenszwitter soll künftig die Sanierung von Altlasten vorantreiben, in: Handelsblatt vom 17. Januar 1991.

für die Altlastensanierung nicht ausreichen sollten (was zu erwarten ist), wird die Einrichtung eines bundesweiten Altlastenfonds erforderlich sein.

## 6.2.6 Technologietransfer

Problemlage: Der Technologietransfer in die neuen Bundesländer muß verstärkt werden, gerade auch was die Entwicklungs- und Einsatzmöglichkeiten moderner Umweltschutztechnologien betrifft. Defizite bei integrierten Technologien und beim Einsatz technischer Neuerungen für den Umweltschutz bestehen nicht nur in den neuen, sondern auch in den alten Bundesländern. Der Problemdruck hinsichtlich der Umweltprobleme in der ehemaligen DDR könnte zu einem Technologieschub in diesen Bereichen führen.

Bisherige Aktivitäten: Das Bundesumweltministerium fördert Umweltschutzpilotprojekte mit einem Fördervolumen von knapp 1 Mrd.DM[1]. Das Bundesforschungsministerium hat gemeinsam mit dem früheren Ministerium für Forschung und Technologie der DDR einen Modellversuch Innovationsberatung in der DDR begonnen, in dessen Rahmen Innovationsberater geschult und finanziert werden sollen. Für die Förderung von Technologiezentren werden durch das BMFT rund 20 Mill.DM bis 1993 bereitgestellt[2].

Auch die in Westdeutschland ausgelaufene Förderung technologieorientierter Unternehmen (Programm TOU) läuft seit Juni in der ehemaligen DDR weiter. Sie umfaßt Querschnittstechnologien wie die auch für Umweltschutzzwecke einsetzba-

---

1) Vgl. o.V., Umweltschutzmarkt in Leipzig, in: Umwelt 10/1990
2) Vgl. H. Riesenhuber, 15 Technologiezentren für die IHKs der DDR, in: Süddeutsche Zeitung vom 3.9.1990

re Biotechnologie, für die in der DDR bereits ein Forschungspotential bestand[1].

Das Land Nordrhein-Westfalen ist dabei, den im eigenen Land
entwickelten und praktizierenden Technologietransfer, der
sich auch im Umweltschutz-Sektor bewährt hat, auch auf die
neuen Bundesländer zu übertragen. Geplant ist zum einen die
Gründung eines "Produktionstechnologischen Zentrums der
deutsch-deutschen Fertigungsindustrie" in NRW, das die Zusammenarbeit zwischen NRW und den neuen Bundesländern fördern soll. Das Projekt wird für alle Betriebe in den neuen
Bundesländern gelten, wird aber seinen ausgesprochenen
Schwerpunkt im Land Brandenburg haben.

Weitere NRW-Aktivitäten sind die Entwicklung des Technologie-Zentrums Dresden mit Hilfe des Technologie-Zentrums
Dortmund und die Kooperation zwischen dem Technologie-Zentrum Cottbus und dem Technologie-Zentrum Essen (ETEC) zur
Förderung des Technologie-Transfers[2].

Ergänzungsmöglichkeiten: Im Rahmen der Förderung des Technologietransfers gilt es, auch die noch vorhandenen Forschungskapazitäten in der ehemaligen DDR einzubinden, um
die vorhandenen Potentiale zu nutzen. Dabei sollte der
Technologietransfer nicht nur von West nach Ost, sondern
auch umgekehrt bewerkstelligt werden.

Empfehlungen: Bei der Einrichtung von Innovations- und
Technologiezentren geht es nicht nur um die Bereitstellung
der technischen und immateriellen Infrastruktur (Service,
Beratung, Kredit-Vermittlung). Darüber hinaus müssen im
Rahmen einer offensiven Strategie erfahrene Unternehmen aus
dem Westen und Existenzgründer aus Ostdeutschland zusammen-
geführt werden, damit Synergismen im Umweltschutz-Sektor
entstehen können.

---

1) Vgl. o.V., Sonderforschungsförderung ..., a.a.O.
2) Vgl. G. Einert, a.a.O.

# Literaturverzeichnis

Adler, U., Umweltschutz in der DDR: Ökologische Modernisierung und Entsorgung unerläßlich, in: Ifo- Schnelldienst 16/17 vom 18. Juni 1990.

Ahrens, J., Abfallwirtschaft: System am Ende, in: Die Zeit
Nr. 45 vom 2.11.1990

Ansorge, P.W., Die Müll-Lawine aus Einwegdosen und Getränkeflaschen überrollt die DDR, in: Handelsblatt vom
17./18.8.1990.

Arbeitskreis Umwelt und Energie der SPD-Bundestagsfraktion,
Ökologische Hauptprobleme in den neuen Bundesländern,
Bonn, 12.11.1990.

Becker, H., Baukonjunktur noch ohne gesamtdeutschen Rhythmus, in: Süddeutsche Zeitung vom 10./11. November 1990

Berger, Roland u. Partner, Sicherung von Arbeitsplätzen in
Hamburg insbesondere in der metallverarbeitenden Industrie durch Produktion von Umweltschutzgütern, Hamburg
1986.

Bergius, S., Die Wasserwirtschaft schreibt schwarze Zahlen,
in: Handelsblatt vom 21./22.9.1990.

Binder, R., Ferchland, H., Auswertung einer schriftlichen
Befragung der Ausstellerfirmen der Entsorgungsmesse IFAT
90 zu ihrem Interesse an Märkten ost- und südosteuropäischer Firmen im Auftrag der Münchner Messe- und Ausstellungsgesellschaft mbH, IMU-Institut für Medienfor-
schung und Urbanistik GmbH, München 30.4.1990.

Blazejczak J., u.a., Ökologische Sanierung in den neuen Bundesländern – Voraussetzungen für eine ökonomisch und sozial verträgliche Gestaltung, in: DIW-Wochenbericht 10/91.

Brander, S., Die DDR als Investitionsstandort aus der Sicht westdeutscher Unternehmen, in: Ifo- Schnelldienst 26/27 vom 25.9.1990.

Bundesministerium für Umwelt, Naturschutz und Reaktorsicherheit, Aktueller Bericht des Bundes 1991/I zur 36. UMK, Bonn 12.4.91

Bundesministerium für Umwelt, Naturschutz und Reaktorsicherheit (Hrsg.), Deutsches Umweltrecht auf der Grundlage des Einigungsvertrages, Bonn, Oktober 1990.

Bundesministerium für Umwelt, Naturschutz und Reaktorsicherheit, Freistellungsklausel für Altlasten, in: Umwelt, Nr. 1/1991.

Bundesministerium für Umwelt, Naturschutz und Reaktorsicherheit, Eckwerte der ökologischen Sanierung und Entwicklung in den neuen Ländern, Bonn, November 1990.

Bundesministerium für Umwelt, Naturschutz und Reaktorsicherheit (Hrsg.), Orientierungshilfen für den ökologischen Aufbau in den neuen Bundesländern: Wichtige Informationsquellen und Starthilfen des Bundes, Bonn, Februar 1991

Bundesministerium für Wirtschaft, Wirtschaftliche Hilfen für die DDR, Bonn 1.8.1990.

Bundesregierung, Aktionsprogramm Ökologischer Aufbau in den neuen Bundesländern, in: Presse- und Informationsamt der Bundesregierung (Hrsg.), Bulletin Nr. 19 vom 22.2.1991

Bundesregierung, Entwurf eines Gesetzes zur Errichtung einer Stiftung "Deutsche Stiftung Umwelt", in: BR-Drs. 213/90 vom 30.3.90 und der entsprechende Gesetzesbeschluß des Bundestages, BR-Drs. 435/90 vom 22.6.90.

Bundesregierung, Gemeinschaftswerk Aufschwung-Ost, in: Presse- u. Informationsamt der Bundesregierung (Hrsg.), Bulletin Nr. 25 vom 12.3.91

Bundestagsdrucksache 11/7501 vom August 1990

Clausnitzer, E., Ein Gebot wirtschaftlicher Vernunft, in: Technische Gemeinschaft, Berlin (Ost), Nr. 1/1983.

Daimler-Benz, Perspektiven der neuen Bundesländer aus gesamtdeutscher Sicht, Stuttgart, November 1990.

Deutsche Bank, Bezirksdaten DDR, 1990

Diederich, P., Umweltbericht der DDR

Dreyhaupt, F.J., Umsetzung von Umweltschutzanforderungen in den neuen Bundesländern: Vollzugsprobleme, unveröff. Vortragsmanuskript, Dortmund 15.4.1991.

Drost, F.M., DDR-Rüstungsunternehmen setzt auf Konversion, in: Handelsblatt vom 30.4.1990

Faust, K., Das technologische Potential der RGW-Länder im Spiegel der Patentstatistik, in: Ifo-Schnelldienst Nr. 12 vom 27.4.1990.

Fockenbrock, D., Meisner kritisiert die Förderkonzeption der Bundesregierung für die neuen Länder, in: Handelsblatt, Nr. 40 vom 26.2.91

Franke, H., Milliarden für den Ost-Arbeitsmarkt, in: Süddeutsche Zeitung, Nr. 65 vom 18.3.91

Freie und Hansestadt Hamburg, Entwurf zur Änderung des Abwasserabgabengesetzes, BR-Drs. 85/90 vom 5.2.90

Fröhlich, T., Streit um Stadtwerke lähmt Energie-Investitionen, in: Süddeutsche Zeitung, Nr. 193 vom 22.8.91

Fröhlich, T., Wirtschaft setzt sich bei Altlasten durch, in: Süddeutsche Zeitung vom 17.10.1990

Gebauer, R.H., Förderungsprogramme für die ostdeutsche Stadterneuerung, in: Handelsblatt vom 23./24.11.1990.

Gebauer, R.H., Geld für die Umwelt - Finanzierungshilfen für die Umweltsanierung in der ehemaligen DDR, in: Umweltmagazin, Heft Okt. 1990

Gemeinsames Statistisches Amt der neuen Bundesländer, Monatszahlen November 1990.

Gerstenberger, W., Das zukünftige Produktionspotential der DDR - ein Versuch zur Reduzierung der Unsicherheiten, in: Ifo-Schnelldienst 7 vom 8. März 1990.

Gerstenberger, W., Grenzen fallen - Märkte öffnen sich - Die Chancen der deutschen Wirtschaft am Beginn einer neuen Ära, in: Ifo-Schnelldienst 28 vom 8. Oktober 1990.

Gesetz zu dem Vertrag vom 31. August 1990 zwischen der Bundesrepublik Deutschland und der Deutschen Demokratischen Republik über die Herstellung der Einheit Deutschlands - Einigungsvertragsgesetz - und der Vereinbarung vom 18. September 1990, in: Bundesgesetzblatt, Jg. 1990, Teil II, Nr. 35 vom 28. September 1990.

Görzig, B., Determinanten des Produktionspotentials der deutschen Wirtschaft, in: DIW-Wochenbericht 47/90 vom 22.11.1990.

Hechel, M., Moderne Anlagen sollen den DDR-Himmel aufhellen, in: Handelsblatt vom 24.4.1990.

Hohenthal, C. v., Die Umwelt-Last der DDR, in: FAZ vom 22.1.1990

Hübener, J.A., Bauwirtschaft in Deutschland, in: DIW-Wochenbericht 40/90 vom 4.10.90

Ifo-Institut für Wirtschaftsforschung, Das Entwicklungspotential der Umweltschutzindustrie in Nordrhein-Westfalen, Gutachten im Auftrag des Ministers für Umwelt, Raumordnung und Landwirtschaft des Landes Nordrhein-Westfalen, München 1988.

Ifo-Institut, Das Entwicklungspotential der Umweltschutzindustrie in Nordrhein-Westfalen, Endfassung Hauptbericht, München 1991.

Ifo-Institut für Wirtschaftsforschung, Monatsbericht über die konjunkturelle Lage der ostdeutschen Wirtschaft, November 1990

Institut für Hygiene und Mikrobiologie, Bad Elster (Hrsg.), Jahresbericht 1989 über die Situation der Wasserhygiene in der DDR, beigefügtes Vortragspapier vom Februar 1990

Institut für Umweltschutz (IFU) (Hrsg.), Umweltbericht der DDR - Informationen zur Analyse der Umweltbedingungen in der DDR und zu weiteren Maßnahmen, Berlin (Ost), März 1990.

Julitz, L., Symbol für Aufbau und Sanierung, in: FAZ vom 8.11.1990.

Kahnert, R., Wackerbauer, J., Initiierung von Umweltschutztechnologien in Köln, München 1991.

Keding, M., u.a., Ergebnisse einer Umfrage zur Erfassung des Ist-Zustandes der Kanalisation in der Bundesrepublik Deutschland, in: Korrespondenz Abwasser 2/87.

Kemmer, H.G., Ostdeutschland - Plädoyer für den Crash, in: Die Zeit Nr. 45 vom 2.11.1990.

Kempkens, W., Biotechnik in der DDR: Weltweit in der Führungsgruppe,in: Wirtschaftswoche Nr. 1/2 vom 5. Januar 1990.

Kempkens, W., Energieversorgung: Die Chancen der Braunkohle - Rettung auf Raten, in: Wirtschaftswoche Nr. 44 vom 26.10.1990.

Klodt, H., Statt Investitionen die Qualifizierung fördern, in: Handelsblatt vom 6.3.1990.

Kollatz-Ahnen, M., Hochschulen und Forschung in der DDR, in: Wissenschaftsnotizen September 1990.

Kommission der EG, Die Gemeinschaft und die deutsche Eini- gung, KOM (90) 40 endg. - Vol. I.

Kommission der EG, EG hilft beim Aufbau der Marktwirtschaft in den neuen Ländern, in: EG-Informationen Nr. 4/1991

Kommission der EG, Vorschlag für eine Verordnung des Rates zur Schaffung eines Finanzierungsinstruments für die Umwelt (LIFE), KOM (91) 28 endg., Brüssel 31.1.91

Krähmer, R., Administrative und finanzielle Probleme der Kommunen in den neuen Bundesländern. in: WSI-Mitteilun- gen 11/1990.

Leibfritz, W., u.a., Wirtschaftsperspektiven 1990/91 : Hochkonjunktur in der Bundesrepublik - Umbruch in der DDR, in: Wirtschaftskonjunktur 7/1990.

Lemser, B., Umweltschutz unter marktwirtschaftlichen Zwän- gen in: Stingl/Hoffmann (Hrsg.) Marktwirtschaft in der DDR.

Lipinski, G., Lukrative Geschäfte mit dem Hausmüll der DDR, in: Handelsblatt vom 14./15.9.1990

Maier, H., Czogall, C., Umweltsituation und umweltpolitische Entwicklung in der DDR, unveröffentlichte Materialstudie des Ifo-Instituts für Wirtschaftsforschung, München 1989.

Marx, M., Bonn weist Wege aus der landwirtschaftlichen
Misere, in: Süddeutsche Zeitung, Nr. 87 vom 15.4.91

Mayer, P., Meister, M., Umwelt-Report DDR, Die dreckige
Republik, in: der Stern

Melzer, M., Wasserwirtschaft und Umweltschutz in der DDR,
in: Haendcke-Hoppe, M., Merkel, K., (Hrsg.), Umweltschutz in beiden Teilen Deutschlands, Schriftenreihe der
Gesellschaft für Deutschlandforschung, Bd. 14, Jahrbuch
1985.

Meyerhoff, J., Petschow, U., Borner, J., Welskop, F.,
Wohanka, S., Altlasten als Investitionshemmnis in den
neuen Bundesländern?, Berlin, November 1990

Ministerium für Umwelt, Naturschutz, Energie und Reaktorsicherheit der DDR (MUNER), Bilanz tätiger Umweltpolitik
der de-Maiziére-Regierung, Berlin, 28.9.1990.

Möhring, C., Eine lange Liste von Fehlentscheidungen und
Versäumnissen, in: FAZ, Nr. 47 vom 24.2.1990.

Mundorf, H., Freizügige Staatsgeschenke für Großunternehmen, in: Handelsblatt vom 28./29.9.1990.

Nerb, G., Städtler, A., Infrastrukturengpässe in den neuen
Bundesländern, in: Ifo-Schnelldient 44. Jg. (1991), Heft
6, S. 3 f.

Neumann, F., Industrie verstärkt Engagement in Deutschland, in: Ifo-Schnelldienst 34 vom 5.12.1990.

Nierhaus, W., Zur Entwicklung von Einkommen und Verbrauch im vereinigten Deutschland, in: Wirtschaftskonjunktur 11/1990.

Oldag, A., Schönfärberei hilft den Menschen jetzt nicht weiter, in: Süddeutsche Zeitung vom 28.11.1990.

o.V., Acht EG-Beratungsstellen in der ehemaligen DDR geplant in: Wirtschaft-Wissenschaft-Politik 49/1990

o.V., Auf DDR-Bürger wartet höhere Stromrechnung, in: Süddeutsche Zeitung, Nr. 194 vom 24.8.90

o.V., Auf dem Basar - Die Bonner Umwelthilfe für die DDR ist ins Stocken geraten, in: DER SPIEGEL, Nr. 15/1990

o.V., Aufschwung Ost: Die große Bescherung, in: Wirtschaftswoche, Nr. 13 vom 22.3.91

o.V., Bayern zahlt für bessere Luft in Thüringen, in: Süddeutsche Zeitung, Nr. 39 vom 15.2.91

o.V., Beihilfen in Ex-DDR auf Mindestmaß beschränken, in: VWD-Spezial vom 25.6.91

o.V., Brandenburg kann EG-Umweltnormen nicht erfüllen, in: VWD-Spezial vom 19.7.91

o.V., $CO_2$-Abgabe behindert Investitionen, in: VWD-Spezial vom 25.4.91

o.V., Das DDR-Müllsystem Sero wird nicht wiederbelebt, in: FAZ Nr. 267 vom 15.11.1990

o.V., DDR-Umweltindustrie - Marktwirtschaft und westliches Know-how sollen Umwelt-Engagement ermöglichen, in: Handelsblatt vom 21.5.1990

o.V., Die Nähe zu Berlin wird als ein nur zeitweiliger Standortvorteil gewertet, in: Handelsblatt vom 26.11.1990.

o.V., Die Unternehmen in Ostdeutschland stehen in einem Wettlauf mit der Zeit, in: Handelblatt vom 29.11.1990

o.V., Die Unternehmen können für Investitionen aus einer Vielzahl von Quellen Gelder erhalten, in: Handelsblatt vom 12.9.1990.

o.V., DIHT-Kongreß will schnellen Abbau der Förderkulisse, in: VWD-Spezial vom 26.10.90

o.V., Edelhoff investiert 20 Mio DM in Ex-DDR, in: VWD-Spezial vom 8.2.91

o.V., EG billigt Hilfen für fünf neue Bundesländer, in: FAZ, Nr. 273 vom 23.11.1990.

o.V., Ein Sofortprogramm gegen den "Trinkwassernotstand", in: Handelsblatt Nr. 224 vom 20.11.1990.

o.V., Entschädigung für Umweltschutz in Bergregionen, in: VWD-Spezial vom 1.8.91

o.V., Erfahrung der Ruhr soll "drüben" helfen, in: Westdeutsche Allgemeine Zeitung vom 23.10.1990.

o.V., Erneuerung der Energiewirtschaft braucht Jahre, in: VWD-Spezial Nr. 87 vom 8.11.1990.

o.V., Freistellung von Umweltlasten in neuen Ländern, in: VWD-Spezial, Nr. 54 vom 18. März 1991.

o.V., Fünf Weise warnen vor Dauersubventionen, in: VWD-Spezial vom 16.4.91

o.V., Für ostdeutsche Wohnungen - Bonn verteilt 1,2 Milliarden an Vermieter, in: Süddeutsche Zeitung, Nr. 270 vom 24./25.11.90

o.V., GEA-Übernahme in der DDR, in: FAZ vom 31.8.1990.

o.V., Gemeinschaftsaufgabe um 150 Mio DM aufgestockt, in: VWD-Spezial vom 24.4.91

o.V., Günstige Steuerregelung für Ost-Pkw, in: VWD-Spezial vom 3.4.91

o.V., Halle: 1 Mrd.DM-Projekt für Wasserwirtschaft, in: VWD-Spezial vom 21.11.1990.

o.V., Hessen-Thüringen-Aktionsprogramm, in: ENTSORGA-MAGAZIN, Juli 1990

o.V., Im Staatsvertrag zwischen der DDR und der BRD ist das Branntweinmonopol wichtiger als die Umweltunion, in: Ökologische Briefe, Nr. 22-23/1990 o.V., Industrie fordert Erhöhung der Investitionszulagen, in: VWD-Spezial vom 12.9.91

o.V., Infrastruktur soll privat finanziert werden, in: VWD-Spezial vom 11.7.91.

o.V., Investitions- und Kooperationshemmnisse in der DDR, in: FAZ vom 28.8.90.

o.V., Karina-Gruppe faßt in "Ex-DDR" Fuß, in: VWD-Spezial vom 9.10.1990.

o.V., Kesselbauer drehen Fusionskarussell, in: Frankfurter Rundschau vom 6.2.1991.

o.V., Kleine Unternehmen der früheren DDR befürchten Benachteiligung, in: Handelsblatt vom 26.11.1990.

o.V., Know-how aus dem Westen – der Schlüssel zum Geschäft im Osten, in: Handelsblatt vom 12.9.1990.

o.V., Länderchefs Rau und Stolpe unterzeichnen Staatsvertrag, in: Süddeutsche Zeitung, Nr. 101 vom 2.5.91.

o.V., Maizière begrüßt Firmen-Initiative, in: SZ vom 10.9.1990.

o.V., Mangelhafte Datenlage erschwert genaue Diagnose, in: Handelsblatt vom 19.11.1990.

o.V., Maschinenbau – Produktion in Ostdeutschland, in: Handelsblatt vom 31.10.1990 o.V., Neue Bundesländer: Abfallentsorgung privatisiert, in: IWL-Umweltbrief 7/91

o.V., NRW-Bürgschaftsprogramm für DDR, in: Süddeutsche Zeitung vom 4.9.90

o.V., Öffentliche Aufgaben in den neuen Ländern sollen in vielen Bereichen privatisiert werden, in: Süddeutsche Zeitung, Nr. 165 vom 19.7.91

o.V., Ostdeutsche Verwertungs- und Sanierungsgesellschaft, in: VWD-Spezial vom 3.4.91

o.V., Ostdeutsche Wirtschaft - Die Initiativen greifen, in: iwd Nr. 48 vom 29.11.1990.

o.V., Ostdeutschland - Mehr als 500 neue Personalstellen, in: Handelsblatt Nr. 197, 11.10.1990

o.V., Pöhl warnt vor Dauer-Alimentation der neuen Länder, in: VWD-Spezial vom 15.4.91

o.V., Privatwirtschaft für Wasserversorgung gewinnen, in: VWD-Spezial vom 15.5.91

o.V., Relativ wenig Mittel für kommunalen Straßenbau, in: VWD-Spezial vom 17.4.91

o.V., Sanierungskredit über 355 Mio DM für Mansfeld, in: VWD-Spezial vom 4.6.91.

o.V., Senat: Ökologisches Sanierungsprogramm, in: Umwelttechnik Berlin, Nr. 27/Juni 1991 o.V., Sonderforschungsförderung für die neuen Länder, in: Süddeutsche Zeitung vom 12.10.1990.

o.V., Stadtwerke Chemnitz: RWE und Düsseldorf Partner, in: VWD-Spezial vom 28.3.91

o.V., Starke Konjunkturimpulse der deutschen Vereinigung, in: Handelsblatt vom 26./27.10.1990.

o.V., Steuerförderung von Umweltinvestitionen, in: Handelsblatt vom 9./10.11.1990.

o.V., Streit um Umwelt-Altlasten in der DDR, in: Süddeutsche Zeitung vom 29.7.90.

o.V., Strompreis in der Ex-DDR steigt, in: Süddeutsche Zeitung, Nr. 291 vom 19.12.90.

o.V., Tariflöhne in den neuen Bundesländern steigen, in WSI-Mitteilungen 11/1990

o.V., Thyssen: Joint Ventures zur Entsorgung, in: Handelsblatt vom 6.9.1990.

o.V., Treuhand hat billiger verkauft als geplant, in: Süddeutsche Zeitung, Nr. 215 vom 17.9.91

o.V., Treuhand übergibt Wasserbetriebe an Kommunen, in: VWD-Spezial vom 25.4.91

o.V., Übertragung der westdeutschen Förderbürokratie auf die DDR, in: Handelsblatt vom 18.9.1990.

o.V., Umstellung der Energiewirtschaft der DDR läuft an, in FAZ vom 29.9.1990.

o.V., Umweltminister wollen Steuer auf Briefe, in: Süddeutsche Zeitung, Nr. 183 vom 9.8.91.

o.V., Umweltschutzmarkt in Leipzig, in: Umwelt 10/1990

o.V., Umweltschutz-Markt präsentiert in DDR Umwelttechnik, in: VWD-DDR Spezial vom 27.9.1990

o.V., Verpackungsmittel-Recycling soll in Kürze beginnen, in: VWD-Spezial vom 9.10.1990

o.V., Waigel kündigt Neuregelung an, in: Süddeutsche Zeitung, Nr. 101 vom 2.5.91

o.V., Wachstumsfelder in der DDR-Wirtschaft, in: Landesbank Rheinland-Pfalz: Wirtschaftsberichte 2/1990.

o.V., Wallmann hält an der Thüringer-Hilfe fest, in: VWD-Spezial vom 9.10.90

o.V., Wirtschaftsförderung mit "pro Brandenburg", in: VWD-Spezial vom 8.11.1990.

o.V., Zinsgünstige LfA-Mittel auch für die neuen Länder, in: Süddeutsche Zeitung, Nr. 166 vom 21./22.7.91

o.V., Zu wenig Motivation zur Qualifikation, in: FAZ vom 20.11.1990.

o.V., Zur Treuhand befragt: Birgit Breuel, in: Süddeutsche Zeitung, Nr. 65 vom 18.3.91

o.V., 50 Mio DM für Umweltbehörden in neuen Ländern, in: VWD-Spezial vom 9.4.91.

Pecher, R., Probleme und Tendenzen bei der Abwasserableitung in der Bundesrepublik Deutschland, in: Documentation I, Internationaler Kongreß Leitungen, St. Augustin 1987.

Petschow, U., u.a., Ökologischer Umbau in der DDR, Schriftenreihe des Institut für Ökologische Wirtschaftsforschung (IÖW) 36/90, Berlin 1990.

Presse- und Informationsamt der Bundesregierung, Deutsche Einheit ... , in: Aktuelle Beiträge zur Wirtschafts- und Finanzpolitik, Nr. 44 vom 5.11.90

Ramner, P., Investitionen der öffentlichen Wasserwirtschaft kräftig gestiegen, in: Ifo-Schnelldienst 32 vom 15. November 1990.

Randow, G. v., Das Öko-Kraftwerk, in: Bild der Wissenschaft 12/1990

Rat des Bezirks Halle, Fachorgan Umweltschutz, Naturschutz und Wasserwirtschaft, Umweltbericht des Bezirkes Halle 1989, Merseburg.

Reiermann, C., Ein Unternehmenszwitter soll künftig die Sanierung von Altlasten vorantreiben, in: Handelsblatt vom 17. Januar 1991.

Riesenhuber, H., 15 Technologiezentren für die IHKs der DDR, in: Süddeutsche Zeitung vom 3.9.1990

Sachverständigenrat, Jahresgutachten 1990/91, BT-Drs. 11/8472, Ziffer 335.

Schosser, F., DDR-DIHT moniert zahlreiche Hemmnisse für Investoren, in: Handelsblatt vom 24.8.90.

Schönfels, H.K. v., Billigkredite von der KfW, in: Süddeutsche Zeitung, Nr. 230 vom 6./7.10.90

Schottelius, D., Nicht über einen Kamm scheren, in: Chemische Industrie, Sonderheft DDR und Osteuropa 1990.

Spieth, W.F., u. Hammerstein, F.v., Altlastenhaftung wird für Investoren zum Problem, in: Handelsblatt vom 23.7.1990.

Sprenger, R.-U., Beschäftigungseffekte der Umweltpolitik - eine nachfrageorientierte Analyse, Forschungsbericht des Umweltbundesamtes 4/89, Berlin 1989.

Sprenger, R.-U., Umweltpolitische Regelungen in der DDR: Ein Investitionshemmnis?, München, August 1990 (unveröff. Manuskript).

Sprenger, R.-U., Knödgen, G., Struktur und Entwicklung der Umweltschutzindustrie in der Bundesrepublik Deutschland, Forschungsbericht des Umweltbundesamtes 9/83, Berlin 1983.

Statistisches Amt der DDR, Statistisches Jahrbuch der DDR 1990, Berlin, 1990

Thanner, B., Privatisierung in Ostdeutschland und Osteuropa: Probleme und erste Erfahrungen, in: Ifo-Schnelldienst 31 vom 8.11.1990.

Töpfer, K., Beitrag zur "Umweltunion in Deutschland", in: AGU (Hrsg.), Presse Forum '90

Töpfer, K., Deutsch-deutsche Umweltunion: Modell für Europa, in: Chemische Industrie, DDR und Osteuropa 1990

Treuhandanstalt, Privatisierung zum 31.7.91, Berlin August 1991

Umweltbundesamt, Daten zur Umwelt 1988/89.

Umweltbundesamt "Ökologischer Entwicklungs- und Sanierungsplan DDR-Luftreinhaltung bei stationären Anlagen", Anlagen zum Bericht vom 24.10.1990, Berlin 1990 (unveröff. Manuskript).

Umweltrahmengesetz vom 29. Juni 1990, in: Gesetzblatt der DDR, Teil I Nr. 42, 20.Juli 1990

Unterarbeitsgruppe "Luftreinhaltung" (UAG Luft), der Arbeitsgruppe Ökologischer Entwicklungs- und Sanierungsplan beim BMUNR, Luftreinhaltung bei stationären Anlagen, unveröffentlichte Anlage zum Bericht vom 24.10.1990.

Urban, M., In wenigen Tagen muß alles entschieden sein, in: Süddeutsche Zeitung vom 6.12.1990.

Verband der Chemischen Industrie, Stellungnahme zum Gesetz der DDR zum Umweltschutz-Entwurf Stand 3. Mai 1990, Frankfurt/M., 29.5.1990.

Vereinbarung zur Durchführung und Auslegung des Einigungs-vertrags, in: Bulletin des Presse- und Informationsamts der Bundesregierung, Nr. 112 vom 20.9.1990.

Vertrag über die Schaffung einer Währungs-, Wirtschafts-und Sozialunion zwischen der Bundesrepublik Deutschland und der Deutschen Demokratischen Republik, in: Bulletin des Presse- und Informationsamtes der Bundesregierung, Nr. 63 vom 18.5.1990.

Verwaltungsvereinbarung der Länder der Bundesrepublik Deutschland zur Durchführung des Umweltrahmengesetzes, Hannover, Juli 1990

Vogler-Ludwig, K., Verdeckte Arbeitslosigkeit in der DDR, in: Ifo-Schnelldienst 24 vom 24. August 1990.

Volkskammer der DDR, Kurzbericht über die Anhörung zum Umweltrahmengesetz im Ausschuß für Umwelt, Naturschutz, Energie, Reaktorsicherheit am 13. Juni 1990.

Wackerbauer, J., Förderung von Umweltschutzmaßnahmen in den neuen Bundesländern - Umweltpolitische Implikationen und ökonomische Effekte, in: Ifo-Schnelldienst, 44. Jg. (1991), Heft 16/17/1991

Wackerbauer, J. u.a., Der Umweltschutzmarkt in Niedersach-sen, Ifo-Studien zur Umweltökonomie, Bd. 14, München 1990.

Waigel, T., Finanzpolitik - Den neuen Bundesländern wird geholfen werden, in: Handelsblatt, Nr. 34 vom 18.2.91

Weichselberger, A., Jäckel, P., Investitionsaktivitäten westdeutscher Unternehmen in der ehemaligen DDR, in: Ifo-Schnelldienst, 44 Jg. (1991), Heft 12.

Winkler, G., Sozialreport 90, Berlin 1990

Wirtschaft - Wissenschaft - Politik 48/1990.

Zimmermann, J., Wohnungsmarkt und Städtebau in der DDR: Ausgangslage-Probleme-Konzepte, in: Ifo- Schnelldienst 15 vom 21. Mai 1990.

# Anlagen

# ifo

# IFO-INSTITUT FÜR WIRTSCHAFTSFORSCHUNG

8000 MÜNCHEN 86 · POSCHINGERSTRASSE 5 · POSTFACH 86 04 60 · TELEFON (089) 92 24-0 · TELEX 5-22 269 · TELEFAX (089) 98 53 69

Abteilung Umweltökonomie

# Lösungsbeiträge
# der bundesdeutschen Umweltechnikwirtschaft
# zur Umweltentlastung in der DDR

**Anmerkungen zum Fragebogen:**

Alle Einzelergebnisse werden streng vertraulich behandelt.

Bei Rückfragen wenden Sie sich bitte an :

Herrn Dr. Sprenger    (089) 9224-308
Herrn Hartmann    (089) 9224-260

**Rücksendung erbeten bis 10. Oktober 1990.**

1. Unser Unternehmen zählt (dem Schwerpunkt nach) zum **Bereich** (bitte nur eine Angabe):

O Industrie
O Baugewerbe
O Handwerk
O Handel
O sonst. Dienstleistungen
O Forschungseinrichtung

2. Der **Firmensitz** unserer Unternehmung befindet sich in  D - _____  (bitte Postleitzahl einsetzen)

3. Unser **Angebot** für den Umweltschutz umfaßt:

| | Komplette Anlagen | Anlagenteile, Zubehör | Hilfs- und Betriebsstoffe | Bauten | Beratung/ Engineering | Vertrieb/ Leasing | sonst. Dienstleistungen |
|---|---|---|---|---|---|---|---|
| Luftreinhaltung | O | O | O | O | O | O | O |
| Abwassertechnik | O | O | O | O | O | O | O |
| Abfallwirtschaft | O | O | O | O | O | O | O |
| Altlastensanierung | O | O | O | O | O | O | O |
| Lärmbekämpfung | O | O | O | O | O | O | O |
| Energieeinsparung | O | O | O | O | O | O | O |
| Meß- und Regeltechnik | O | O | O | O | O | O | O |

4. Wir bieten an als:

| Hersteller | Lizenz-nehmer | Vertreter eines ausl. Anbieters | Leasing-Gesellschaft | Lizenzgeber | Dienstleistungs-unternehmen |
|---|---|---|---|---|---|
| O | O | O | O | O | O |

5. Wir sind in der DDR bereits als Anbieter auf dem sog. Umweltschutzmarkt vertreten.

O Ja, seit ......................... Jahren, bzw. seit ......................... Monaten
O Noch nicht, wir haben aber diesbezügliche Pläne
O Nein, wir haben uns aus dem Umweltschutzmarkt der DDR wieder zurückgezogen
O Nein

6. Wir sind auf dem Umweltschutzmarkt der DDR aktiv bzw. haben folgende **Aktivitäten** geplant:

| | Interesse | in Vorbereitung | erfolgt |
|---|---|---|---|
| Verkauf über das bundesdeutsche Vertriebsnetz | O | O | O |
| eigene Vertriebsniederlassung in der DDR | O | O | O |
| Vertragshändler in der DDR | O | O | O |
| Bezug von Umweltschutzgütern oder Vorleistungen aus der DDR | O | O | O |
| Kooperation mit DDR-Unternehmen | O | O | O |
| Gemeinschaftsunternehmen/Joint Venture | O | O | O |
| Kapitalbeteiligung an DDR-Unternehmen | O | O | O |
| Übernahme eines DDR-Betriebs | O | O | O |
| Gründung eines Unternehmens in der DDR | O | O | O |
| Lizenzvergabe an DDR Unternehmen | O | O | O |
| sonstige: | O | O | O |

7. Unser umweltschutzbezogenes Angebot richtet sich in erster Linie an folgende **Nachfrager in der DDR**:

| Industrie-<br>betriebe | Entsorgungs-<br>unternehmen | Landwirt-<br>schaft | Handwerk | private<br>Haushalte | Öffentliche<br>Hand |
|---|---|---|---|---|---|
| o | o | o | o | o | o |

8. Nach unserer Einschätzung werden folgende **Faktoren für die Nachfrageentwicklung** bis zum Jahr 2000 auf den für unser Unternehmen relevanten Umweltschutzmärkten in der DDR ausschlaggebend sein:

|  | ohne<br>Bedeutung | weniger<br>wichtig | sehr<br>wichtig |
|---|---|---|---|
| Vollzug der durch das Umweltrahmengesetz |  |  |  |
| eingeführten Umweltschutzauflagen | o | o | o |
| Zukünftige Umweltschutzgesetzgebung | o | o | o |
| Umweltbewußtsein der Unternehmen | o | o | o |
| Umweltbewußtsein der privaten Haushalte | o | o | o |
| Konjunkturelle Entwicklung in der DDR | o | o | o |
| Finanzsituation der Öffentlichen Hand | o | o | o |
| Staatliche Finanzhilfen für private Umweltschutzinvestitionen | o | o | o |
| Staatliche Finanzhilfen für kommunale Umweltschutzinvestitionen | o | o | o |
| sonstige: | o | o | o |

9. Beim Absatz von Umwelttechniken unseres Unternehmens in der DDR sehen wir folgende **Probleme**:

|  | nein | weniger | stark |
|---|---|---|---|
| Finanzierungsprobleme der Betriebe | o | o | o |
| Finanzierungsprobleme der Kommunen | o | o | o |
| Ausgelastete Kapazitäten | o | o | o |
| Mangel an qualifiziertem Personal | o | o | o |
| Vertrieb- und Kundendienstprobleme | o | o | o |
| Fehlende Informationen in der DDR über den Stand der Technik | o | o | o |
| Informationsdefizite zu mögl. Kooperationen mit DDR - Unternehmen | o | o | o |
| Unsichere Nachfrage | o | o | o |
| Zu scharfer Wettbewerb | o | o | o |
| Ungeklärte Rechtslagen | o | o | o |
| Probleme mit der Administration | o | o | o |
| Unzureichende öffentl. Förderung der Anbieter von Umwelttechnik | o | o | o |
| Bevorzugung von DDR - Anbietern | o | o | o |
| Fehlen eines Umwelttechnikzentrums |  |  |  |
| (für Information, Beratung, Technologietranfer) | o | o | o |
| Sonstige Gründe, und zwar: | o | o | o |

10. Diese Probleme ließen sich durch **Maßnahmen der öffentlichen Hand** bewältigen.

O Nein, der Staat / die Kommunen können keine entsprechende Hilfe leisten

O Ja, und zwar durch : .......................................................................................................

.......................................................................................................

11. Wir rechnen mit **Nachfrage aus der DDR** insbesondere in den Bereichen:

| | im Zeitraum: | 1990 - 1993 | 1994 - 2000 |
|---|---|---|---|
| Luftreinhaltung | | o | o |
| Abwassertechnik | | o | o |
| Abfallwirtschaft | | o | o |
| Altlastensanierung | | o | o |
| Lärmbekämpfung | | o | o |
| Energieeinsparung | | o | o |
| Meß- und Regeltechnik | | o | o |

Die folgenden quantitativen Angaben sind für die Aufarbeitung der Umfrageergebnisse von besonderer Bedeutung. Wir möchten Sie hier nach Möglichkeit um Beantwortung bitten.

**Es genügen Schätzungen.**

12. Unser Unternehmen hatte im Jahre 1989     insgesamt         davon im Umweltschutzbereich

| | insgesamt | davon im Umweltschutzbereich |
|---|---|---|
| **Beschäftigte** (Ende Sept.) | ............. (Anzahl) | ............. (Anzahl) |
| **Gesamt**umsatz (ohne MwSt.) | ............. (in Tsd. DM) | ............. (in Tsd. DM) |
| **Auslands**umsatz (ohne MwSt.) | ............. (in Tsd. DM) | ............. (in Tsd. DM) |
| **DDR**-Umsatz (ohne MwSt.) | ............. (in Tsd. DM) | ............. (in Tsd. DM) |
| **F&E** Aufwendungen | ............. (in Tsd. DM) | ............. (in Tsd. DM) |

13. Nach unseren gegenwärtigen Vorstellungen wird der Absatz unserer Unternehmung in die DDR in den nächsten 5 Jahren folgenden **Umsatzanteil** erreichen:

| insgesamt | davon im Umweltschutzbereich |
|---|---|
| ca. ............. % | ca. ............. % |

An der **Zusendung der Auswertung** der Umfrage sind wir interessiert.

o    Nein
o    Ja, bitte senden Sie die Auswertung an folgende Adresse:

**Für evtl. Rückfragen:**

Welche Stelle des Hauses hat diesen Fragebogen bearbeitet?

(Abteilung, Bearbeiter/in, Telefon)

*Wir danken Ihnen für Ihre Mitarbeit!*

**ifo** IFO-INSTITUT FÜR WIRTSCHAFTSFORSCHUNG
8000 MÜNCHEN 86 · POSCHINGERSTRASSE 5 · POSTFACH 86 04 60 · TELEFON (089) 92 24-0 · TELEX 5-22 269 · TELEFAX (089) 98 53 69

Abteilung Umweltökonomie

# UMWELTTECHNIK IN DER DDR

**Anmerkungen zum Fragebogen:**

Alle Einzelergebnisse werden streng vertraulich behandelt.

Bei Rückfragen wenden Sie sich bitte an :

Herrn Dr. Sprenger    (089) 9224-308
Herrn Hartmann        (089) 9224-260

**Rücksendung erbeten bis 10. Oktober 1990.**

1. Unser Unternehmen zählt (dem Schwerpunkt nach) zum **Bereich** (bitte nur eine Angabe):

O Industrie
O Baugewerbe
O Handwerk
O Handel
O sonst. Dienstleistungen
O Forschungseinrichtung

2. Der **Firmensitz** unserer Unternehmung befindet sich in

DDR - _____ (bitte Postleitzahl einsetzen)

3. Unser **Angebot** für den Umweltschutz umfaßt:

| | Komplette Anlagen | Anlagenteile, Zubehör | Hilfs- und Betriebsstoffe | Bauten | Beratung/ Engineering | Vertrieb/ Leasing | sonst. Dienst- leistungen |
|---|---|---|---|---|---|---|---|
| Luftreinhaltung | O | O | O | O | O | O | O |
| Abwassertechnik | O | O | O | O | O | O | O |
| Abfallwirtschaft | O | O | O | O | O | O | O |
| Altlastensanierung | O | O | O | O | O | O | O |
| Lärmbekämpfung | O | O | O | O | O | O | O |
| Energieeinsparung | O | O | O | O | O | O | O |
| Meß- und Regeltechnik | O | O | O | O | O | O | O |

4. Wir bieten an als:

| Hersteller | Lizenz- nehmer | Vertreter eines BRD - Anbieters | Leasing- Gesellschaft | Lizenzgeber | Dienstleistungs- unternehmen |
|---|---|---|---|---|---|
| O | O | O | O | O | O |

5. Wir sind in der DDR als Anbieter auf dem sog. Umweltschutzmarkt vertreten.

O Ja, seit .......................... Jahren, bzw. seit .......................... Monaten.
O Noch nicht, wir haben aber diesbezügliche Pläne.
O Nein

6. Der **Eintritt** unseres Betriebes in den Umweltschutzmarkt erfolgte

O mit der Betriebsgründung
O durch Gründung / Erwerb einer Tochtergesellschaft
O durch nachträgliche Programmerweiterung, und zwar aufgrund
    O gezielter Ausweitung unseres Angebots
    O durch Verwendbarkeit unseres bisherigen Programms auch für Umweltschutzzwecke
    O die Möglichkeit, die für eigene Umweltschutzanforderungen gefundenen Lösungen auch extern zu vermarkten
    O sonstige Gründe, und zwar:

7. Wir kooperieren in folgender Weise mit BRD-Unternehmen bzw. planen **Kooperationen:**

|  | Interesse | in Vorbereitung | erfolgt |
|---|---|---|---|
| Bezug von Umweltschutzgütern oder Vorleistungen aus der BRD | O | O | O |
| Kooperation mit BRD-Unternehmen | O | O | O |
| Gemeinschaftsunternehmen/Joint Venture | O | O | O |
| Kapitalbeteiligung eines BRD-Unternehmen | O | O | O |
| Lizenznahme von einem BRD-Unternehmen | O | O | O |
| Zulieferungen für BRD- Unternehmen | O | O | |

8. Unser umweltschutzbezogenes Angebot richtet sich in erster Linie an folgende **Nachfrager** in der DDR:

| Industrie-betriebe | Entsorgungs-unternehmen | Landwirt-schaft | Handwerk | private Haushalte | Öffentliche Hand |
|---|---|---|---|---|---|
| O | O | O | O | O | O |

9. Nach unserer Einschätzung werden folgende **Faktoren für die Nachfrageentwicklung** bis zum Jahr 2000 auf den für unser Unternehmen relevanten Umweltschutzmärkten in der DDR ausschlaggebend sein:

|  | ohne Bedeutung | weniger wichtig | sehr wichtig |
|---|---|---|---|
| Vollzug der durch das Umweltrahmengesetz eingeführten Umweltschutzauflagen | O | O | O |
| Zukünftige Umweltschutzgesetzgebung | O | O | O |
| Umweltbewußtsein der Unternehmen | O | O | O |
| Umweltbewußtsein der privaten Haushalte | O | O | O |
| Konjunkturelle Entwicklung in der DDR | O | O | O |
| Finanzsituation der Öffentlichen Hand | O | O | O |
| Staatliche Finanzhilfen für private Umweltschutzinvestitionen | O | O | O |
| Staatliche Finanzhilfen für kommunale Umweltschutzinvestitionen | O | O | O |
| Sonstige Faktoren, und zwar: | O | O | O |

10. Beim Absatz von Umwelttechniken unseres Unternehmens in der DDR sehen wir folgende **Probleme:**

|  | nein | weniger | stark |
|---|---|---|---|
| Ungeklärte Rechtslagen | O | O | O |
| Finanzierungsprobleme | O | O | O |
| Veraltete Anlagen | O | O | O |
| Mangel an qualifiziertem Personal | O | O | O |
| Vertrieb- und Kundendienstprobleme | O | O | O |
| Informationsdefizite zu mögl. Kooperationen mit BRD- Unternehmen | O | O | O |
| Fehlende Informationen zum den Stand der Technik | O | O | O |
| Begrenzte F&E-Kapazitäten | O | O | O |
| Unsichere Nachfrage | O | O | O |
| Zu scharfer Wettbewerb | O | O | O |
| Unsichere Unternehmenszukunft | O | O | O |
| Mangelnde Nachfrage der Kommunen | O | O | O |
| Probleme mit der Administration | O | O | O |
| Unzureichende öffentl. Förderung der Anbieter von Umwelttechnik | O | O | O |
| Bevorzugung von BRD - Anbietern | O | O | O |
| Fehlen eines Umwelttechnikzentrums (für Information, Beratung, Technologietranfer) | O | O | O |
| Sonstige Gründe, und zwar: | O | O | O |

11. Diese Probleme ließen sich durch **Maßnahmen der öffentlichen Hand** bewältigen.

O **Nein**, der Staat / die Kommunen können keine entsprechende Hilfe leisten

O **Ja**, und zwar durch : ..........................................................................................................................

............................................................................................................................................

12. Wir rechnen mit **Nachfrage** nach Umweltschutzgütern bzw. -leistungen aus der DDR insbesondere in den Bereichen:

| | im Zeitraum: | 1990 - 1993 | 1994 - 2000 |
|---|---|---|---|
| Luftreinhaltung | | O | O |
| Abwassertechnik | | O | O |
| Abfallwirtschaft | | O | O |
| Altlastensanierung | | O | O |
| Lärmbekämpfung | | O | O |
| Energieeinsparung | | O | O |
| Meß- und Regeltechnik | | O | O |

*Die folgenden quantitativen Angaben sind für die Aufarbeitung der Umfrageergebnisse von besonderer Bedeutung. Wir möchten Sie hier nach Möglichkeit um Beantwortung bitten. Es genügen Schätzungen.*

13. Unser Unternehmen hatte im Jahre 1989       insgesamt                davon im Umweltschutzbereich

**Beschäftigte** (Ende Sept.)            ................ (Anzahl)              ................ (Anzahl)

**Gesamt**umsatz (ohne MwSt.)          ................ (in Tsd. M)            ................ (in Tsd. M)

**Auslands**umsatz (ohne MwSt.)        ................ (in Tsd. M)            ................ (in Tsd. M)

**BRD**-Umsatz (ohne MwSt.)            ................ (in Tsd. M)            ................ (in Tsd. M)

**F&E** Aufwendungen                   ................ (in Tsd. M)            ................ (in Tsd. M)

14. Nach unseren gegenwärtigen Vorstellungen wird der Absatz unseres Unternehmung im Umweltschutzbereich in den nächsten 5 Jahren folgenden **Umsatzanteil** erreichen:       ca. ................ %                ca. ................ %

An der **Zusendung der Auswertung** der Umfrage sind wir interessiert.

O   Nein

O   Ja, bitte senden Sie die Auswertung an folgende Adresse:

**Für evtl. Rückfragen:** Welche Stelle des Hauses hat diesen Fragebogen bearbeitet?

(Abteilung, Bearbeiter/in, Telefon)

*Wir danken Ihnen für Ihre Mitarbeit!*